普通高等教育非机类机工训练规划教材

机械工程实训

梁松坚　邹日荣　主编
胡青春　主审

中国轻工业出版社

图书在版编目（CIP）数据

机械工程实训/梁松坚，邹日荣主编. —北京：中国轻工业出版社，2015.1

普通高等教育非机类机工训练规划教材

ISBN 978-7-5019-9372-7

Ⅰ.①机… Ⅱ.①梁…②邹… Ⅲ.①机械工程–高等学校–教材 Ⅳ.①TH

中国版本图书馆 CIP 数据核字(2013)第 162732 号

责任编辑:王 淳　　责任终审:张乃柬　　封面设计:锋尚设计
版式设计:宋振全　　责任校对:吴大鹏　　责任监印:胡 兵

出版发行:中国轻工业出版社(北京东长安街 6 号,邮编:100740)
印　　刷:北京君升印刷有限公司
经　　销:各地新华书店
版　　次:2015 年 1 月第 1 版第 2 次印刷
开　　本:710×1000　1/16　　印张:17.5
字　　数:350 千字
书　　号:ISBN 978-7-5019-9372-7　　定价:35.00 元
邮购电话:010-65241695　传真:65128352
发行电话:010-85119835　85119793　传真:85113293
网　　址:http://www.chlip.com.cn
Email:club@chlip.com.cn

141373J1C102ZBW

前　言

“机械工程实训”也叫“金工实习”，是一门实践性很强的课程，为了使非机类专业学生了解机械制造的一般过程，知道机械加工的主要工艺，熟悉常用机械加工设备和工具，并提高动手能力，我们编写了此教材。

大部分非机类专业学生毕业后会进入企业，为了使这些学生对职场上的机械不陌生，我校开设了“机械工程基础”课程，但是，在教学实践中我们感到仅凭课堂讲授机械加工，学生很难理解。为了加深学生对机加工各工种工艺特点的认识，用提高学生动手能力和亲自参与实践的方法，来提高学生对机加工认识，其教学效果很好。

鉴于此，我们增加了非机类专业学生实训力度，学生每年必须要进行为期1~2周的金工实习，我校各工种的老师根据实际情况，特为这些非机专业类学生制定了实践环节教学大纲和讲义，经过三年使用，学生反馈和教学效果良好，老师反复修改，最终形成符合我校应用型人才培养要求的非机类金工实习教材。

本书主要包括工程材料与钢的热处理、铸造、冲压、焊接、车削、铣削、磨削、钳工、模具、数控加工、电火花、线切割、快速成型、可编程序控制器等工种的实训教学安排。

参加本书编写工作的老师有：梁松坚、邹日荣主编，胡青春负责主审工作，陈晓斌负责第一章，王建兵、苏红蔚负责第二章，戚选民及梁秋华负责第三章，谈毅负责第四章，杨筱坤负责第五章，钟永针负责第六章，杨剑负责第七章，童洲及卢健能负责第八章，江丽珍负责第九章，胡伟锋负责第十章，罗邦芬及龙勇坤负责第十一章，刘建光负责第十二章，杨建荣负责第十三章，张建强负责第十四章，梁键钊及颜建负责第十五章，段海峰负责第十六章，朱小明负责第十七章，刘楚生负责第十八章。

由于我们水平有限，不当之处，敬请同行指正，谢谢！

编　者
华南理工大学广州学院
2013年6月9日

目　　录

第一章　机械工程材料与钢的热处理

第一节　概　述

一、常用的机械工程材料简介

机械工程材料涉及面很广，总地来说按属性可分为金属材料和非金属材料两大类。

金属材料分为黑色金属和有色金属两类。黑色金属是指铁和铁的合金，俗称钢铁材料。有色金属是指除黑色金属之外的所有金属及其合金。

非金属材料可分为无机非金属材料和有机高分子材料两大类。

在机械制造中最重要的材料是金属材料，而其中钢铁材料的应用范围最广、用量最大。钢铁材料是以铁和碳为基本组元的合金，所以钢铁材料也称为铁碳合金。钢铁材料按含碳量可分为三种，含碳量小于 0.0218% 的铁碳合金称为工业纯铁；含碳量在 0.0218% ~2.11% 的铁碳合金称为钢；含碳量大于 2.11% 的铁碳合金称为铸铁。其中钢和铸铁的用途最广泛。

1. 钢

钢材种类丰富，应用范围广，是工业建设必不可少的材料，可以根据化学成分和用途来进行分类（表 1－1）。

表 1－1　　钢的分类

分类方法	名称	说　明
按化学成分分	碳素钢	碳素钢是指碳含量低于 2%，并有少量硅、锰以及磷、硫等杂质的铁碳合金。按照含碳量的不同，可分为 3 种： 1. 含碳量小于 0.25% 的称为低碳钢，常见牌号如 10、20 或 Q195 等。 2. 含碳量 0.25% ~0.60% 的称为中碳钢，常见牌号如 45、40Cr 等。 3. 含碳量大于 0.60% 的称为高碳钢，常见牌号如 T8、T10 等。
	合金钢	合金钢是指为了改善性能，在碳素钢的基础上加入一些合金元素炼成的钢。按照合金元素的含量，可分为 3 种： 1. 合金元素含量小于 5% 的称为低合金钢 2. 合金元素含量 5% ~10% 的称为中合金钢 3. 合金元素含量大于 10% 的称为高合金钢

续表

分类方法	名称	说　　明
按钢的用途分	结构钢	结构钢一般用于制造各种建筑、机械结构零件，这类钢材一般是低、中碳钢和低、中合金钢
	工具钢	工具钢一般用于制造各种刀具、模具、量具，这类钢材一般是高碳钢和高合金钢
	特殊钢	特殊钢是指具有特殊性能的钢材，主要用于各种特殊要求的场合，如不锈钢、耐热钢等

2. 铸铁

铸铁是将铸造生铁（部分炼钢生铁）在炉中重新熔化，并加进铁合金、废钢、回炉铁调整成分而得到。铸铁中杂质含量比钢多，整体力学性能不如钢好，但铸铁的铸造性能优良，减震性好，容易切削加工，价格便宜，所以在工业中应用也很广泛。铸铁按碳的存在形态不同可分为三类（表1－2）：

表1－2　　铸铁的分类

分类方法	名称	说明
按照碳的存在形态分	白口铸铁	碳主要以渗碳体形式存在，该类铸铁硬、脆，很少直接使用
	灰口铸铁	碳主要以石墨形式存在，该类铸铁因石墨形状不同而性能不同、用途不同。生产实际中常用的就是灰口铸铁，它根据石墨形状不同又分为三类： 1. 灰铸铁：石墨为片状，力学性能差，切削性比钢好，常见牌号如HT200 2. 可锻铸铁：石墨为团絮状，力学性能稍高于灰铸铁，常见牌号如KTH350－10 3. 球墨铸铁：石墨为球状，具有较高的强度、塑性和韧性，力学性能与调质钢相当，常见牌号如QT600－02
	麻口铸铁	碳一部分以渗碳体形式存在，另一部分以石墨形式存在。该类铸铁硬、脆，很少直接使用

二、金属材料的力学性能

金属材料的力学性能是指金属材料在外力作用下表现出来的性能。描述力学性能的指标很多，如强度、塑性、冲击韧性、硬度等。

强度是指材料在外力作用下抵抗变形和破坏的能力。强度分为几类，一般以抗拉强度R_m作为最基本的强度指标，另外屈服强度R_{eL}也比较常用。

塑性是指材料受力后发生塑性变形而不被破坏的能力，常用伸长率A和断

面收缩率 Z 作为材料的塑性指标。

冲击韧性是指材料抵抗冲击载荷的能力。冲击韧性的好坏用冲击韧度 α_k 表示。

硬度是指材料局部抵抗硬物压入其表面的能力。目前常用的描述材料硬度的指标有洛氏硬度和布氏硬度。

(1) 洛氏硬度　洛氏硬度试验是用一定的载荷将一个金刚石圆锥体或淬火钢球压入被测试样表面，经过一定时间后，卸除载荷，然后根据压痕的深度来确定硬度值。洛氏硬度计可以采用三种不同的压头和三种载荷，组成各种不同的洛氏硬度标度，如 HRA、HRB、HRC，可以测量从软到硬的各种不同材料。

洛氏硬度测定方法。以 HRC 测试为例（图 1－1），采用顶角为 120°的金刚石圆锥压头。测试时先加预载荷 100N，压头从起始位置 0—0 到 1—1 位置，压入试件深度为 h_1，后加总载荷 1500N，压头位置为 2—2，压入深度为 h_2，停留数秒后，将主载荷 1400N 卸除，保留预载荷 100N。由于被测试件弹性变形恢复，压头有所抬高，位置为 3—3，实际压入试件深度为 h_3，因此在主载荷作用下，压头压入试件的深度 $h = h_3 - h_1$。为了便于从硬度计表盘上直接读出硬度值，一是规定表盘上每一小格相当于 0.002mm 压深，二是将 HRC 值用 HRC = 100 − h/0.002 的公式表示（图 1－2）。

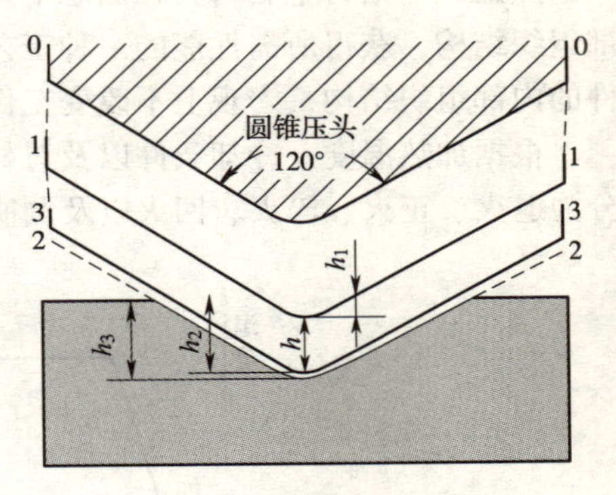

图 1－1　洛氏硬度测定方法

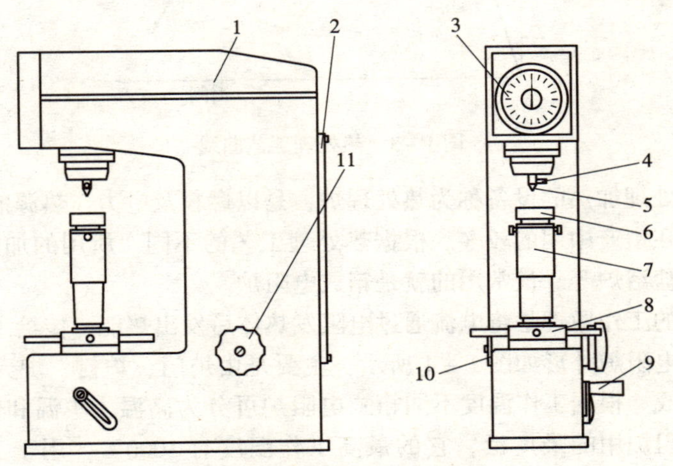

图 1－2　洛氏硬度计结构图

1—上盖　2—后盖　3—表盘　4—压头锁紧螺钉　5—压头　6—试台
7—保护罩　8—旋轮　9—加卸试验力手柄　10—缓冲器调节窗　11—变荷手轮

（2）布氏硬度　布氏硬度测试是将一直径 D 的淬火钢球以一定的载荷 F 压入被测试样表面，经过一定时间后，卸除载荷，测出压痕平均直径，以载荷与压痕表面积的比值作为布氏硬度值，用 HB 表示。

第二节　钢的热处理

一、热处理定义

热处理在工业中的应用范围相当广泛，在机床、汽车等制造中，有约七、八成的零件需要热处理，而工具、模具等则全部都要进行热处理。所以，只要是重要的零件都要安排热处理。

热处理是指将金属材料在固态下进行加热、保温及冷却，从而改变材料的内部组织结构，获得所需性能的一种工艺。热处理都是在固态下进行的，只改变工件的内部组织结构，宏观上不改变工件的外形和尺寸。

根据加热温度，冷却条件以及对材料成分和性能要求的不同，热处理工艺可分为退火、正火、淬火、回火以及调质和表面热处理（图 1－3）。

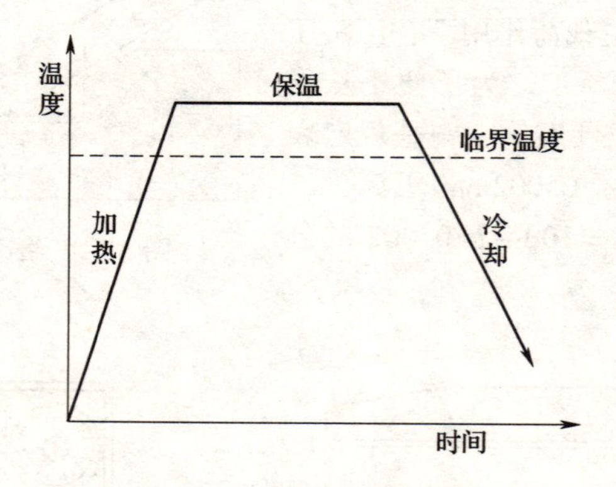

图 1－3　热处理工艺曲线

用于热处理加热的设备称为热处理炉，是以燃料及电力作热源的，其中以电作热源的炉在生产中用的较多。根据热处理工艺的不同，所用的加热炉也不同，有电阻炉和盐浴炉等。最常用的就是箱式电阻炉。

电阻炉的工作原理是将电流通过电阻发热体后发出热能，传给工件，使工件升温。箱式电阻炉外形如图 1－4 所示，主要是由炉门、炉衬、炉壳、电热元件和炉底等构成。根据工作温度不同箱式电阻炉可分为高温、中温和低温炉三种。其中中温电阻炉用的最广泛，它的最高工作温度有 1000℃，用于工件的退火、正火、淬火及回火处理。

二、退火与正火，淬火与回火

退火与正火是应用非常广泛的热处理工艺，通常作为预先热处理工序，安排在铸造或者锻造之后，切削粗加工之前，为下一道工序作准备。

图 1－4　箱式电阻炉

1. 退火

将钢加热到适当温度，保温一定时间，然后缓慢冷却（一般随炉冷却）的热处理工序称为退火。

退火的主要目的：

（1）降低硬度，改善切削加工性；

（2）消除残余应力，稳定尺寸，减少变形与裂纹倾向；

（3）细化晶粒，调整组织，消除组织缺陷。

（4）均匀材料内部的组织和化学成分，改善材料性能或为以后热处理做组织准备。

2. 正火

将钢件加热到一定温度，保温一定时间后，从炉内取出来，放在静止的空气中冷却的热处理工艺称为正火。

正火的主要目的是细化组织，改善钢的性能，获得接近平衡状态的组织，与退火的作用相似。正火与退火工艺相比，其主要区别是正火的冷却速度稍快，得到的组织细小，工件的强度和硬度较高。正火热处理的生产周期短，而且冷却不占用设备，故退火与正火同样能达到零件性能要求时，尽可能选用正火。大部分中、低碳钢的工件一般都采用正火热处理。一般高碳钢、合金钢工件常采用退火，若用正火，由于冷却速度较快，使其正火后硬度较高，不利于切削加工。

淬火与回火一般作为最终热处理工序，使工件获得稳定的组织及所需的力学性能。

3. 淬火

将钢加热到适当温度，保温一定时间，然后进行快速冷却的热处理工序称为淬火。

淬火可以大幅度提高工件的硬度及强度，增加表面耐磨性，是最经济有效的强化钢铁的工艺。淬火广泛用于各种工、模、量具及要求表面耐磨的零件（如齿轮、轧辊、渗碳零件等）。通过淬火与不同温度的回火配合，可以大幅度提高金属的强度、韧性及疲劳强度，以满足不同的使用要求。

淬火处理中，冷却速度非常关键，冷却速度过慢，会导致工件不能充分淬硬，达不到要求。但是冷却速度过快的话，工件内部由于热胀冷缩不均匀造成内应力，可能使工件变形或开裂，所以要严格控制淬火的冷却速度。

控制冷却速度，主要是通过冷却剂来实施的，选择适当的冷却剂尤为重要。常用的淬火冷却剂有水、盐水、碱水、油等。一般形状简单尺寸较大的低、中碳素钢工件可选用水或者盐水作为冷却剂。而油的冷却速度比水低，可以减少工件的变形开裂，所以常用于合金钢和形状复杂的碳素钢工件的淬火。

4. 回火

将淬火钢重新加热到适当温度，保温一定时间，然后在空气中冷却的工艺称为回火。

对于未经淬火的钢，回火是没有意义的，而淬火钢不经回火一般也不能直接使用。淬火件处于高应力状态，容易发生变形或开裂，钢件经淬火后应及时进行回火。

回火目的是：

（1）消除工件淬火时产生的残留应力，防止变形和开裂；

（2）调整工件的硬度、强度、塑性和韧性，达到使用性能要求；

（3）稳定组织与尺寸，保证精度；

（4）改善和提高加工性能。

因此，回火是工件获得所需性能的最后一道重要工序。根据回火温度的不同，回火分为低温回火、中温回火和高温回火三种。

（1）低温回火　回火温度为150～250℃。低温回火可以部分消除淬火造成的内应力，降低钢的脆性，提高韧性，同时保持较高的硬度。故广泛应用于要求硬度高、耐磨性好的零件，如量具、刃具、滚动轴承及表面淬火件等。

（2）中温回火　回火温度为350～450℃。中温回火可以消除大部分内应力，硬度有所下降，具有一定的韧性和弹性。中温回火主要应用于各类弹簧、发条及热锻模具等工件。

（3）高温回火　回火温度为500～650℃。高温回火可以消除内应力，工件硬度显著下降，但此时工件既具有良好的塑性和韧性，又具有较高的强度。淬火后再经高温回火的工艺称为调质处理。对于大部分要求较高综合力学性能的重要零件，都要经过调质处理，如连杆、轴、齿轮等。

三、表面热处理

对工件表面进行强化的金属热处理工艺称为表面热处理。它只改变零件表面的组织和性能，不改变零件心部的组织和性能。这种工艺广泛用于既要求表层具有高的耐磨性、抗疲劳强度和较大的冲击载荷，又要求整体具有良好的塑性和韧性的零件，如曲轴、凸轮轴、传动齿轮等，可以使零件达到“表硬心韧”的效果。

表面热处理分为表面淬火和化学热处理两大类。

1. 表面淬火

表面淬火是将钢件的表面层淬透到一定的深度，而心部分仍保持未淬火状态的一种局部淬火的方法。表面淬火时通过快速加热，使钢件表面很快达到淬火的温度，在热量来不及穿到工件心部就立即冷却，实现局部淬火。

表面淬火采用的快速加热方法有多种，如电感应，火焰，电接触，激光等，目前应用最广的是电感应加热法（图 1－5）。

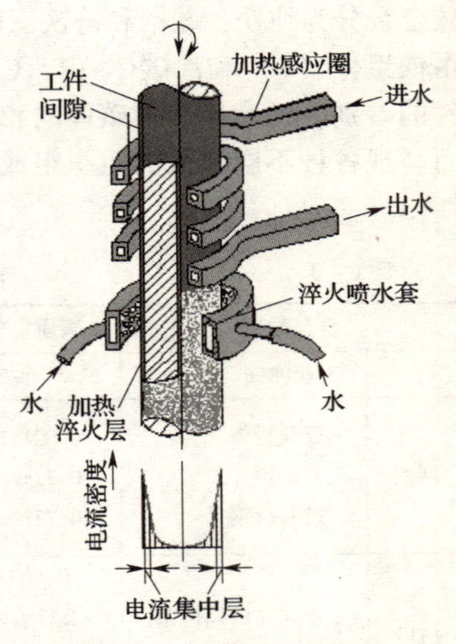

图 1－5　电感应加热原理

感应加热表面淬火就是在一个感应线圈中通以一定频率的交流电，使感应圈周围产生频率相同的交变磁场，置于磁场之中的工件就会产生与感应线圈频率相同，方向相反的感应电流，这个电流叫涡流。由于集肤效应，涡流主要集中在工件的表层。使工件表层被迅速加热到淬火温度，随即进行快速冷却，将工件表层淬硬。其加热速度极快，通常只有几秒钟。

2. 化学热处理

化学热处理是将工件置于一定温度的化学介质中，通过加热、保温、冷却，使介质中的某些元素渗入工件表面，改变工件表面的化学成分和组织，从而获得所需性能的一种工艺。

按渗入元素的性质，化学热处理可分为渗非金属和渗金属两大类。前者包括渗碳、渗氮、渗硼和多种非金属元素共渗。其中渗碳在工业中最常用。渗碳是使碳原子渗入钢制工件表层的化学热处理工艺。渗碳后，工件表面含碳量一般高于 0.8%。淬火并低温回火后，在提高硬度和耐磨性的同时，心部能保持相当高的韧性，可承受冲击载荷，疲劳强度较高。

第三节　钢铁材料显微组织观察

一、铁碳合金基本组织

碳钢和铸铁是工业上应用最广的金属材料，它们的性能与组织有密切的联系，因此熟悉掌握它们的组织，对于合理使用钢铁材料具有十分重要的实际意义。

这里主要介绍碳钢和白口铸铁的平衡组织。所谓平衡状态的显微组织是指合金在极为缓慢的冷却条件下（如退火状态即接近平衡状态）所得到的组织。铁碳合金分为纯铁、碳钢和铸铁三种。所有碳钢和白口铸铁在室温时的显微组织均由铁素体（F）和渗碳体（Fe_3C）所组成。但是，由于碳含量的不同，结晶条件的差别，铁素体和渗碳体的相对数量、形态，分布和混合情况均不一样，因而呈现各种不同特征的组织组成物。碳钢和白口铸铁在室温下的平衡组织见表1－3。

表1－3　　铁碳合金平衡组织

合金类型		碳质量分数，ω（C）	显微组织
工业纯铁		≤0.0218%	铁素体（F）
碳钢	亚共析钢	0.0218%～0.77%	铁素体（F）＋珠光体（P）
	共析钢	0.77%	珠光体（P）
	过共析钢	0.77%～2.11%	珠光体（P）＋二次渗碳体（Fe_3C_{II}）
白口铸铁	亚共晶白口铸铁	2.11%～4.3%	珠光体（P）＋二次渗碳体（Fe_3C_{II}）＋莱氏体（Ld′）
	共晶白口铸铁	4.3%	莱氏体（Ld′）
	过共晶白口铸铁	4.3%～6.69%	一次渗碳体（Fe_3C_I）＋莱氏体（Ld′）

（1）亚共析钢——室温时的平衡组织为铁素体（F）＋珠光体（P），F呈白色块状，P呈黑色块状（如图1－6所示）。

（2）共析钢——室温时的平衡组织是珠光体（P），其组成相是F和Fe_3C（如图1－7所示）；

（3）过共析钢——室温时的平衡组织为Fe_3C_{II}＋P。在显微镜下，Fe_3C_{II}呈网状分布在黑色块状P周围（如图1－8所示）；

（4）亚共晶白口铸铁——室温时的平衡组织为P＋Fe_3C_{II}＋Ld′。Fe_3C_{II}网状分布在粗大块状的P的周围，Ld′则由条状或粒状P和Fe_3C基体组成（如图1－9所示）；

图 1－6　亚共析钢显微组织（400x）

图 1－7　共析钢显微组织（400x）

图 1－8　过共析钢显微组织（400x）

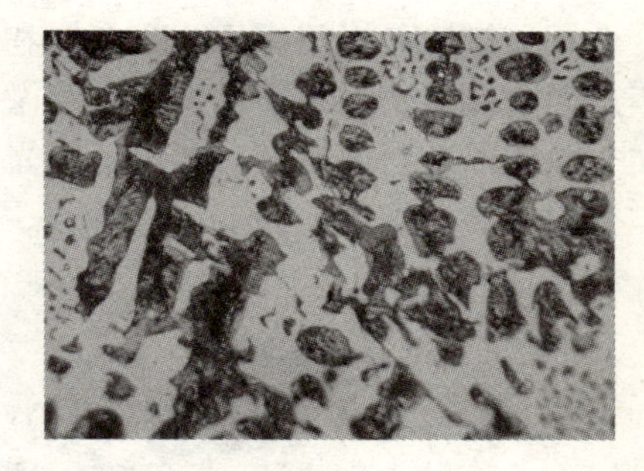

图 1－9　亚共晶白口铁显微组织（400x）

（5）共晶白口铸铁——室温时的平衡组织为 Ld′，由黑色条状或粒状 P 和白色 Fe_3C 基体组成（如图 1－10 所示）；

（6）过共晶白口铸铁——室温时的平衡组织为 $Fe_3C_I + Ld'$，Fe_3C_I 呈长条状，Ld′则由条状或粒状 P 和 Fe_3C 基体组成（如图 1－11 所示）。

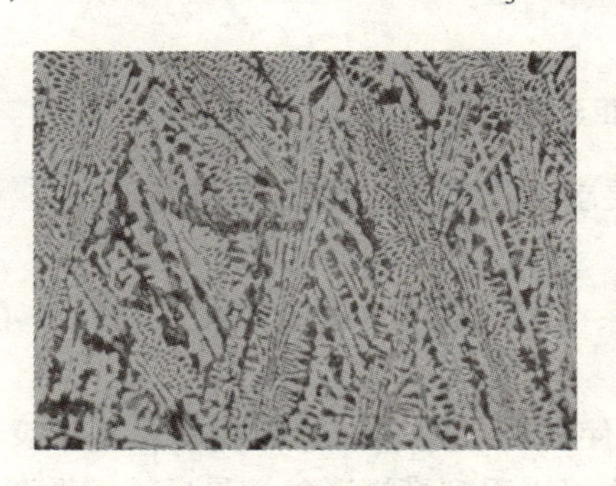

图 1－10　共晶白口铁显微组织（400x）

图 1－11　过共晶白口铁显微组织（400x）

（1）铁素体（F）　铁素体具有磁性及良好的塑性、韧性，强度和硬度较低。

（2）渗碳体（$Fe - Fe_3C$）　渗碳体是铁和碳形成的一种化合物，其含碳量为 6.69%，渗碳体的硬度很高，它是一种硬而脆的相，强度和塑性都很差，耐腐蚀性强。

(3) 珠光体 (P)　在一般退火处理情况下，珠光体是由铁素体与渗碳体相互混合交替排列形成的层片状组织。经硝酸酒精溶液侵蚀后，在不同放大倍数的显微镜下可以看到具有不同特性的珠光体组织。

(4) 莱氏体 (Ld′)　莱氏体是在室温时珠光体和渗碳体所组成的机械混合物。莱氏体的显微组织特征是在亮白色的渗碳体基底上相间地分布着暗黑色斑点及细条状的珠光体。莱氏体中含有的渗碳体较多，故性能与渗碳体相近，极为硬脆。

二、金相显微镜

金相显微镜是专门用于观察金属和矿物等不透明物体金相组织的显微镜。这些不透明物体无法在普通的透射光显微镜中观察，故金相和普通显微镜的主要差别在于前者以反射光，而后者以透射光照明。金相显微镜具有稳定性好、成像清晰、分辨率高、视场大而平坦的特点。外形如图 1－12 所示，使用方法如下：

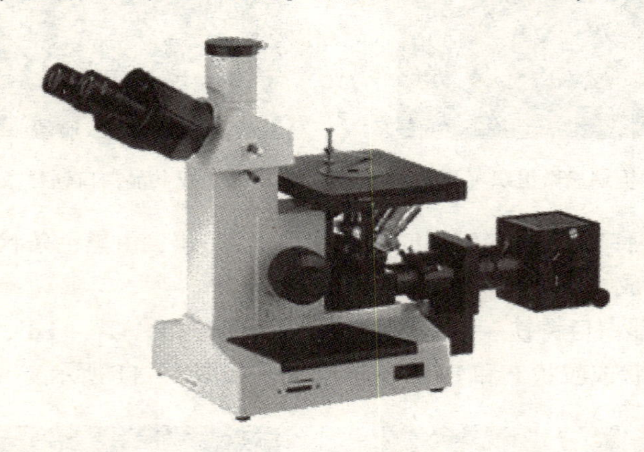

图 1－12　金相显微镜

(1) 根据观察试样所需的放大倍数要求，正确选配物镜和目镜。图1－12 XJL－17 型金相显微镜。

(2) 调节载物台中心与物镜中心对齐，将制备好的试样放在载物台中心，试样的观察表面应朝下。

(3) 转动粗调焦手轮，降低载物台，使试样观察表面接近物镜；然后反向转动粗调焦旋钮，升起载物台，使在目镜中可以看到模糊形象；最后转动微调焦手轮，直至影象最清晰为止。

(4) 前后左右移动载物台，观察试样的不同部位，以便全面分析并找到最具代表性的显微组织。

(5) 观察完毕后应及时切断电源，以延长灯泡使用寿命，盖上防尘罩。

第四节　热处理实训

一、金属热处理方法

1. 要求

（1）了解钢的热处理基本工艺过程、原理及应用。

（2）掌握电阻炉、砂轮机及硬度计的使用方法。

2. 实习安排

（1）讲解示范：钢的热处理工艺

① 电阻炉的工作原理，热处理工艺的操作要领及安全注意问题。

② 洛氏硬度计的测试原理以及操作。

③ 砂轮机的安全操作要领。

（2）学生独立操作

① 使用电阻炉对金属材料进行正火、淬火的处理。

② 利用砂轮机磨削钢材对材料的表面进行磨削，去掉材料表面的氧化层，使材料表面平整光滑，以便下一步的硬度测试。

③ 使用洛氏硬度计对经过热处理的材料进行硬度测试。

二、铁碳合金显微组织观察

1. 要求

（1）通过观察和分析，熟悉铁碳合金在平衡状态下的显微组织，熟悉金相显微镜的使用。

（2）了解铁碳合金中的相及组织组成物的本质、形态及分布特征。

2. 实习安排

（1）讲解示范：铁碳合金平衡组织

掌握金相显微镜的操作要领。

（2）学生独立操作

① 使用金相显微镜对铁碳合金的显微组织进行观察。

② 用铅笔绘出所观察样品的显微组织示意图。画图时要抓住各种组织组成物形态的特征，并用符号标出各组织组成物。

3. 小结

完成热处理报告，整理工具、关闭电源，打扫清洁卫生。

第五节　热处理实习安全技术

（1）必须按规定着装。不准穿凉鞋短裤入实习场地，严禁吸烟。

（2）爱护仪器设备。一切设备，必须在实习指导人员的指导下进行操作。

（3）开、关炉门要快，炉门打开的时间不能过长，以免炉温下降和降低炉膛的耐火材料与电阻丝的寿命。

（4）在放、取试样时不能碰到硅碳棒（电阻丝）和热电偶。往炉中放、取试样时必须使用夹钳；夹钳必须擦干，不得沾有油和水。

（5）试样由炉中取出淬火时，动作要迅速，以免温度下降，影响淬火质量。

（6）试样在淬火液中应不断搅动，否则试样表面会由于冷却不均匀而出现软点。

（7）淬火时水温应保持在较低温度，水温过高要及时换水。

（8）要注意安全，不要随手触摸未冷却的工件。同时防触电、防灼伤、防火和防爆。发生意外时要镇静，及时报告实习指导人员或有关部门。

（9）实习完毕，应做好仪器设备的复位工作，关闭电闸，把试样、工具等物品放到指定位置。保养好仪器设备。清扫室内卫生，关好门窗，在得到实习指导人员允许后方可离开。

思考与练习

1. 金属材料有哪些基本的力学性能？
2. 钢材分为哪几种类型？
3. 铸铁主要有哪些类型？
4. 简单说明热处理的概念和目的。
5. 热处理有哪些基本工艺？
6. 退火和正火的区别？
7. 淬火的目的是什么？
8. 回火的作用是什么？回火分哪几种？
9. 什么是调质处理？

第二章　铸　　造

第一节　铸 造 概 述

一、铸造的定义

铸造是将液态金属浇注到与零件形状、尺寸相适应的铸型型腔中，待其冷却凝固后，获得一定形状和尺寸的零件或毛坯的成型加工方法。通过铸造加工方法得到的金属件叫铸件。铸件一般作为毛坯经切削加工成为零件，但也有部分铸件无需切削加工就能满足零件的设计精度和表面粗糙度要求，直接作为零件使用。

二、铸造的特点

铸造的特点：

（1）适应性广。工业中铸件的重量、大小、形状几乎不限，从几克到数百吨；铸件的壁厚可由 1mm 到 1m 左右；形状从简单到复杂内腔的毛坯或零件；铸造的批量不限，从单件、小批生产直到大批量生产。

（2）经济性好。原材料来源广泛，价格低廉，生产成本较低。

（3）应用广泛。在机床、内燃机、重型机械中，铸件占机器总重量 70% 以上；在汽车中，占总重量 50% ~60% 。

（4）工序多，过程控制困难，易产生缺陷，废品率高，劳动强度大，劳动条件差，污染环境。

铸造生产方法很多，常见有两大类：

（1）砂型铸造　用型砂紧实成型的铸造方法。型砂来源广泛，价格低廉，且砂型铸造方法适应性强，因而是目前生产中用得最多、最基本的铸造方法。

（2）特种铸造　是指除了砂型铸造以外的其他铸造方法，如熔模铸造、金属型铸造、压力铸造、离心铸造等。

砂型铸造的主要工艺流程包括：制造模样和芯盒；配制型砂和芯砂；造型、造芯、合箱、熔炼金属及浇注、落砂、清理和检验，见图 2 –1。

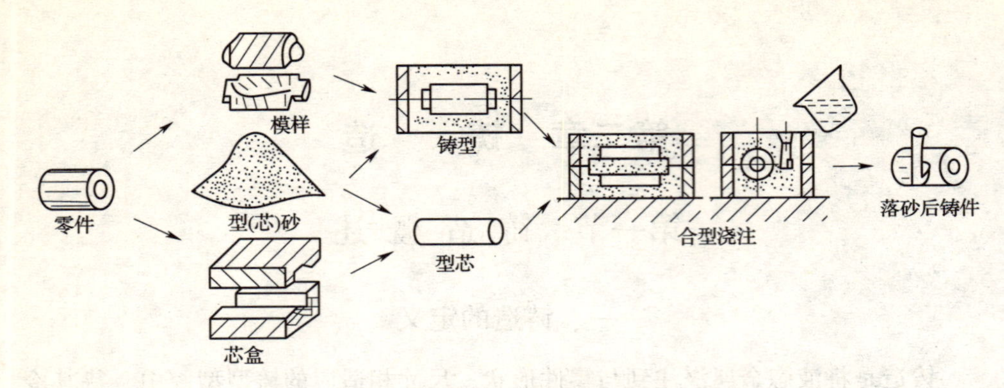

图 2-1　砂型铸造工艺流程图

第二节　砂型铸造基础知识

一、型砂与模样

1. 型砂

型砂和模样是造型中用到的最重要的两样东西，型砂好坏直接影响铸件的质量，模样形状决定铸件的形状。

型砂是由原砂、黏土和水混合而成。原砂的主要成分是二氧化硅（SiO_2），它具有很好的耐高温性能。黏土是黏结剂，与水混合后能把石英砂黏结在一起，使型砂具有一定的强度以保证在造型和浇注时砂型不被损坏。为了获得优质铸件，型砂中的石英砂、黏土和水分应按一定比例配制，其中黏结剂约为 9%，水约为 6%，其余为原砂。此外，还要加些煤粉、木屑等附加物，以满足型砂有更高的性能要求。紧实后的型砂结构如图 2-2 所示。

砂型是由型砂作成的，型砂的质量直接影响着铸件的质量。因此对型砂的性能有一定的要求，良好的型砂必须具备以下性能：

(1) 强度　型砂在外力作用下不被破坏的能力称为强度。足够的强度可以保证型砂在合箱、搬运、铸造过程中不易损坏和变形，型砂的强度随着黏土含量的增加和捣实程度的增加而增加。型砂颗粒的大小对强度也有一定的影响，强度过大会影响铸型的透气性而使铸件产生铸造缺陷。

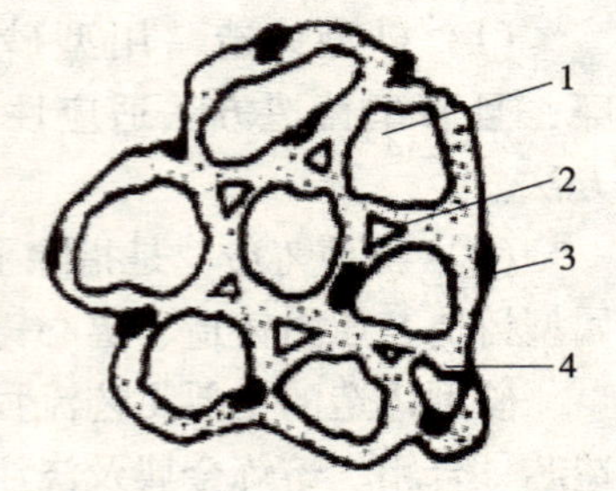

图 2-2　型砂结构示意图

1—砂粒　2—空隙

3—附加物　4—黏土膜

(2) 透气性　型砂允许气体通过的能力称为透气性。透气性差，金属液进入型腔后，型内的气体必须由铸型顺利排出，否则铸件将产生气孔或浇注不足等缺陷。透气性过高，则砂型疏松，易形成粘砂现象。

（3）耐火性 型砂在高温作用下不软化、不烧结的能力称为耐火性。如果型砂的耐火性差，铸件表面易粘砂，会使清理和机械加工困难。型砂中 SiO_2 的含量越高，型砂颗粒越大，其耐火性能越好。

（4）退让性 铸件在冷却、凝固收缩时，砂型有随之收缩的能力称为退让性。退让性不好，会使铸件的收缩受阻而产生变形和裂纹等缺陷。砂型越紧实，退让性越差。

单件小批生产时，常用手捏法来粗略判断型砂的某些性能，用手抓起一把型砂，紧捏时感到柔软容易变形；放开后砂团不松散、不粘手，并且手印清晰；把它折断时，断面平整均匀并没有碎裂现象，同时感到具有一定强度，就认为型砂具有了合格的性能，如图 2－3 所示。

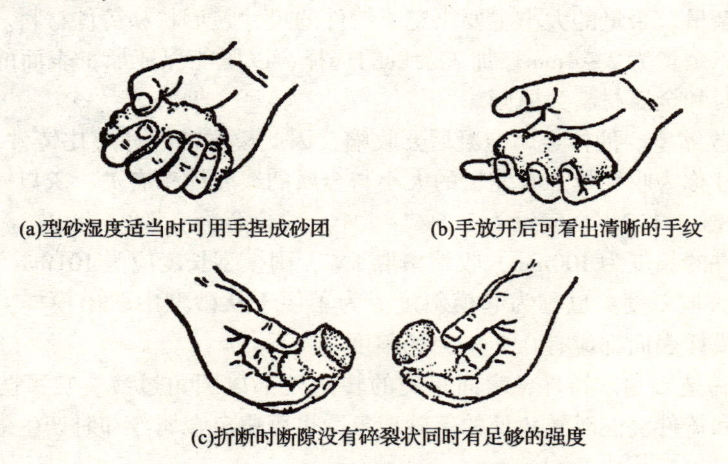

(a)型砂湿度适当时可用手捏成砂团 (b)手放开后可看出清晰的手纹

(c)折断时断隙没有碎裂状同时有足够的强度

图 2－3 手捏法检验型砂性能

2. 模样

模样用来形成铸件的外部轮廓。芯盒用来制作砂芯，形成铸件的内部轮廓。造型时分别用模样和芯盒制作铸型和型芯。制造模样和芯盒的常用材料有木材、塑料、金属。制造模样和芯盒所选用的材料，与铸件大小、生产规模和造型方法有关。单件小批量生产、手工造型时常用木材制作模样和芯盒，大批量生产、机器造型时常用金属材料（如铝合金、铸铁等）或硬塑料制作模样和芯盒。

影响铸件、模样的形状与尺寸的某些工艺数据称为铸造工艺参数，在设计制造模样和芯盒时，主要考虑以下一些铸造工艺参数。

（1）分型面的选择 分型面是上、下砂型的分界面，选择分型面时必须使模样能从砂型中顺利取出，并且使造型方便，同时能保证铸件质量。为了便于取模，分型面应选择在模样的最大处，如图 2－4 所示。

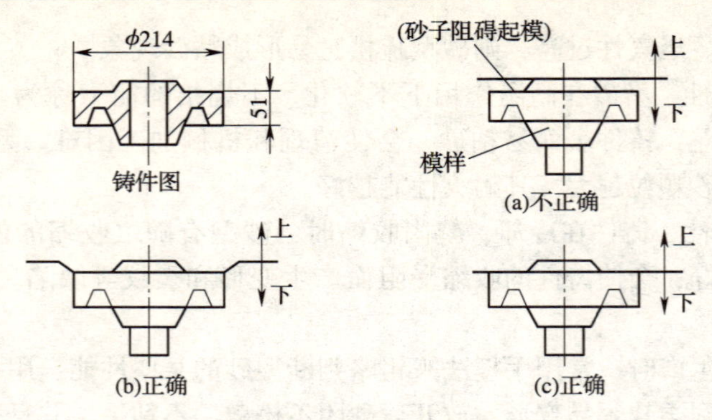

图 2－4　分型面的位置

(2) 加工余量。铸件上凡是要切削加工的表面，制造模样时，都要相应地留出加工余量。余量的大小主要决定于铸件的尺寸、形状和铸件材料。一般小型铸件的加工余量为 2～4mm。加工余量的选择，以既能保证加工表面的质量，又不浪费工时和金属材料为原则。

(3) 收缩率。液体金属冷凝后要收缩，因此模样的尺寸应比铸件尺寸大些。放大的尺寸称为收缩量。收缩量的大小与金属的线收缩率有关，灰口铸铁的线收缩率为 0.8%～1.2%，铸钢为 1.5%～2%，硅合金为 0.8%～1.2%。例如有一灰口铁铸件的长度为 100mm，收缩率取 1%，则模型长度应为 101mm。

(4) 拔模斜度。也称为起模斜度。为了便于从砂型中取出模样，凡垂直于分型面的模样表面都应有 0.5°～3°的斜度。

(5) 铸造圆角。铸件各表面相交的转角处都以圆角过渡。它可防止起模时损坏砂型和铸件浇注时转角处的落砂现象，也可避免金属冷却时产生缩孔和裂纹等铸造缺陷。

(6) 型芯头。为了在砂型中做出安置型芯的凹坑用来定位和支撑砂芯，必须在模样上做出相应的型芯头。

图 2－5 是压盖零件的铸造工艺图及相应的模样图。可见模样的形状和零件图往往不一样。

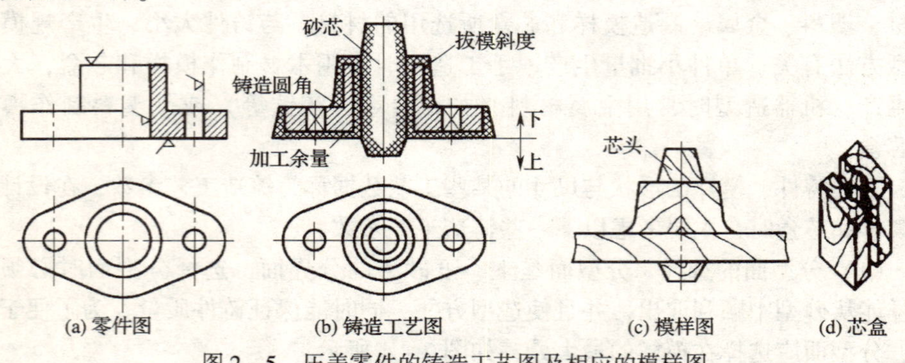

图 2－5　压盖零件的铸造工艺图及相应的模样图

二、造型（芯）、合型与浇注系统

1. 造型

利用型砂和模样以及其他工艺装备制造砂型的过程称为造型。造型按操作方法分为手工造型和机器造型。手工造型操作灵活，工艺装备简单，适应性强。通常用于单件或小批量生产。机器造型生产效率高，能大大减轻操作工人的劳动强度，但设备投资大，生产周期长。多用于大批量或专业化生产。下面介绍最常用的两种造型方法：

（1）两箱整模造型　对于形状简单，端部为平面且又是最大截面的铸件应采用整模造型。整模造型操作简便，造型时整个模样全部置于一个砂箱内，不会出现错箱缺陷。整模造型适用于形状简单、最大截面在端部的铸件，如齿轮坯、轴承座、罩、壳等，如图 2－6。

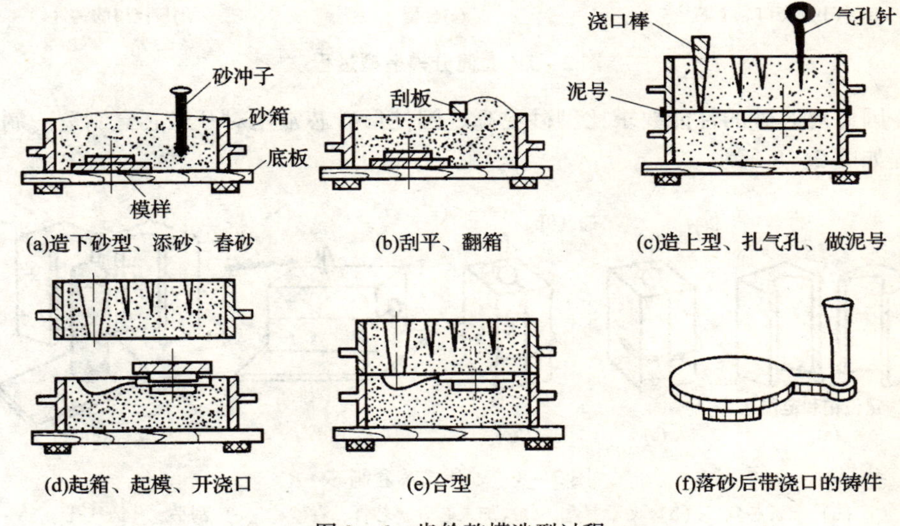

图 2－6　齿轮整模造型过程

（2）分模造型　当铸件的最大截面不在铸件的端部时，为了便于造型和起模，模样要分成两半或几部分，这种造型称为分模造型。分模造型和整模造型的操作方法基本相同，所不同的是模样分别放置上下砂箱。两箱分模造型广泛用于形状比较复杂的铸件生产，如短长度的排水管、轴套、阀体等有孔铸件，如图 2－7 所示。

2. 造芯

利用芯砂、芯盒和其他工艺装备制造砂芯的过程称为造芯。砂芯也称为型芯。型芯的作用是形成铸件的内腔，因此型芯的形状和铸件内腔相适应。芯体用于形成铸件的内腔，芯头用于定位和支承芯体。浇注时，砂芯为高温金属液包

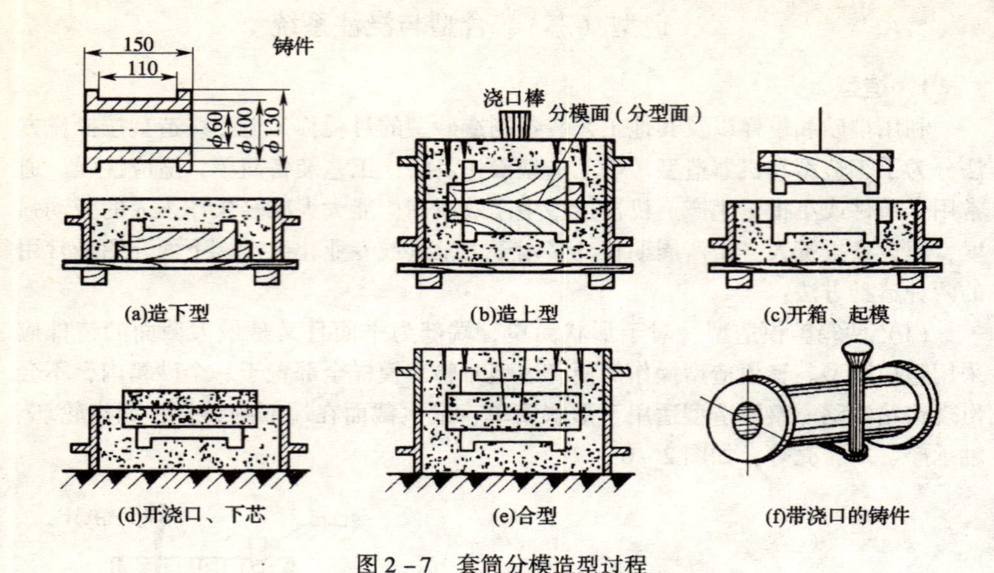

图 2－7　套筒分模造型过程

围，因此对芯砂的性能要求比型砂更高。圆柱形砂芯常用对开式芯盒制造。制造过程如图 2－8 所示。

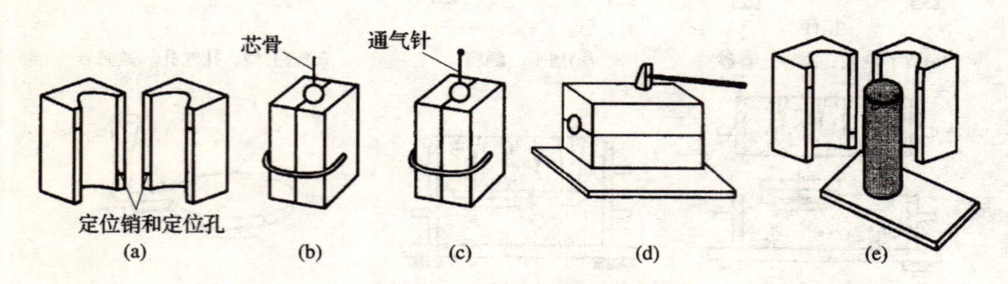

图 2－8　对开式芯盒制芯

（a）准备芯盒　（b）夹紧芯盒，分次加入芯砂、芯骨，舂砂　（c）刮平、扎通气孔
（d）松开夹子，轻敲芯盒　（e）打开芯盒，取出砂芯，上涂料（即在砂芯的表面涂覆、层耐火涂料）

3. 合型（箱）

铸型一般由上型、下型、型芯、型腔和浇注系统组成。将铸型的各个组成部分按照工艺要求组合成一个完整的铸型的操作过程叫合型（箱）。有砂芯的铸型一般先下芯，按照工艺要求将砂芯放入铸型内规定位置，砂芯一般位于下型中。下芯后检查砂芯位置是否正确及松动。下完砂芯后把上砂型垂直抬起，找正位置后垂直下落，使上下砂型开合面紧密合在一起。合型前，要检查型腔内和砂芯表面的浮砂和脏物是否清理干净，各出气孔、浇注系统是否畅通和干净。合型后，可使用压铁、螺栓、箱卡，减少浇注时抬箱力对铸件的影响。

4. 浇注系统

为了把金属液平稳地引进型腔和冒口，在造型时，必须在铸型中开设一系列的通道，这些通道叫浇注系统。它对保证铸件的质量极为重要，通常由外浇口、直浇道、横浇道和内浇口组成，如图2-9所示。

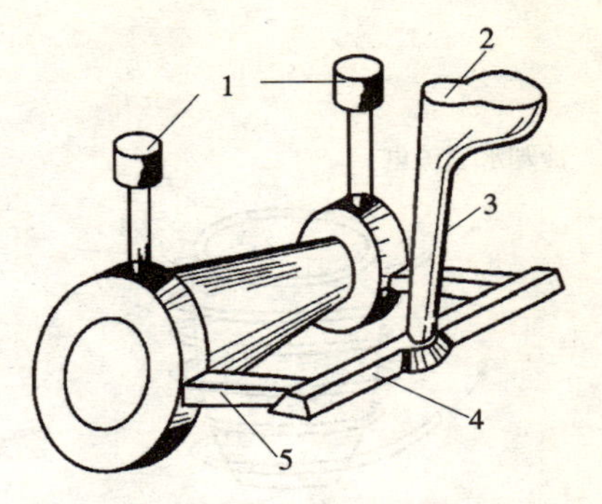

图2-9　浇注系统及冒口

1—冒口　2—外浇口　3—直浇道

4—横浇道　5—内浇口

(1) 外浇口　直浇道顶部的扩大部分，为漏斗形。其作用是减轻金属液对铸型的冲击，使金属液平稳地流入直浇道里。

(2) 直浇道　连接外浇口和横浇道的垂直通道。其作用是形成冲型的静压力，使金属液迅速充满型腔。

(3) 横浇道　连接直浇道和内浇口，其截面多为梯形的水平通道。其作用是挡渣并引导金属液进入内浇口。

(4) 内浇口　引导金属液进入型腔的通道。内浇口开设的位置、方向及大小决定金属液进入型腔的部位、流速和流向。内浇口的开设位置和方向对铸件的质量影响很大。一般不开设在铸件重要部分，并且要有利于顺利导入金属液。

(5) 冒口　它用于排除型腔中的气体、砂粒和熔渣等夹杂物以及起补缩作用。不起导流作用。

三、熔炼、浇注及落砂清理

1. 熔炼

液态金属的熔化和浇注是铸造生产的重要环节之一，对铸件质量有重要影响。若熔化工艺控制不当，会使铸件因成分和机械性能不合格而报废；若浇注工艺不当，会引起浇不足、冷隔、夹渣、气孔和缩孔等缺陷。

不同的铸造合金要选用不同的熔化设备和熔化工艺。铸造生产中常用的熔化设备有：冲天炉、感应电炉、电阻炉和焦炭炉等。

(1) 感应电炉熔化　铸铁是由铁、碳和硅等组成的合金材料。对于质量要求高的铸铁件，应选用感应电炉熔化。比较常用的感应电炉有工频感应电炉和中频感应电炉。电炉熔化由于铁水出炉温度高、便于铁水成分控制和炉前处理，被广泛应用于生产球墨铸铁和合金铸铁。

感应电炉的基本原理，如图2-10所示，金属炉料置于坩埚中，坩埚外面绕有通水冷却的感应线圈，当感应线圈通过交变电流时，在感应线圈周围就产生交变磁场，交变磁场使金属炉料中产生感应电动热并引起涡流使金属炉料加热和熔化。

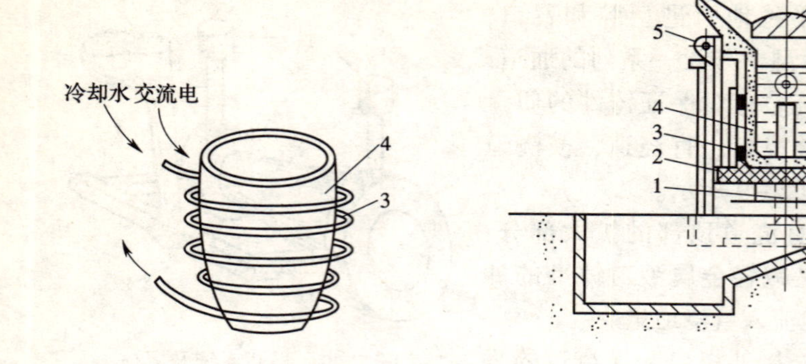

图 2－10　感应电炉原理图和示意图

1—液压倾倒装置　2—隔热砖　3—线圈　4—坩埚　5—转动轴
6—炉盖　7—作业板　8—水电引入系统图　9—地基

电炉熔化虽然铁水出炉温度高、便于铁水成分控制和炉前处理，但耗电量大，需要大量冷却水，铸件成本高，生产率低。因此，生产球墨铸铁和合金铸铁时往往采用冲天炉与电炉双联熔化，即利用冲天炉熔化铁水，再通过感应电炉提高铁水温度和调整铁水成分，以达到既保证铁水温度、铁水成分，又提高生产率和降低铸件成本的目的。

（2）坩埚炉熔化　常用的铸造有色金属有铸造铝合金、铸造铜合金、铸造镁合金和铸造锌合金等。有色金属的熔点低，其常用的熔化用炉有坩埚炉和反射炉两类，用电、油、煤气或焦炭等作为燃料。中、小工厂普遍采用坩埚炉熔化，如电阻坩埚炉、焦炭坩埚炉等，生产大型铸件时一般使用反射炉熔化，如重油反射炉、煤气反射炉等，坩埚炉如图 2－11 所示。

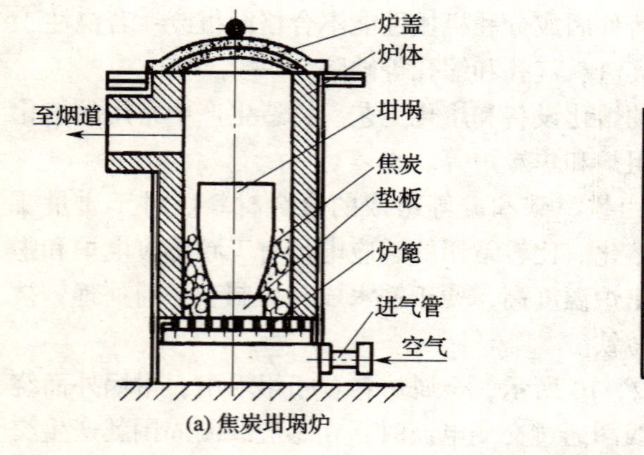

(a) 焦炭坩埚炉

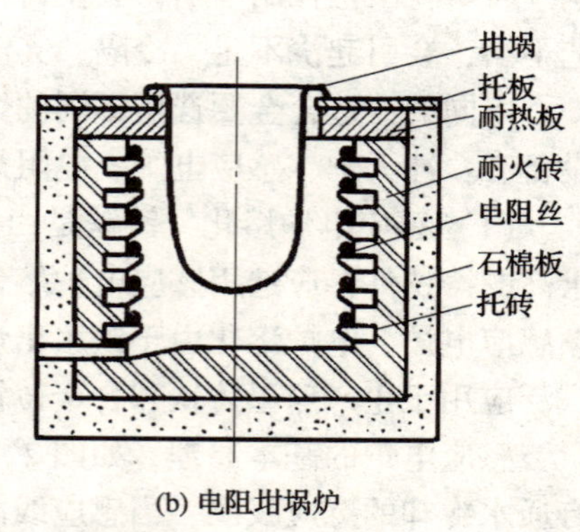

(b) 电阻坩埚炉

图 2－11　坩埚炉的示意图

2. 浇注

浇注是把液体金属浇入铸型的过程。浇注时要控制好浇注温度和浇注速度。温度过高或过低都会使铸件产生各种缺陷。一般中小型铸铁件的浇注温度为1260～1350℃，薄壁铸件为1350～1400℃。浇注速度要适中，不能中断。此外，浇注前要在砂箱上放置压铁以防止铁水的浮力将砂箱抬起使铸件报废。在浇注时必须注意以下一些问题：

（1）浇包、浇注工具、炉前处理用的孕育剂、球化剂等使用前必须充分烘干，烘干后才能使用。

（2）浇注人员必须按要求穿好工作服，并佩戴防护眼镜，工作场地应通畅无阻。浇包内的金属液不宜过满，以免在输送和浇注时溢出伤人。

（3）正确选择浇注速度，即开始时应缓慢浇注，便于对准浇口，减少熔融金属对砂型的冲击和利于气体排出；随后快速浇注，以防止冷隔；快要浇满前又应缓慢浇注，即遵循慢、快、慢的原则。

（4）对于液态收缩和凝固收缩比较大的铸件，如中、大型铸钢件，浇注后要及时从浇口或冒口补浇。浇注结束后，应将浇包中剩余的金属液倾倒在指定地点，并按工艺要求及时去除压铁或锁紧螺栓，便于铸件自由收缩。

3. 铸件的落砂

浇注后，将铸件从铸型中取出来的过程叫落砂。落砂应该在铸件冷却到一定温度后进行。落砂温度过高，会使铸件出现变形、裂纹、表面硬化、白口；落砂温度过低，占用过多的砂箱和生产场地，生产效率低。一般应在保证铸件质量的前提下尽早落砂。

落砂的方法有两种：手工落砂和机械落砂。生产量较少时，常采用手工落砂。用手锤或风动工具捣毁铸型，取出铸件。手工落砂效率低，劳动强度大；机械落砂常用于专业化或大批量生产，依靠落砂机与铸型的碰撞，使铸件、型砂与砂箱分离。落砂设备常采用震动落砂机。

4. 铸件的清理

将铸件上的浇冒口、粘砂、铸件内的砂芯、飞边毛刺等清理掉称为清理，是铸件缺陷修整的一道工序。铸件必须清理后才能进行下一步的加工。

（1）去除浇冒口　铸铁件的浇冒口用捶击方法去除，捶击时，应注意部位和方向，以免损坏铸件造成废品。铸钢件采用气割或电弧切割法去除浇冒口。有色合金铸件用手锯或砂轮片切除。

（2）清理粘砂、飞边毛刺、砂芯　砂芯可用风铲、钢钎、铁锤或除芯机清除。铸件表面的粘砂、飞边毛刺、浇冒口残根等可用钢丝刷、风錾、砂轮机、抛丸机、清理滚筒等清理。

四、铸件的常见缺陷

铸件的缺陷很多，常见的铸件缺陷名称、特征及产生的主要原因见表 2－1。分析铸件缺陷及其产生原因是很复杂的，有时可见到在同一个铸件上出现多种不同原因引起的缺陷，或同一原因在生产条件不同时会引起多种缺陷。

表 2－1　　常见的铸件缺陷及产生原因

缺陷名称	特　征	产生的主要原因
气孔	在铸件内部或表面有大小不等的光滑孔洞	型砂含水过多，透气性差；起模和修型时刷水过多；砂芯烘干不良或砂芯通气孔堵塞；浇注温度过低或浇注速度太快等
缩孔 补缩冒口	缩孔多分布在铸件较厚的断面处，形状不规则，孔内粗糙	铸件结构设计的不合理，如壁厚相差过大，造成局部金属积聚；浇注系统和冒口的位置不对，或冒口过小；浇注温度太高，或金属化学成分不合格，收缩过大
砂眼	在铸件内部或表面有充塞砂粒的孔眼	型砂和芯砂的强度不够；砂型和砂芯的紧实度不够；合箱时铸型局部损坏浇注系统不合理，冲坏了铸型
粘砂	铸件表面粗糙，粘有砂粒	型砂和芯砂的耐火性不够；浇注温度太高；未刷涂料或涂料太薄
错箱	铸件在分型面有错移	模样的上半模和下半模未对好；合箱时，上、下砂箱未对准
裂缝	铸件开裂，开裂处金属表面氧化	铸件结构设计的不合理，壁厚相差太大；砂型和砂芯的退让性差；落砂过早

续表

缺陷名称	特　征	产生的主要原因
冷隔	铸件上有未完全熔合的缝隙或洼坑，其交接处是圆滑的	浇注温度太低；浇注速度太慢或浇注过程曾有中断；浇注系统位置开设不当或浇道太小
浇注不足	铸件不完整	浇注时金属量不够；浇注时液体金属从分型面流出；铸件太薄；浇注温度太低；浇注速度太慢

具有缺陷的铸件是否定为废品，必须按铸件的用途和要求以及缺陷产生的部位和严重程度来决定。一般情况下，铸件有轻微缺陷，可以直接使用；铸件有中等缺陷，可允许修补后使用；铸件有严重缺陷，则只能报废。

第三节　铸 造 实 训

一、手工造型工具介绍及基本操作方法

手工造型操作灵活，可根据铸件的形状、大小和生产批量选择合适的造型方法，如整模两箱造型、分模造型、挖砂造型、活块造型等。手工造型各个操作步骤需要用到很多工具。下面介绍手工造型工具及基本操作方法

1. 手工造型工具

在手工造型进行填砂、舂砂、起模、修型等操作时，需要用到一些工具和砂箱如图 2－12。

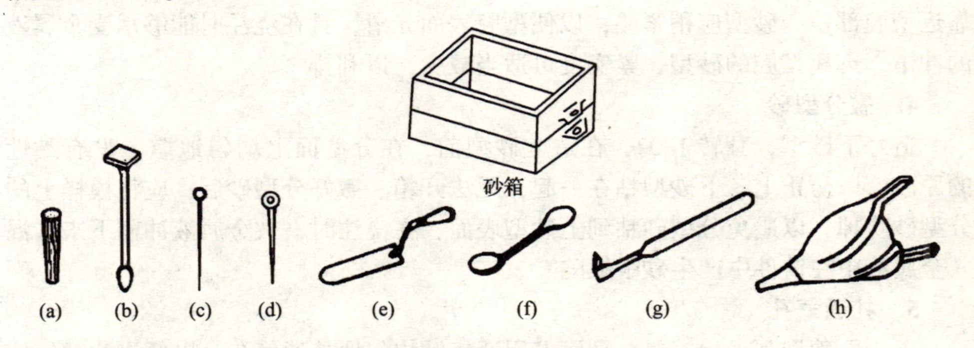

图 2－12　常用手工造型工具

（a）浇口棒　（b）砂冲子　（c）通气针　（d）起模针

（e）墁刀　（f）秋叶　（g）砂勾　（h）皮老虎

2. 手工造型基本操作方法

造型是铸造生产过程中一个复杂而重要的工序，对铸件质量影响很大。下面对手工造型操作中的准备工作填砂、舂砂、起模、修型等操作步骤作一简要介绍。

（1）造型前的准备工作

1）准备造型工具。根据模样选择平直底板和大小合适的砂箱，模样与砂箱内壁及顶部之间必须有 30～100mm 的吃砂量，如果砂箱选择过大，不仅消耗过多的型砂，而且浪费舂砂时间；如果砂箱过小，则模样周围砂型强度不够，浇注时，金属液容易从砂型强度低的地方流出，造成废品。

2）擦净模样，清理起模孔，清理定位销。

3）砂箱平整一面向下平放在工作台上，模样的分型面朝下，放在工作台上，位于砂箱中间部位。

（2）填砂　贴近模样表面的型砂，需要选用较松散的细砂，如果型砂太粗，将影响铸件表面质量。填型砂时应检查定位销，模样的情况防止移位。按要求填好型砂后，才能开始舂砂，型砂要分次填入砂箱，对小砂箱每次加砂高度约为 50mm。型砂过少则舂不紧，且浪费工时。型砂过多，同样舂不紧，容易产生粘砂，砂眼等缺陷。

3. 舂砂

第一次舂砂时必须用手按住模样、定位销等，以避免舂砂时在砂箱内的位置发生偏移，造成固定不紧。每层舂砂时都要根据模样的形状，按照一定的路线均匀舂砂。保证砂型各处紧实度均匀。舂砂时要特别注意不要撞到模样上，以避免模样振动损坏模样或砂型。舂砂用力大小应适当。用力不能过大过小，过大则砂型强度太大，浇注时气体不易顺利排出，铸件易产生气孔。过小，砂型太松，易塌箱。

另外，同一砂型的紧实度也是不同的，靠近砂箱内壁应舂紧，以避免塌箱，靠近型腔部位，砂型应稍紧些，以便型腔表面光滑，且在浇注时能够承受金属液的冲击。远离型腔的砂型，紧实度可适当减少，以利排气。

4. 撒分型砂

造好下砂型，翻转 180°，在造上砂型前，在分型面上均匀地撒上没有黏性的原砂，以防止上、下砂型粘在一起，无法开箱。撒好分型砂后，应将模样上的分型砂吹掉，以避免分型砂粘到上砂型表面，在浇注时，被金属液冲刷下来，混入金属液中在铸件中产生砂眼缺陷。

5. 扎通气孔

上、下砂型刮平后，要在平面上用通气针均匀地扎通气孔，以便浇注时气体能顺利地从砂型中排出。扎通气针时注意不能扎通，应离开模样一段距离，以防止浇注时金属液从通气孔中溢出造成跑火等缺陷。

6. 开箱

制作好上、下砂型后，为了从砂型中取出模样，必须把上砂型从下砂型上移开，这就叫开箱。开箱时，为了防止造好的砂型被破坏，必须让上砂型垂直平稳地离开下砂型，两个砂型完全分开后，才能翻转上砂型。

7. 开浇注系统

在起模前，要按工艺要求开出浇注系统，并且浇道表面要修整光滑，不能有散砂留在里面。以便浇注时，金属液能顺畅地流入型腔。

8. 起模

起模前用毛刷沾水，在模样周围的砂型上均匀地刷过，增加型砂的湿度，提高其可塑性，以便起模时模样周围的砂型不易被破坏。在刷水时要注意不要把刷子停留在某一处，若此处型砂含水量太大，浇注时产生大量水蒸气，使铸件产生气孔缺陷。

刷完水后，把起模螺钉拧进起模螺孔中，并用小锤子轻敲螺钉下部，使模样松动，敲击时不能用力太大，否则型腔尺寸过大，然后拨出模样，起模时应保持模样平稳拨出，以避免拨出模时把造好的砂型破坏。

9. 修型

起出模样后，如果型腔内有缺角裂纹，型砂松散等缺陷，要用修补工具，如秋叶、墁刀等进行修补。

10. 合型

砂型修好后，有砂芯的应根据工艺要求把砂芯放入砂型中的正确位置。下砂芯时，操作要缓慢，看准位置后垂直放入。砂芯往往正确位置固定好后，把造的上砂型对准定位销，让砂箱保持水平缓慢下降，以防错箱或损坏砂型。

二、整模两箱手工造型训练

1. 造型前的准备工作

准备模样，并清理其表面和起模螺钉孔，准备两个合得平衡的砂箱并清理其表面。准备造型工具。

用大铁铲把型砂拍散，干湿混合均匀，以备造型用。

2. 造下砂型

在工作台面上清理出一块干净平整的地方，合一个砂箱，并选择其较平整光滑的一面放在清理好的台面上。模具分型面（最大的截面）朝下放于砂箱中间，拿两个定位销帽，开口朝下，放在砂箱两对角处，距离砂箱壁的距离以舂砂棒能顺利穿过为宜。

整个砂型分三层作好。第一层放约半个砂箱，与定位销帽平齐即可，用手选混好的型砂放于砂箱内，粗颗粒的型砂要用手捏碎。放好型砂后，一只手按住定位销帽，另一只手抓住舂砂棒上部，用力舂紧定位销帽周围的型砂，固定好定位销。然后沿着砂箱壁舂击型砂，并按照由外向内的顺序多次来回舂击，大部分型砂舂紧，只留下表面一薄层松散型砂。

第二层型砂，与砂箱平齐即可，型砂要求是混好的合格型砂。用舂砂棒沿着砂箱壁交错来回舂几次，在模样上方再多舂几次。最后也只留下表面一层松散的型砂即可加第三层型砂。

第三层型砂加到高于砂箱 50mm 左右即可，并且型砂必须堆成一个平台。手持舂砂锤的上部，从砂箱一角开始，按照纵向或横向顺序把型砂舂紧。舂砂时注意舂砂棒不要抬得太高，以避免振动太大把模样振松动。也不要舂到砂箱上，以避免损坏砂箱。型砂舂紧后，用刮砂棒刮掉高于砂箱的型砂，使砂型面与砂箱平齐，如下图 2－13 所示。再用通气针扎上通气孔。模样上方扎半个砂箱深，其他地方扎三分之二个砂箱深。这样，下砂型就造好了。造成好的下砂型大约能承受 50kg 左右的冲击力。

图 2－13　刮砂

3. 造上砂型

把选好的下砂型翻转 180°，放于干净平整的工件台面上。放好定位销，放上直浇棒，直浇棒应放在没有定位销的砂箱对角线一旁，离模样大约一个舂砂棒的距离，约 20mm，然后拿一个砂箱，把比较光滑的一面朝下，放于下砂箱上，并使上下两个砂箱对齐，两个砂箱的两个把手位于同一侧。在下砂型上撒上分型砂（原砂），模样上不能撒分型砂。

捏一块直径为 15mm 左右的砂粒轻放在模样的螺钉孔上，防止松散的型砂进入起模螺钉孔中。

整个上砂型也像下砂型一样，分三层作好。填砂和舂砂方法一样，只是舂砂力量要低于下砂型，作好上砂型大约能承受 30kg 的冲击力。

4. 开浇注系统

浇注系统由外浇口，直浇道，横浇道和内浇口组成，其中只有直浇道部分的形状由模样作出，其余部分都由人工手工开出。在造好上砂型开箱之前，沿直浇道棒的外围，开一个深度约为 30mm 的一个漏斗形外浇口，修整表面，使其光滑流畅。外浇口作好后，用通气针扎上通气孔，注意外浇口上不能扎。深度约为砂箱的三分之二。然后轻敲直浇棒，并把它取出，再轻敲砂箱两把手，垂直平稳地拿开上砂型，翻转放于工作台面上。用手刷扫去分型面上的分型砂，用秋叶沿浇道中间与模样相切之处，开一个宽和深均为 10mm 的内浇口，然后在内浇口和直浇道相接处开一个直径为 60mm 左右的半圆形横浇道，让其深度为 15mm，修整所有的浇道，使其光滑平整，保证金属液在里面流动时顺畅。

5. 起模、修型、合箱

浇注开设好后，用合适的螺钉拧进起螺钉孔中，然后轻敲螺钉下部，使模样松动，然后提着螺钉，缓慢平衡地起出模样。

查看型腔是否有缺陷，如有缺陷必须进行修补。缺角的地方，加砂，放入模具重新压平，有裂纹和散砂的地方用提钩进行修整，使整个型腔要光滑，其表面不能落有散砂。

检查型腔和浇注系统全部合格后，把上砂型翻转，盖在下砂型上，注意定位销的位置，以避免合箱时损坏造好的砂型。

第四节　铸造实习安全技术

在铸造生产中，主要有烫伤、喷溅伤、机械伤和碰砸伤等。实训时，应该要注意下面的一些规章制度。

1. 实习时应穿好工作服，冬天不得穿大衣、风衣和戴长围巾，夏天不得赤脚、赤臂、穿短裤、拖鞋。

2. 按照实习内容，检查和准备好自用设备和工具。

3. 造型中，要保证分型面平整、吻合，同时要有足够气孔排气，以防气爆伤人。

4. 造型过程中，在舂砂时不要把手放在砂箱上，以免砸伤自己或他人的手。

5. 造型中，清除散砂不得用嘴吹，以防将砂粒吹入自己或他人眼中。

6. 要文明实习，每天实习完毕，将造型工具清点好，摆放在工具箱内，并清理好现场。

7. 不得擅自动用设备及电源开关。

第五节　特种铸造

随着科学技术的发展和生产水平的提高，对铸件质量、劳动生产效率、劳动条件和生产成本有了进一步的要求，因而铸造方法有了长足的发展。所谓特种铸造是指不同于砂型铸造的其他铸造方法。目前特种铸造方法已发展到几十种，常用的有熔模铸造、金属型铸造、离心铸造、压力铸造、低压铸造、陶瓷型铸造等。

1. 熔模铸造

熔模铸造又称失蜡铸造或精密铸造。它是用易熔材料（如蜡料）制成模样并组装成蜡模组，然后在模样表面上反复涂覆多层耐火涂料制成模壳，待模壳硬化和干燥后将蜡模熔去，模壳再经高温焙烧后浇注获得铸件的一种铸造方法。熔模铸造工艺过程，如图 2－14 所示。

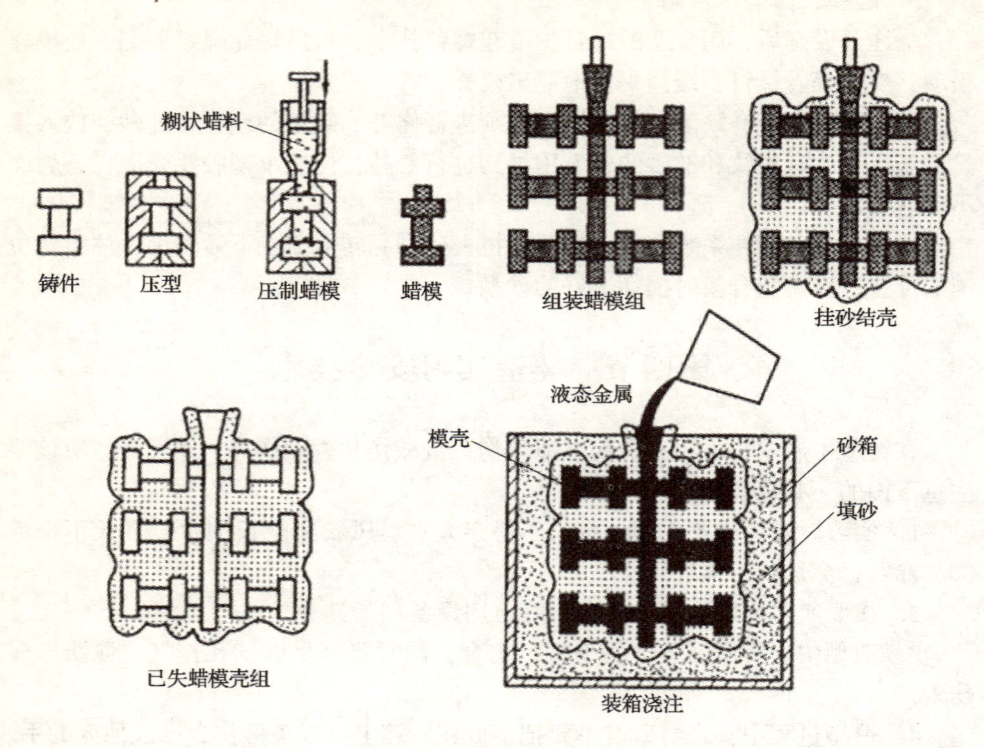

图 2-14　熔模铸造示意图

2. 压力铸造

金属液在高压下高速充填铸模型腔，并在压力下凝固成型的办法，称为压力铸造，简称压铸。它的基本特点是高压（5~150MPa）和高速（5~100m/s）。压力铸造是在压铸机上进行的。压铸机可分为热室压铸机和冷室压铸机两大类，冷室压铸机又可分为立式和卧式等类型，但它们的工作原理基本相似。压铸机工艺过程示意图，如图 2-15 所示。

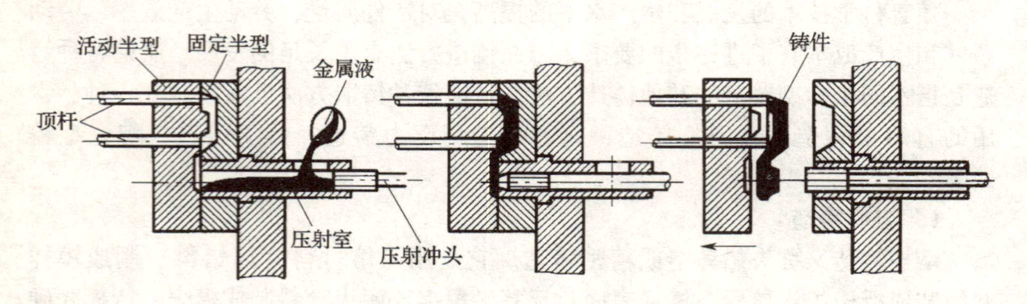

图 2-15　压力铸造工艺过程

压铸工艺的优点是压铸件具有“三高”：

铸件精度高（1T11～IT13，*R*a3.2～0.8μm）、强度与硬度高（σ_b 比砂型铸件高20%～40%）、生产率高（50～150件/h）。

缺点是存在无法克服的皮下气孔，且塑性差；设备投资大，应用范围较窄（适于低熔点的合金和较小的、薄壁且均匀的铸件。适宜的壁厚：锌合金1～4mm，铝合金1.5～5mm，铜合金2～5mm）。

3. 离心铸造

离心铸造指将液态合金液浇入高速旋转（250～1500r/min）的铸型中，使其在离心力作用下填充铸型和结晶的铸造方法（图2－16）。

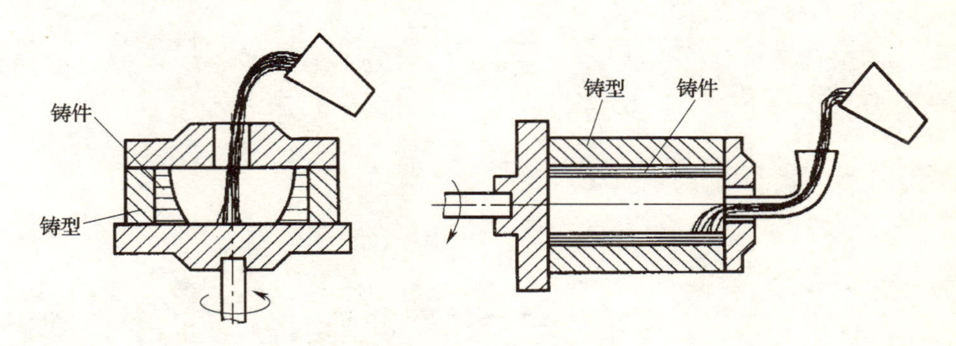

图2－16 离心铸造示意图

用离心浇注生产中空圆筒形铸件质量较好，且不需要型芯，没有浇冒口，所以可简化工艺，出品率高，且具有较高的劳动生产效率。

4. 金属型铸造

将液态金属浇入用金属材料制成的铸型而获得铸件的方法，称为金属型铸造。金属铸型可反复使用，又称为永久型铸造或硬模铸造。金属型一般用耐热铸铁或耐热钢做成。金属型的结构和类型，如下图2－17所示。

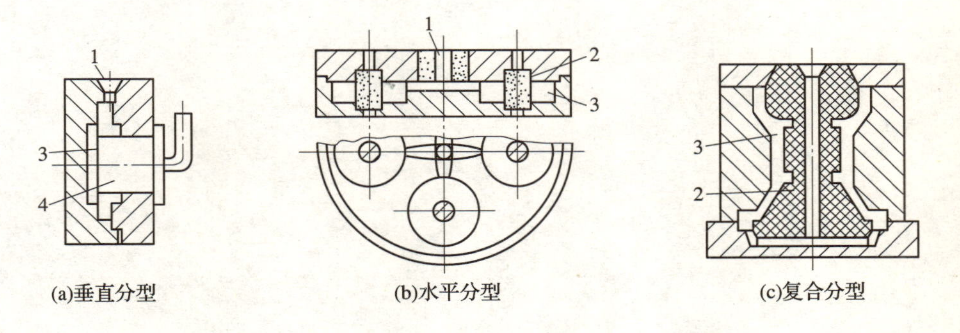

图2－17 金属型铸造

1—浇口 2—砂芯 3—型腔 4—金属型芯

思考与练习

1．试述砂型铸造的工艺过程。
2．型砂由哪些材料混拌而成，它们应具备哪些主要性能？
3．零件、铸件和模样三者在形状与尺寸上有何区别？为什么？
4．手工造型有哪些主要方法？各适用于何种铸件？
5．铸件的主要缺陷有哪些？试述几种产生的原因。

第三章 板料冲压

板料冲压是利用冲压设备和冲模，在常温下使板料在模具内产生分离或变形的加工方法。简称冷冲或冲压。适合于冲压加工的板料一般为塑性好、变形抗力低的薄料，常用的板料有低碳钢、不锈钢、铜、铝、纸板、皮革等。

冲压生产效率高，操作简便，易实现自动化和机械化；冲压件尺寸精度高，质轻形状复杂，薄而刚性好；广泛应用于汽车、日用品、电器、电子等制造业的大批量生产中。

第一节 冲压设备

常用的冲压设备有冲床、剪床。冲床也称压力机，剪床也称剪板机，冲压在冲床完成，冲压用的坯料、条料在剪床上剪切。冲床的类型很多，常用的开式冲床如图 3－1 所示。常用的剪床有斜口刃剪床、平口刃剪床。图3－2 是剪床传动简图及剪切示意图。

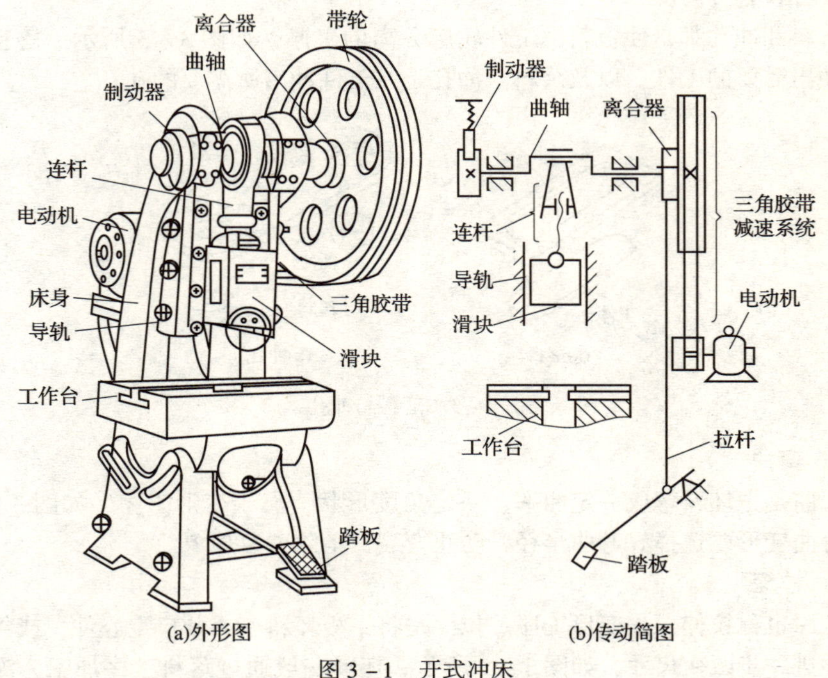

图 3－1 开式冲床

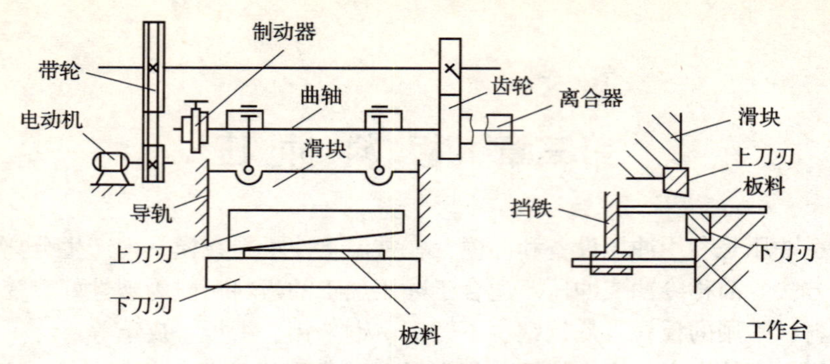

图 3－2　剪床传动简图及剪切示意图

冲床和剪床机的传动原理相同，由电动机、飞轮（带轮）的回转运动转变成滑块沿导轨的上下直线运动；工作时电动机通过皮带带动飞轮不断空转，踩下踏板操纵离合器的开闭，从而控制滑块运动。离合器闭合时，滑块下行，固定在滑块的上模或上刀刃随滑块运动，完成冲压或剪切；离合器脱开时，滑块在制动器的作用下停留在最上边的位置。

第二节　冲压基本工序

1. 落料，冲孔

落料和冲孔都是使板料沿工件轮廓分离的工序，如图 3－3 所示。落料是在板坯冲出需要的工件，以及余料。冲孔是在工件冲出所需要的孔。

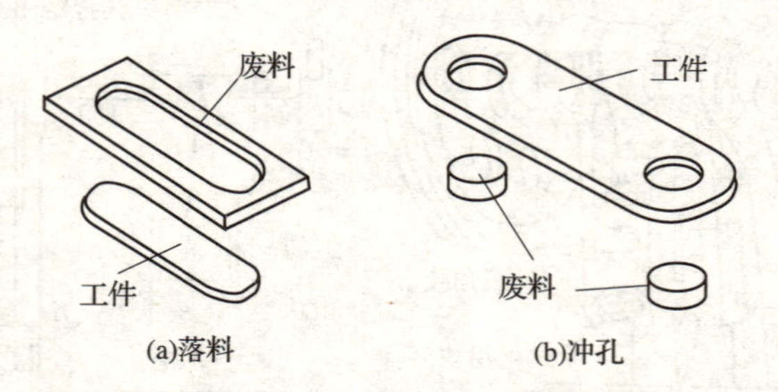

图 3－3　落料与冲孔

2. 弯曲

弯曲是把坯料弯成一定曲率、一定角度形状，属于变形工序，如图 3－4 所示。弯曲变形要选择好弯曲半径，防止弯裂，消除弹复现象。

3. 拉深

拉深也称拉伸，是变形工序。拉深是将平板坯料变成开口空心件，或将开口空心件进一步改变尺寸，如图 3－5 所示。坯料一般通过落料工序加工，深度大的工件要用多次拉深完成。

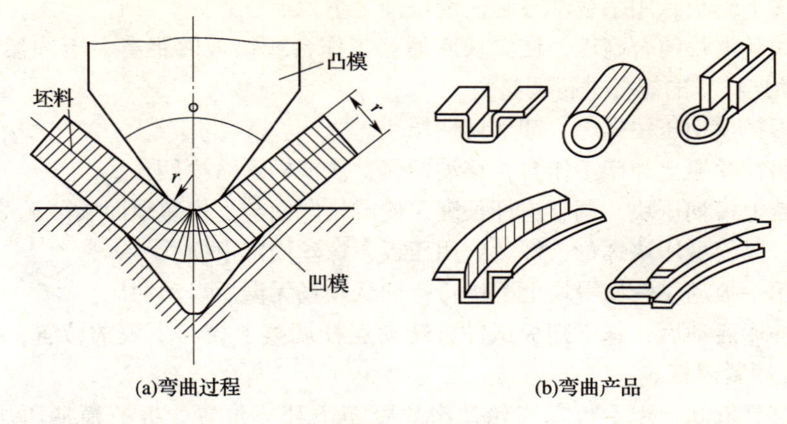

(a)弯曲过程　　(b)弯曲产品

图 3－4　弯曲

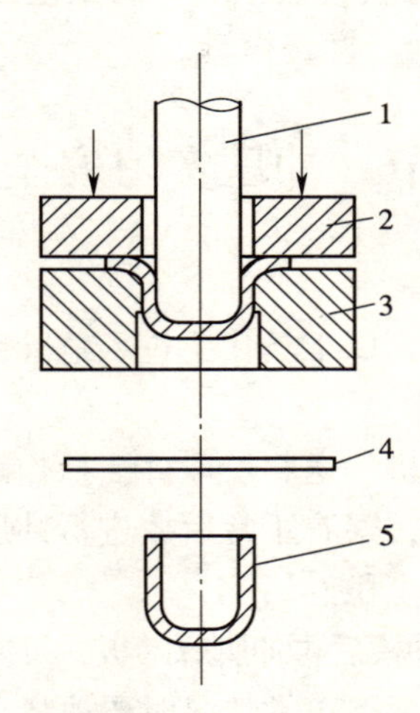

图 3－5　拉深

1—凸模　2—压边圈　3—凹模　4—坯料　5—拉深件

第三节　冲压实训基本操作过程

将冲模安装在冲床上，一般上模通过模柄固定在滑块模柄孔，下模固定在工作台或垫板上。模具安装好应先进行手动试验，不实际冲压工件，只是先走一两个空行程，确定无误后再开机试冲，启动冲床；电动机通过皮带带动飞轮空转，踩下踏板让滑块试运行，把坯料放入冲模冲压。单次行程操作时，踩踏板要一次一次地进行，冲压一次后脚要离开踏板，不允许脚长时间停留在踏板上。

冲模的种类很多，冲模安装前要了解好冲模结构和使用要求，将工作台和下模座底面擦拭干净。

下面是带有导向结构冲模安装在开式冲床的过程：

① 踩下踏板，用手扳动飞轮使滑块降至下死点位置。

② 调整滑块闭合高度，使滑块底面至工作台或垫板的距离大于冲模闭合高度（转动连杆里的螺杆进行调整）。

③ 拆掉模柄压块螺母，卸下模柄压块。

④ 将冲模搬上冲床工作台，移动冲模；使模柄紧贴模柄孔。

⑤ 装上模柄压块，调整连杆长度，使滑块底面与上模座顶面紧贴无隙。

⑥ 拧紧模柄压块螺母、螺丝。用压板、螺丝固定下模。

⑦ 用手扳动飞轮使滑块上下运行，确认顺畅无误后启动冲床。

⑧ 冲床启动后；踩下踏板试冲，转动连杆调整上模与下模的位置，冲出合格制件。锁紧螺杆。

⑨ 模具拆卸：用手扳动飞轮使滑块降至下死点位置，拆掉模柄压块螺母，卸下模柄压块（也可以通过拧紧模柄压块中的螺丝顶松模柄压块后卸下）。上调滑块脱离与上模座顶面的接触。搬走模具。

第四节　冲压实习安全技术

1. 集中精神、认真操作。
2. 手不得进入危险区域，以工具代手进入危险区域。
3. 安全启动冲床。
4. 只允许操作者一人开机、送料、取件，操作踏板。
5. 开机后踩下踏板试冲，察看正常后才进行冲压操作。
6. 操作者正对冲床坐好坐稳。
7. 冲压时先将坯料放置冲模后再伸脚踩踏板，每冲压完一次，脚要离开踏板。
8. 操作者离开设备或发现不正常情况时要停机。
9. 单次行程操作时有连冲现象、设备有异响、板料卡死在冲模等情况时要暂停工作，等待处理。
10. 保持场地整洁，工具按要求摆放。
11. 操作完毕后放好工具，清洁设备、打扫卫生。

第五节　数控冲床概述

1. 数控冲床定义

数控冲床（图3-6）是用来对金属薄板进行冲裁或者成型的一种自动化生产机器，由数控系统与普通冲床联合而成的。通过控制程序，可以实现板料的自动进给、冲压，最大限度的利用原材料，提高生产率；能高精度地加工各种复杂图形；同时还实现了人工离机操作，确保了劳动安全。

图3-6 数控冲床

全自动的数控冲床包含有很多简单形状的模具，这些模具通常安装在一个转塔上，由数控系统控制，所以也叫数控转塔冲床（CNC Turret Punch Press，简称NCT）。冲压过程中，数控系统控制板料和转塔，完成一个冲压过程，一分钟可冲数百次到上千次。

数控冲床广泛用于多品种的板材加工行业，如高低压电力开关成套设备、通信电子、计算机、电梯、空调、厨具、建筑幕墙装饰、五金家具、电气控制箱、机械外罩加工等。因而数控冲床又被称为“钣金加工中心”。

2. 数控冲床的种类

按冲压的驱动来源可分为三大类：

（1）机械式数控冲床　这是数控冲床发展最早的一类机床，现在仍有一些厂家在生产和使用。典型代表有村田机械（MURATEC）的C系列，天田公司（AMADA）的ARIES系列、PEGA系列、COMA系列等。这类数控冲床是通过一个主电机带动飞轮旋转，利用飞轮的惯性进行冲压，由离合器进行冲压控制。这类机床优点是结构简单，产品价格低，性能稳定。但这类机床的缺点也是显而易见的。首先，机械式数控转塔冲床必须等飞轮转过一圈，才进行一次冲压，冲压行程是固定的，所以冲压速度没法提高，目前最高才200次/分钟左右。这也是现在许多厂商不再生产这类机床的主要原因。其次，由于击打头的行程没法控制，进行成型冲压时不易控制。像这类机床必须要通过调节数冲模具才能达到理想成型，调节难度较大。另外，这类机床还有耗电量较大、冲压噪声大等缺点。

（2）液压式数控冲床　随着技术的发展，出现了液压式数控冲床。这类机床由于其自身的许多优点，得到了广泛的应用。这类机床的典型代表有村田机械（MURATEC）的V系列，天田公司（AMADA）的VIPROS系列，通快公司（TRUMPF）的TC系列等。这类机床通过液压缸驱动击打头，由电液伺服阀进行冲压控制。所以在冲压速度上有了飞跃式的提升。最高可达1000次/分钟以上。其次，由于液压缸行程可控制，所以可以通过控制击打头的行程来调节成型模具，使用方便。在工作时控制击打头压紧模具，可以减少冲压噪声。另外，通过与厂商沟通，可以进行滚筋、滚切等模具的加工（机械式不行）。由于以上种种优点，所以液压冲床得到了广泛应用。但这类机床也还存在多种不足，首先，这类机床对环境要求较高，温度太高或太低都会影响机床的正常工作。如果温度太低（<5℃），则在工作前需要预热。其次，耗电量大。另外，每年要更换一次液压油、占地面积大等都是它的不利之处。

（3）伺服式数控冲床　由于上述两类机床存在着种种不足，各厂家又开发出了第三代数控冲床。这就是由伺服电机直接驱动的数控冲床。这其中的典型代表就是村田公司的 M2048UT 及天田公司的 EM2510NT。由于采用伺服电机直接驱动击打头的技术，在保持高速冲压（最高可达 800 次/分钟以上）工作的同时，可极大地减少耗电量。这是因为伺服电机驱动的机床不冲压时，主电机是处于静止状态，不消耗电力。相对液压式机床而言，伺服电机转塔冲床的电力消耗是它的三分之一左右。其次，伺服电机驱动数控冲床跟液压数控冲床一样，冲压行程是可以进行调节的，所以调节成型模具也是非常方便，对滚筋、滚切模具可以像液压冲床一样进行加工，且可以使冲压噪声达到理想的效果。采用伺服式数控冲床对环境要求较低，无论春夏秋冬，都可以立即启动，无需预热。由于不需要液压装置，没有更换液压用油的烦恼，而且非常环保。另外机床结构紧凑、占地面积小。

3. 数控冲床的结构及其作用

数控冲床由机架、工作台、转塔、压力机、数控系统和电气系统等组成。

机架指的是机床的床身，它的机身外形通常表现为两种形式：C 型结构和 O 型结构。C 型结构是指机床的悬臂开放不封闭，所以也称为开式结构。O 型结构则呈封闭形式，称为闭式结构。相对来说比 O 型比 C 型的总体刚性要好，重加工时更加稳定，但是 O 型机床相对的会比 C 型机床在相同加工性能下体积会比较庞大，而 C 型机床由于开放，可利用空间更多，更为灵活。

数控冲床的工作台相对其他类型的机床来说，显得更加宽阔，上面布满了密密麻麻的毛刷部件，既支撑了大块的板料，又使得材料在上面更加容易滑动。

转塔也称为回转头、转盘，是数控冲床上用来存放模具的地方，也称为模具库。数控冲床的转盘共有两个，分别称为上转盘和下转盘。一般上转盘用来安装上模的导向套、上模总成、模具支撑弹簧等，下转盘用来安装下模、模具压板等。转塔转动，以便更换冲压模具，这个由电机驱动链条链轮带动，这个转轴通常称为 T 轴。

压力机给机床提供了冲压所需要的动力，根据压力的来源，分为机械式、液压式和伺服式 3 种。目前液压式数控冲床使用较多，机械的则逐步被淘汰，伺服电机驱动的数控冲床由于兼有机械和液压的优点，所以发展得很快。

数控系统用于数控冲床的运算、管理和控制，是整个机床的中枢部分。电气系统则为整台机床提供动力。

第六节　数控冲床编程技术

用户程序是用户根据加工工件的尺寸、工艺过程和工艺要求，按照一定的格式，用功能代码编写的一套指令。数控冲床常用的编程指令见表3－1。

表3－1　　数控冲床编程指令

指令	使用格式	涵义
G90	G90	绝对坐标（缺省）
G91	G91	相对坐标
G00	G00 X_　Y_	快速定位
G01	G01X_　Y_	直线步冲或冲孔
G02	G02 X_　Y_　I_　J_	顺时针圆弧步冲或冲孔，X、Y为圆弧终点坐标值，I、J之值是圆或圆弧所在的圆心相对于起点的增量值
G03	G03 X_　Y_　I_　J_	逆时针圆弧步冲或冲孔，X、Y为圆弧终点坐标值，I、J之值是圆或圆弧所在的圆心相对于起点的增量值
G04	G04 P_	暂停，时间由P后的值决定，其最小为1ms
M00	M00	程序暂停，手动启动之后，再继续执行剩余的程序
M02	M02	程序结束。程序执行到此，所有程序动作均结束，G码和M码恢复到系统初始设定值
M30	M30	程序结束。与M02功能相同。在某一加工程序最后，如没有显示使用M02码，则系统隐含加入M30指令。
M80	位于G00指令最后（同一行）	单次冲压。执行此指令一次，冲头只冲一次。用于冲孔没有规律，且较少的情况下
%	% X_　Y_	加工板材的尺寸
T	T_	定义模具
S	S_	步冲的步距
L	L_	冲孔的孔数；其他

早期的数控冲床没有自动编程软件，只能在数控系统上直接手工编程，而现在的数控冲床基本配备了自动编程软件，利用软件来自动编程，工作效率和对复杂零件的加工能力比以前都得到了飞跃式的提升。

第七节　数控冲床实训

1. 数控冲床操作

以下操作步骤以国产机械式数控冲床常用的数控冲压软件为例。

1）进入数控冲压程序。打开所要加工的代码（G代码）文件。

2）使机床回到机械坐标原点（即复位），以建立机床坐标系。

在程序主界面下用鼠标点击常用工具条上的【F8 手动操作】，进入手动操作界面 - - > 在手动操作界面下点击常用工具条的【F6 回零】，进行回零 - - > 等待回零结束。

3）上板料，使用夹钳固定。

4）移动板料至冲压中心，设置工件坐标零点。移动板材到模具冲头下，定位后清零：如果处于程序主界面下用鼠标点击常用工具条上的【F8 手动操作】，进入手动操作界面 - > 在手动操作界面下点击常用工具条的【F7 清零】使工件坐标为零。

5）进行自动加工。如果处于手动操作界面则点击【F9 返回】回到程序主界面；按手柄盒上的绿色“启动”按钮，开始自动加工。

6）开始冲压，直到冲压完成。

7）使用增量移动：能够精确移动 X/Y 轴位置。在程序主界面下用鼠标点击常用工具条上的【F8 手动操作】，进入手动操作界面 - - > 在手动操作界面下点击常用工具条的【F8 增量】，可使指定轴在当前位置上增量移动，命令格式是在轴名称（X 或 Y）字母后加数字，如：X32、Y32。

2. 数控冲床安全操作规程

1）遵守工程训练规定，不穿短裤和拖鞋进行实习，禁止在实习场所抽烟

2）熟悉机床操作，听从老师安排，不得加工未指定图形，不得随意触碰按钮

3）上下大件板料或产品时要穿好防护手套，长期工作下要戴好耳塞

4）加工开始前要检查清楚，加工时人要与工作台保持一定距离

5）禁止在机床周边追逐打闹，不做与加工无关的事

6）协助老师保养机床，搞好卫生

7）其他需要注意的事项。

3. 数控冲床常用形状代号（表 3 - 2）

表 3 - 2　　数控冲床常用的形状代号

图例	中文名称	形状代号
	圆形	RO
	长方形	RE
	正方形	SQ
	长圆形	OB
	倒圆角	CR

思考与练习

1. 数控冲床的定义。
2. 数控冲床有哪些特点?
3. 数控冲床由哪些部件组成?
4. 比较机械和液压式数控冲床的优缺点。
5. 数控冲床的常用模具有哪些?

第四章　焊　　接

第一节　焊接加工概述

一、焊 接 定 义

焊接是指通过适当的物理化学过程如加热、加压或两者并用等方法，使两个或两个以上分离的物体产生原子（分子）间的结合力而连接成一体的连接方法，是金属加工的一种重要工艺。广泛应用于机械制造、造船、石油化工、汽车制造、桥梁、锅炉、航空航天、原子能、电子电力、建筑等领域。

二、焊接方法分类及发展现状

1. 目前在工业生产中应用的焊接方法有几十种。根据他们的焊接过程和特点可将其分为熔焊、压焊、钎焊三大类每大类可按不同的方法分为若干小类如图 4－1。

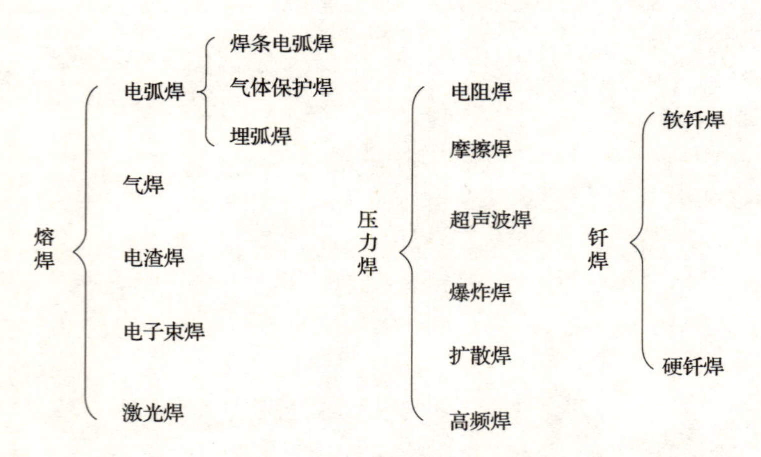

图 4－1　基本焊接方法

1）熔焊是通过将需连接的两构件的接合面加热熔化成液体，然后冷却结晶连成一体的焊接方法，是典型的液相焊接方法。

2）压力焊是在焊接过程中，采取加热或不加热的方式，对焊件施加一定的压力完成零件连接的焊接方法，是典型的固相焊接方法。

3）钎焊是利用熔点低于被焊金属的钎料，将零件和钎料加热到钎料熔化，利用钎料润湿母材，填充接头间隙并与母材相互溶解和扩散而实现连接的方法，

2. 焊接的发展现状

目前工业生产中广泛应用的焊接方法是19世纪末和20世纪初现代科学技术发展的产物。特别是冶金学、金属学以及电工学的发展，奠定了焊接工艺及设备的理论基础；而冶金工业、电力工业和电子工业的进步，则为焊接技术的长远发展提供了有利的物质和技术条件。电子束焊、激光焊等20余种基本方法和成百种派生方法的相继发明及应用，体现了焊接技术在现代工业中的重要地位。据不完全统计，目前全世界年产量45%的钢和大量有色金属（工业发达国家，焊接用钢量基本达到其钢材总量的60%～70%），都是通过焊接加工形成产品的。特别是焊接技术发展到今天，几乎所有的部门（如机械制造、石油化工、交通能源、冶金、电子、航空航天等）都离不开焊接技术。因此可以这样说，焊接技术的发展水平是衡量一个国家科学技术先进程度的重要标志之一，没有焊接技术的发展，就不会有现代工业和科学技术的今天。

第二节 电 弧 焊

电弧焊是利用电弧热源加热焊件实现熔化焊接的方法。焊接过程中电弧把电能转化成热能和机械能，加热零件，使焊丝或焊条熔化并过渡到焊缝熔池中去，熔池冷却后形成一个完整的焊接接头。电弧焊应用广泛，可以焊接各种厚度金属结构件，在焊接领域中占有十分重要的地位。

一、焊 接 电 弧

电弧是电弧焊接的热源，电弧燃烧的稳定性对焊接质量有重要影响。

1. 焊接电弧

焊接电弧是一种气体放电现象，如图4－2所示。当电源两端分别与被焊零件和焊枪相连时，在电场的作用下，电弧阴极产生电子发射，阳极吸收电子，电弧区的中性气体粒子在接受外界能量后电离成正离子和电子，正负带电粒子相向运动，形成两电极之间的气体空间导电过程，借助电弧将电能转换成热能、机械能和光能。

焊接电弧具有以下特点：

（1）温度高，电弧弧柱温度范围为5000～30000K；

（2）电弧电压低，范围为10～80V；

（3）电弧电流大，范围为10～1000A；

（4）弧光强度高。

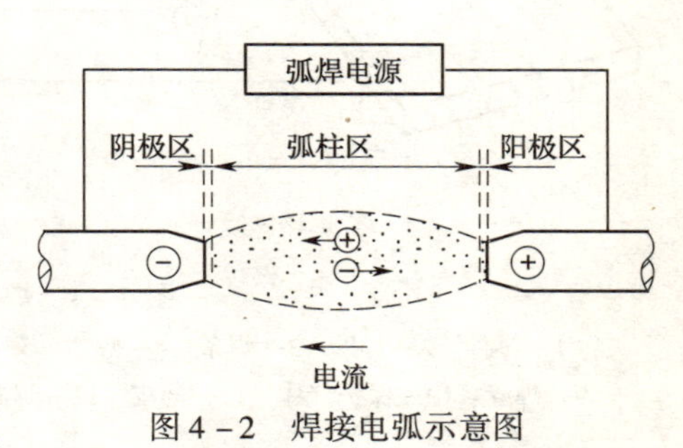

图4－2 焊接电弧示意图

2. 电源极性

采用直流电源焊接时，弧焊电源正

负输出端与零件和焊枪的连接方式，称极性。当零件接电源输出正极，焊枪接电源输出负极时，称直流正接或正极性；反之，零件、焊枪分别与电源负、正输出端相连时，则为直流反接或反极性。交流焊接无电源极性问题，如图4-3所示。

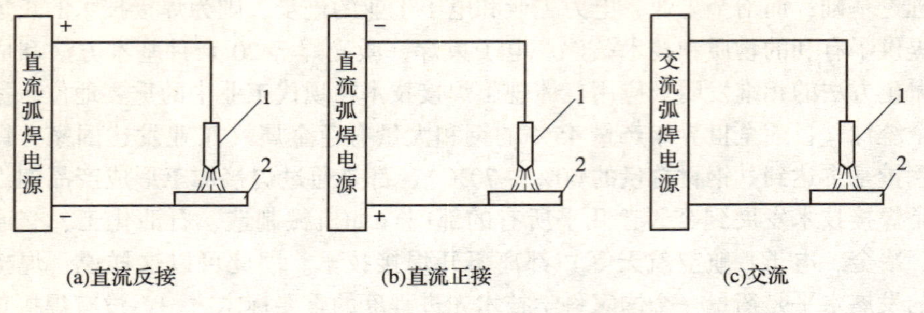

图4-3　焊接电源极性示意图

1—焊枪　2—零件

二、焊条电弧焊

焊条电弧焊是用手工操纵焊条进行焊接的一种焊接方法，俗称手弧焊，应用非常普遍。

1. 焊条电弧焊的原理

焊条电弧焊方法如图4-4所示，焊机电源两输出端通过电缆、焊钳和地线夹头分别与焊条和被焊零件相连。焊接过程中，产生在焊条和零件之间的电弧将焊条和零件局部熔化，受电弧力作用，焊条端部熔化后的熔滴过渡到母材，和熔化的母材融合一起形成熔池，随着焊工操纵电弧向前移动，熔池金属液逐渐冷却结晶，形成焊缝。

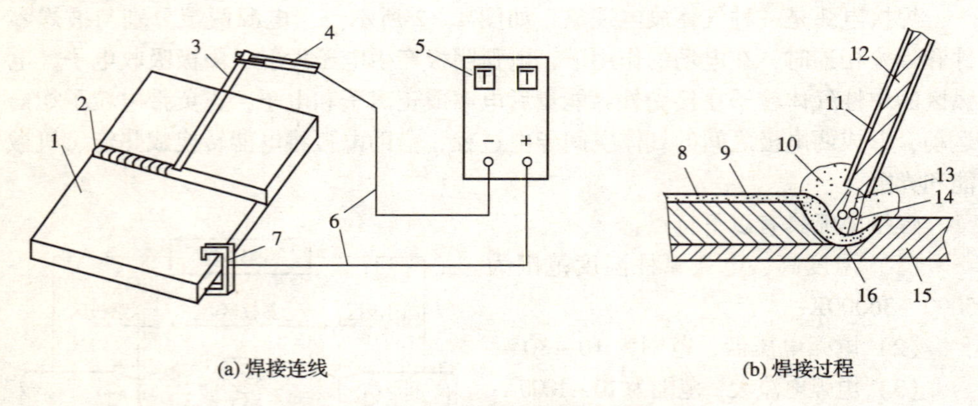

图4-4　焊条电弧焊过程

1—零件　2—焊缝　3—焊条　4—焊钳　5—焊接电源　6—电缆　7—地线夹头　8—熔渣　9—焊缝　10—保护气体　11—药皮　12—焊芯　13—熔滴　14—电弧　15—母材　16—熔池

焊条电弧焊使用设备简单，适应性强，可用于焊接板厚 1.5mm 以上的各种焊接结构件，并能灵活应用在空间位置不规则接头的焊接，适用于碳钢、低合金钢、不锈钢、铜及铜合金等金属材料的焊接。由于手工操作，焊条电弧焊也存在缺点，如生产率低，焊工劳动强度大等，产品质量一定程度上取决于焊工操作技术，现在多用于焊接单件、小批量产品和难以实现自动化加工的焊缝。

2. 焊条

焊条电弧焊所用的焊接材料是焊条，焊条主要由焊芯和药皮两部分组成，如图 4－5 所示。

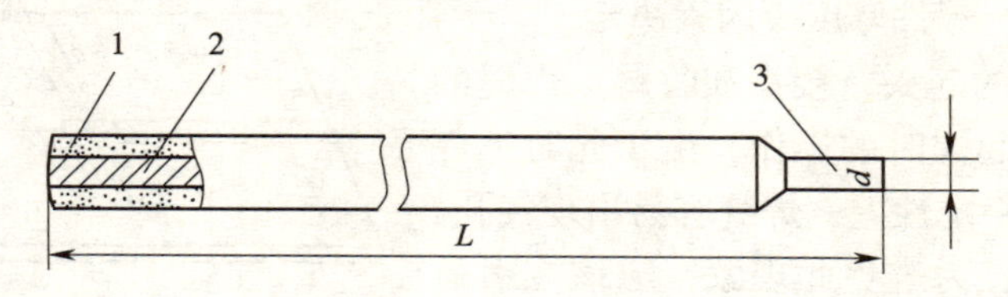

图 4－5　焊条结构

1—药皮　2—焊芯　3—焊条夹持部分

焊芯一般是一个具有一定长度及直径的金属丝。焊接时，焊芯有两个功能：一是传导焊接电流，产生电弧；二是焊芯本身熔化作为填充金属与熔化的母材熔合形成焊缝。我国生产的结构钢焊条，焊芯是以 H08A 专用钢丝制成。

焊条药皮又称涂料，在焊接过程中起着极为重要的作用。首先，它可以起到积极保护作用，利用药皮受热和熔化放出的气体和形成的熔渣，起机械隔离空气作用，防止有害气体侵入熔化金属；其次可以通过熔渣与熔化金属冶金反应，去除有害杂质，添加有益的合金元素，起到冶金处理作用，使焊缝获得合乎要求的力学性能；最后，还可以改善焊接工艺性能，使电弧稳定、飞溅小、焊缝成型好、易脱渣和熔敷效率高等。

焊条药皮的组成主要有稳弧剂、造气剂、造渣剂、脱氧剂、合金剂、粘接剂和增塑剂等。其主要成分有矿物类、铁合金、有机物和化工产品。

焊条分结构钢焊条、耐热钢焊条、不锈钢焊条、铸铁焊条等十大类。根据其药皮组成又分为酸性焊条和碱性焊条。酸性焊条电弧稳定，焊缝成型美观，焊条的工艺性能好，可用交流或直流电源施焊，但焊接接头的冲击韧度较低，可用于普通碳钢和低合金钢的焊接；碱性焊条多为低氢型焊条，所得焊缝冲击韧度高，力学性能好，但电弧稳定性比酸性焊条差，要采用直流电源施焊，反极性接法，多用于重要的结构钢、合金钢的焊接。

3. 焊条电弧焊操作技术

（1）引弧　在起焊开始一瞬间，由于电流不稳定，易出现焊接应力集中，产生焊缝质量问题，为保证工件焊接质量，通常采用焊接电弧的引弧操作，焊条电弧焊有两种引弧方式：划擦法和直击法。划擦法操作是在焊机电源开启后，将焊条末端对准焊缝，并保持两者的距离在15mm以内，依靠手腕的转动，使焊条在零件表面轻划一下，并立即提起2～4mm，电弧引燃，然后开始正常焊接。直击法是在焊机开启后，先将焊条末端对准焊缝，然后稍点一下手腕，使焊条轻轻撞击零件，随即提起2～4mm，就能使电弧引燃，开始焊接。

（2）运条　焊条电弧焊是依靠手工操作焊条运动实现焊接的，此种操作也称运条。运条包括控制焊条角度、焊条送进、焊条摆动和焊条前移，如图4－6所示。运条技术的具体操作需要根据工件材质、接头型式、焊接位置、焊件厚度等因素决定。

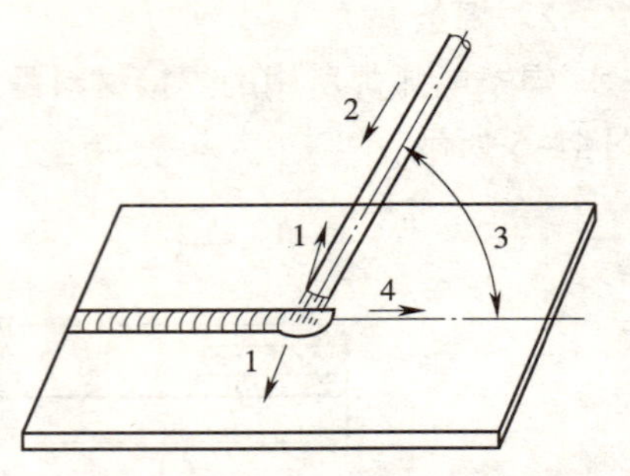

图4－6　焊条运动和角度控制

1—横向摆动　2—送进

3—焊条与工件夹角为70°～80°

4—焊条前移

（3）焊缝的起头、接头和收尾　焊缝的起头是指焊缝起焊时的操作，由于此时工件温度低、电弧稳定性差，焊缝容易出现气孔、没焊透等缺陷，为避免此现象，应该在引弧后将电弧稍微拉长，对零件起焊部位进行适当预热，并且多次往复运条，达到所需要的熔深和熔宽后再调到正常的弧长进行焊接。在完成一条长焊缝焊接时，往往要消耗多根焊条，这里就有前后焊条更换时焊缝接头的问题。为不影响焊缝成型，保证接头处焊接质量，更换焊条的动作越快越好，并在接头弧坑前约15mm处起弧，然后移到原来弧坑位置进行焊接。

焊缝的收尾是指焊缝结束时的操作。焊条电弧焊一般熄弧时都会留下弧坑，过深的弧坑会导致焊缝收尾处缩孔、产生弧坑应力裂纹。焊缝的收尾操作时，应保持正常的熔池温度，做无直线运动的横摆点焊动作，逐渐填满熔池后再将电弧拉向一侧熄灭。此外还有三种焊缝收尾的操作方法，即划圈收尾法、反复断弧收尾法和回焊收尾法，也在实践中常用。

（4）焊条电弧焊工艺　选择合适的焊接工艺参数是获得优良焊缝的前提，并直接影响劳动生产率。焊条电弧焊工艺是根据焊接接头形式、工件材料、板材厚度、焊缝焊接位置等具体情况制定，包括焊条牌号、焊条直径、电源种类和极性、焊接电流、焊接电压、焊接速度、焊接坡口形式和焊接层数等内容。

（5）焊条与电源选择　焊条型号应主要根据工件材质选择，并参考焊接位置情况决定。电源种类和极性又由焊条牌号而定。焊接电压决定于电弧长度，它与焊接速度对焊缝成型有重要影响作用，一般由焊工根据具体情况灵活掌握。

（6）焊接位置　在实际生产中，由于焊接结构和工件移动的限制，焊缝在空间的位置除平焊外，还有立焊、横焊、仰焊，如图4－7所示。平焊操作方便，焊缝成型条件好，容易获得优质焊缝并具有高的生产率，是最合适的位置；其他三种又称空间位置焊，焊工操作较平焊困难，受熔池液态金属重力的影响，需要对焊接规范控制并采取一定的操作方法才能保证焊缝成型，其中焊接条件仰焊位置最差，立焊、横焊次之。

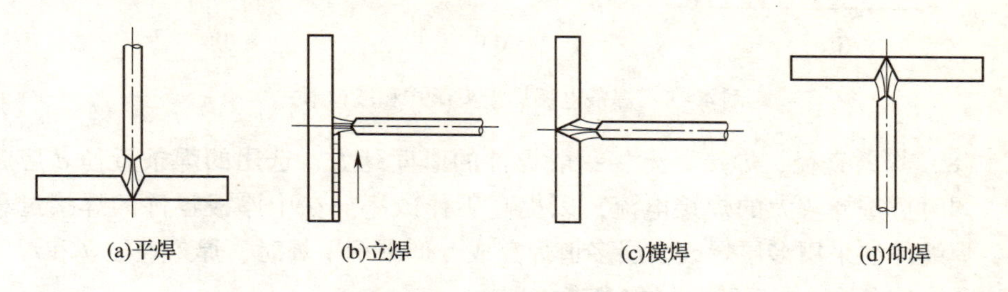

图4－7 焊缝的空间位置

（7）焊接接头形式和焊接坡口形式 焊接接头是指用焊接的方法连接的接头，它由焊缝、熔合区、热影响区及其邻近的母材组成。根据接头的构造形式不同，可分为对接接头、T形接头、搭接接头、角接接头等4种类型。

熔焊接头焊前加工坡口，其目的在于使焊接容易进行，电弧能沿板厚熔敷一定的深度，保证接头根部焊透，并获得良好的焊缝成型。焊接坡口形式有I形坡口、V形坡口、U形坡口、双V形坡口、J形坡口等多种。常见焊条电弧焊接头的坡口形状和尺寸，如图4－8所示。

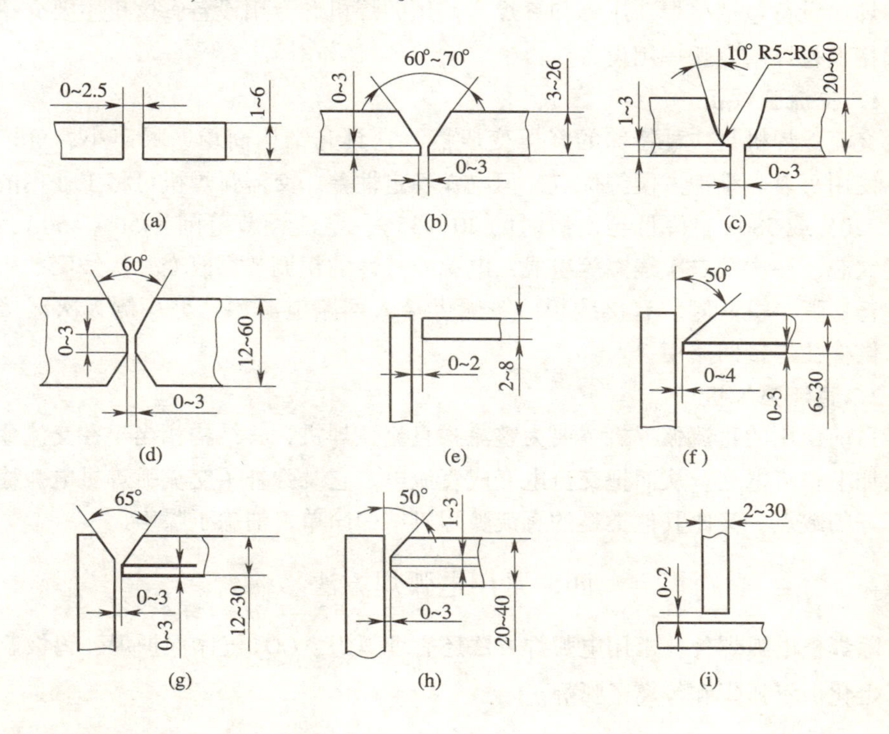

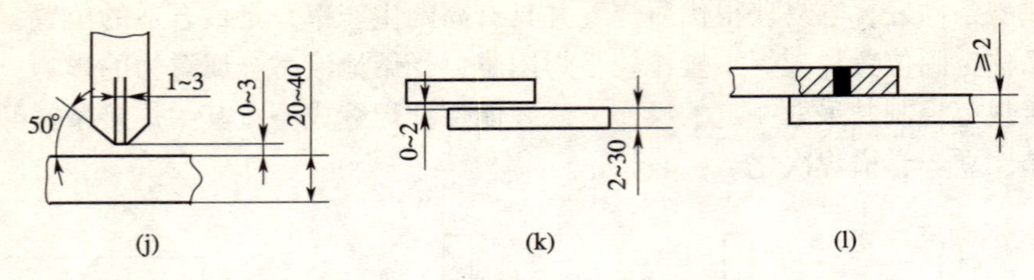

图 4－8　焊条电弧焊接头形式和坡口形式

（8）焊条直径、焊接电流　一般焊件的厚度越大，选用的焊条直径 d 应越大，同时可选择较大的焊接电流，以提高工作效率。在中厚板零件的焊接过程中，焊缝往往采用多层焊或多层多道焊完成。低碳钢平焊时，焊条直径 d 和焊接电流 I 的对应关系有经验公式作参考，即

$$I = kd$$

式中：k 为经验系数，取值范围在 30～50。当然焊接电流值的选择还应综合考虑各种具体因素。空间位置焊，为保证焊缝成型，应选择较细直径的焊条，焊接电流比平焊位置小。在使用碱性焊条时，为减少焊接飞溅，可适当降低焊接电流值。

三、焊 接 设 备

焊接设备包括熔焊、压焊和钎焊所使用的焊机和专用设备，这里主要介绍电弧焊特别是焊条电弧焊用设备。

1. 交流弧焊机

交流弧焊机是一种特殊的降压变压器，它具有结构简单、噪声小、价格便宜、使用可靠、维护方便等优点，但电弧稳定性差。交流弧焊机可将工业用的电压（220V 或 380V）降低至空载时的 20～35V，电流调节范围为 50～450A，由固定铁芯、一次及二次线圈等组成，电源外特性的粗调节靠改变二次线圈的匝数来进行。弧焊机两侧装有接线板，一侧供接入网路电源用，另一侧为次级接线板，供接往焊接回路用。

2. 直流弧焊机

目前使用的直流弧焊机主要为整流式直流弧焊机，其结构相当于在交流弧焊机上加上整流电路，从而把交流电变成直流电。它既弥补了交流弧焊机电弧稳定性不好的缺点，又比其他类型的直流弧焊机结构简单，消除了噪声。

四、常用电弧焊方法

除焊条电弧焊外，常用电弧焊方法还有埋弧焊、CO_2 气体保护焊、钨极氩弧焊、熔化极氩弧焊和等离子弧焊。

1. CO_2 气体保护焊

CO_2 气体保护焊是一种用 CO_2 气体作为保护气的熔化极气体电弧焊方法。工作原理如图 4－9 所示，弧焊电源采用直流电源，电极的一端与零件相连，另一端通过导电嘴将电馈送给焊丝，这样焊丝端部与零件熔池之间建立电弧，焊丝在送丝机滚轮驱动下不断送进，零件和焊丝在电弧热作用下熔化并最后形成焊缝。

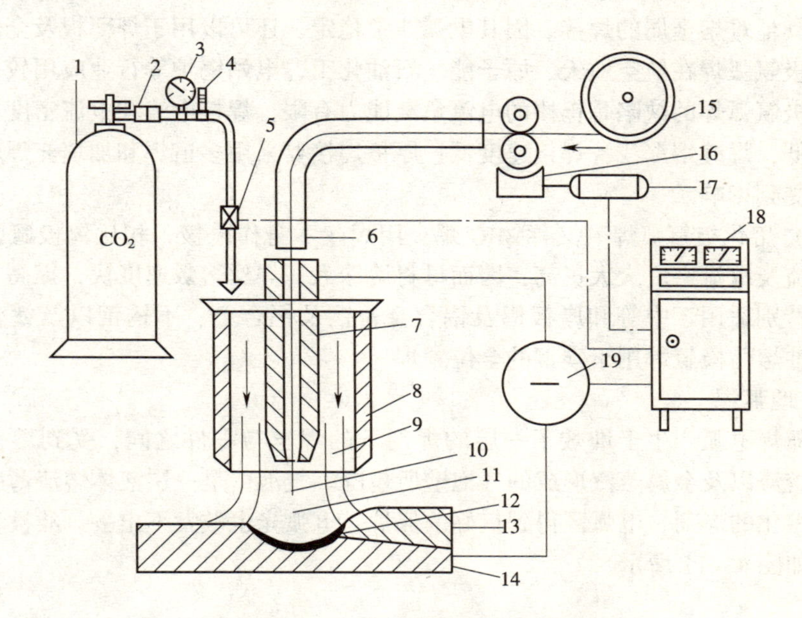

图 4－9　CO_2 气体保护焊示意图

1—CO_2 气瓶　2—干燥预热器　3—压力表　4—流量计　5—电磁气阀　6—软管　7—导电嘴　8—喷嘴　9—CO_2 保护气体　10—焊丝　11—电弧　12—熔池　13—焊缝　14—零件　15—焊丝盘　16—送丝机构　17—送丝电动机　18—控制箱　19—直流电源

CO_2 气体保护焊工艺具有生产率高、焊接成本低、适用范围广、低氢型焊接方法焊缝质量好等优点。其缺点是焊接过程中飞溅较大，焊缝成型不够美观，目前人们正通过改善电源动特性或采用药芯焊丝的方法来解决此问题。

CO_2 气体保护焊设备可分为半自动焊和自动焊两种类型，其工艺适用范围广，粗丝（$\phi \geqslant 2.4$mm）用于焊接厚板，中细丝用于焊接中厚板、薄板及全位置焊缝。

CO_2 气体保护焊主要用于焊接低碳钢及低合金结构钢，也可以用于焊接耐热钢和不锈钢，可进行自动焊及半自动焊。目前广泛用于汽车、轨道客车制造、船舶制造、航空航天、石油化工机械等诸多领域。

2. 氩弧焊

以惰性气体氩气作保护气的电弧焊方法有钨极氩弧焊和熔化极氩弧焊两种。

（1）钨极氩弧焊　它是以钨棒作为电弧的一极的电弧焊方法，钨棒在电弧焊中是不熔化的，故又称不熔化极氩弧焊，简称 TIG 焊。焊接过程中可以用从旁送丝的方式为焊缝填充金属，也可以不加填丝；可以手工焊也可以进行自动焊；它可以使用直流、交流和脉冲电流进行焊接。工作原理如图 4－10 所示。

由于被惰性气体隔离，焊接区的熔化金属不会受到空气的有害作用，所以钨极氩弧焊可用以焊接易氧化的有色金属如铝、镁及其合金，也用于不锈钢、铜合金以及其他难熔金属的焊接。因其电弧非常稳定，还可以用于焊薄板及全位置焊缝。钨极氩弧焊在航空航天、原子能、石油化工、电站锅炉等行业应用较多。

钨极氩弧焊的缺陷是钨棒的电流负载能力有限，焊接电流和电流密度比熔化极弧焊低，焊缝熔深浅，焊接速度低，厚板焊接要采用多道焊和加填充焊丝，生产效率受到影响。

（2）熔化极氩弧焊　又称 MIG 焊，用焊丝本身作电极，相比钨极氩弧焊而言，电流及电流密度大大提高，因而母材熔深大，焊丝熔敷速度快，提高了生产效率，特别适用于中等和厚板铝及铝合金，铜及铜合金、不锈钢以及钛合金焊接，脉冲熔化极氩焊用于碳钢的全位置焊。

3. 埋弧焊

埋弧焊电弧产生于堆敷了一层的焊剂下的焊丝与零件之间，受到熔化的焊剂——熔渣以及金属蒸汽形成的气泡壁所包围。气泡壁是一层液体熔渣薄膜，外层有未熔化的焊剂，电弧区得到良好的保护，电弧光也散发不出去，故被称为埋弧焊，如图 4－11 所示。

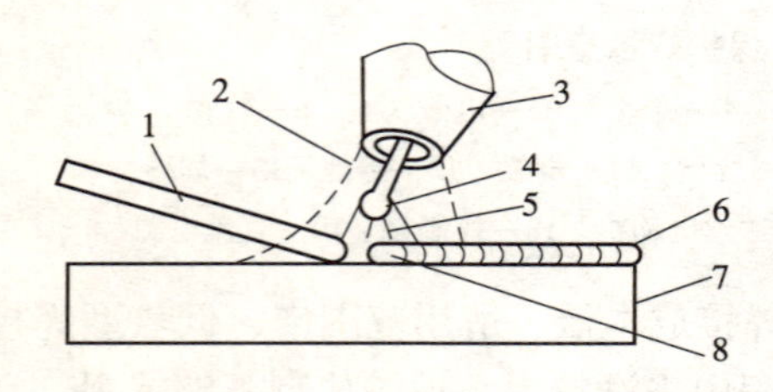

图 4－10　钨极氩弧焊示意图

1—填充焊丝　2—保护气体　3—喷嘴　4—钨极
5—电弧　6—焊缝　7—零件　8—熔池

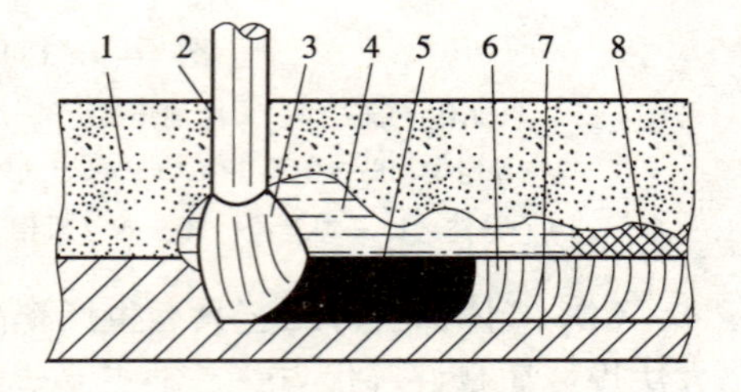

图 4－11　埋弧焊示意图

1—焊剂　2—焊丝　3—电弧　4—熔渣
5—熔池　6—焊缝　7—零件　8—渣壳

相比焊条电弧焊，埋弧焊有三个主要优点。

（1）焊接电流和电流密度大，生产效率高，是手弧焊生产率的 5～10 倍；

（2）焊缝含氮、氧等杂质低，成分稳定，质量高；

（3）自动化水平高，没有弧光辐射，工人劳动条件较好。

埋弧焊的局限在于受到焊剂敷设限制，不能用在空间位置焊缝的焊接；由于埋弧焊焊剂的成分主要是 MnO 和 SiO_2 等金属及非金属氧化物，不适合焊铝、钛等易氧化的金属及其合金；另外薄板、短及不规则的焊缝一般不采用埋弧焊。

可用埋弧焊方法焊接的材料有碳素结构钢、低合金钢、不锈钢、耐热钢、镍基合金和铜合金等。埋弧焊在中、厚板对接、角接接头有广泛应用，14mm 以下板材对接可以不开坡口。埋弧焊也可用于合金材料的堆焊上。

第三节 其他焊接方法

除了电弧焊以外，气焊、电阻焊、电渣焊、高能密束焊及钎焊等焊接方法在金属材料连接作业中也有着重要的应用。

一、气 焊

气焊是利用气体火焰加热并熔化母体材料和焊丝的焊接方法。与电弧焊相比，其优点如下：

1）气焊不需要电源，设备简单；

2）气体火焰温度比较低，熔池容易控制，易实现单面焊双面成型，并可以焊接很薄的零件；

3）在焊接铸铁、铝及铝合金、铜及铜合金时焊缝质量好。

气焊也存在热量分散，接头变形大，不易自动化，生产效率低，焊缝组织粗大，性能较差等缺陷。

气焊常用于薄板的低碳钢、低合金钢、不锈钢的对接、端接，在熔点较低的铜、铝及其合金的焊接中仍有应用，焊接需要预热和缓冷的工具钢、铸铁也比较适合。

气焊主要采用氧、乙炔火焰，在两者的混合比不同时，可得到以下 3 种不同性质的火焰。

(1）图 4-12（a）所示，当氧气与乙炔的混合比为 1~1.2 时，燃烧充分，燃烧过后无剩余氧或乙炔，热量集中，温度可达 3050~3150℃。它由焰心、内焰、外焰三部分组成，焰心是呈亮白色的圆锥体，温度较低；内焰呈暗紫色，温度最高，适用于焊接；外焰颜色从淡紫色逐渐向橙黄色变化，温度下降，热量分散。中性焰应用最广，低碳钢、中碳钢、铸铁、低合金钢、不锈钢、紫铜、锡青铜、铝及铝合金、镁合金等气焊都使用中性焰。

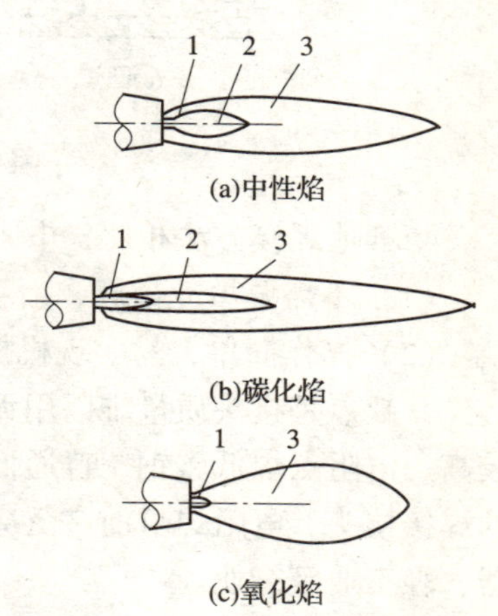

图 4-12 氧—乙炔火焰形态

1—燃心 2—内燃 3—外燃

(2）图 4-12（b）所示，当氧气与乙炔的混合比小于 1 时，部分乙炔未曾燃烧，焰心较长，呈蓝白色，温度最高达2700～3000℃。由于过剩的乙炔分解的碳粒和氢气的原因，有还原性，焊缝含氢增加，焊低碳钢时有渗碳现象，适用于气焊高碳钢、铸铁、高速钢、硬质合金、铝青铜等。

(3) 图4－12 (c) 所示，当氧气与乙炔的混合比大于1.2时，燃烧过后的气体仍有过剩的氧气，焰心短而尖，内焰区氧化反应剧烈，火焰挺直发出“嘶嘶”声，温度可达3100～3300℃。由于火焰具有氧化性，焊接碳钢易产生气体，并出现熔池沸腾现象，很少用于焊接，轻微氧化的氧化焰适用于气焊黄铜、锰黄铜、镀锌铁皮等。

二、电　阻　焊

电阻焊是将零件组合后通过电极施加压力，利用电流通过零件的接触面及临近区域产生的电阻热将其加热到熔化或塑性状态，使之形成金属结合的方法。根据接头形式电阻焊可分成点焊、缝焊、凸焊和对焊四种，如图4－13所示。

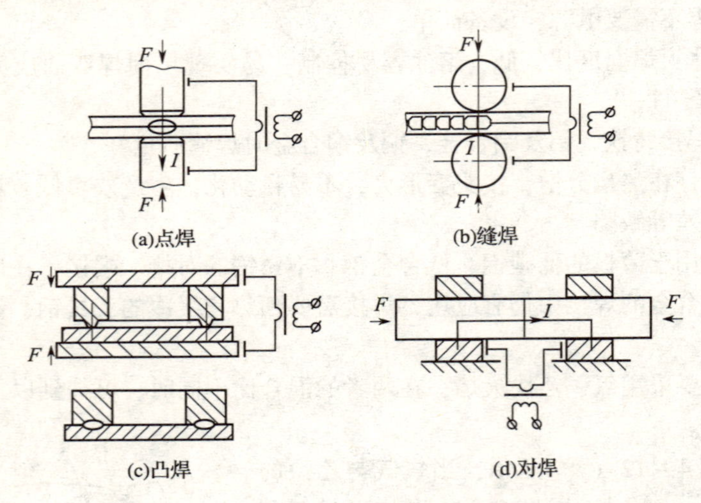

图4－13　电阻焊基本方法

与其他焊接方法相比，电阻焊具有一些优点：

(1) 不需要填充金属，冶金过程简单，焊接应力及应变小，接头质量高；

(2) 操作简单，易实现机械化和自动化，生产效率高。

其缺点是接头质量难以用无损检测方法检验，焊接设备较复杂，一次性投资较高。电阻点焊低碳钢、普通低合金钢、不锈钢、钛及合金材料时可以获得优良的焊接接头。电阻焊目前广泛应用于汽车拖拉机、航空航天、电子技术、家用电器、轻工业等行业。

1. 点焊

点焊方法如图4－13 (a) 所示，将零件装配成搭接形式，用电极将零件夹紧并通以电流，在电阻热作用下，电极之间零件接触处被加热熔化形成焊点。零件的连接可以由多个焊点实现。点焊大量应用在小于3mm不要求气密的薄板冲压件、轧制件接头，如汽车车身焊装、电器箱板组焊。

2. 缝焊

缝焊工作原理与点焊相同，但用滚轮电极代替了点焊的圆柱状电极，滚轮电极施压于零件并旋转，使零件相对运动，在连续或断续通电下，形成一个个熔核相互重叠的密封焊缝，如图4-13（b）所示。缝焊一般应用在有密封性要求的接头制造上，适用材料板厚为0.1~2mm，如汽车油箱、暖气片、罐头盒的生产。

3. 凸焊

电加热后凸起点被压塌，形成焊接点的电阻焊方法，如图4-13（c）所示，凸起点可以是凸点、凸环或环形锐边等形式。凸焊焊接循环与点焊一样。凸焊主要应用于低碳钢、低合金钢冲压件的焊接，另外螺母与板焊接、线材交叉焊也多采用凸焊的方法及原理。

4. 对焊

对焊方法主要用于断面小于250mm的丝材、棒材、板条和厚壁管材的连接。工作原理如图4-13（d）所示，将两零件端部相对放置，加压使其端面紧密接触，通电后利用电阻热加热零件接触面至塑性状态，然后迅速施加大的顶锻力完成焊接。

三、钎 焊

钎焊是利用比被焊材料熔点低的金属作钎料，经过加热使钎料熔化，靠毛细管作用将钎料吸入到接头接触面的间隙内，润湿被焊金属表面，使液相与固相之间相互扩散而形成钎焊接头的焊接方法。

钎焊材料包括钎料和钎剂。钎料是钎焊用的填充材料，在钎焊温度下具有良好的湿润性，能充分填充接头间隙，能与焊件材料发生一定的溶解、扩散作用，保证和焊件形成牢固的结合。在钎料的液相线温度高于450℃时，接头强度高，称为硬钎焊；低于450℃时，接头强度低，称为软钎焊。钎料按化学成分可分为锡基、铅基、锌基、银基、铜基、镍基、铝基、镓基等多种。

钎剂的主要作用是去除钎焊零件和液态钎料表面的氧化膜，保护母材和钎料在钎焊过程中不进一步氧化，并改善钎料对焊件表面的湿润性。钎剂种类很多，软钎剂有氯化锌溶液、氯化锌氯化铵溶液、盐酸、松香等，硬钎剂有硼砂、硼酸、氯化物等。

根据热源和加热方法的不同钎焊也可分为：火焰钎焊、感应钎焊、炉中钎焊、浸沾钎焊、电阻钎焊等。

钎焊具有以下优点：

(1) 钎焊时由于加热温度低，对零件材料的性能影响较小，焊接的应力变形比较小。

(2) 可以用于焊接碳钢、不锈钢、高合金钢、铝、铜等金属材料，也可以用于连接异种金属、金属与非金属。

(3) 可以一次完成多个零件的钎焊，生产率高。

钎焊的缺点是接头的强度一般比较低，耐热能力较差，适于焊接承受载荷不大和常温下工作的接头。另外钎焊之前对焊件表面的清理和装配要求比较高。

思考与练习

1. 什么是焊接？常用的焊接方法如何分类？
2. 焊条是由什么组成的？各组成部分在焊接时起到什么作用？
3. 简述焊条电弧焊的操作技术。
4. 焊条电弧焊工艺主要指的是哪些内容？如何选择确定它们？
5. 除焊条电弧焊外还有哪些常用的电弧焊方法？它们各自的特点是什么？

第五章　车 削 加 工

第一节　车削加工概述

根据 GB/T 15375—1994《金属切削机床　型号编制方法》对机床的分类，车床共分为：仪表车床；单轴自动车床；多轴自动、半自动车床；回轮、转塔车床；曲轴及凸轮轴车床；立式车床；落地及卧式车床；仿形及多刀车床；轮、轴、辊、锭及铲齿车床；其他车床共 10 组，其组代号分别为 0 ~ 9。

生产中应用最多的是卧式车床。下面主要介绍 C6132A1 型卧式车床的操作与加工。

一、车床的结构及传动系统

车床的结构名称及作用，如下所述（图 5 – 1）。

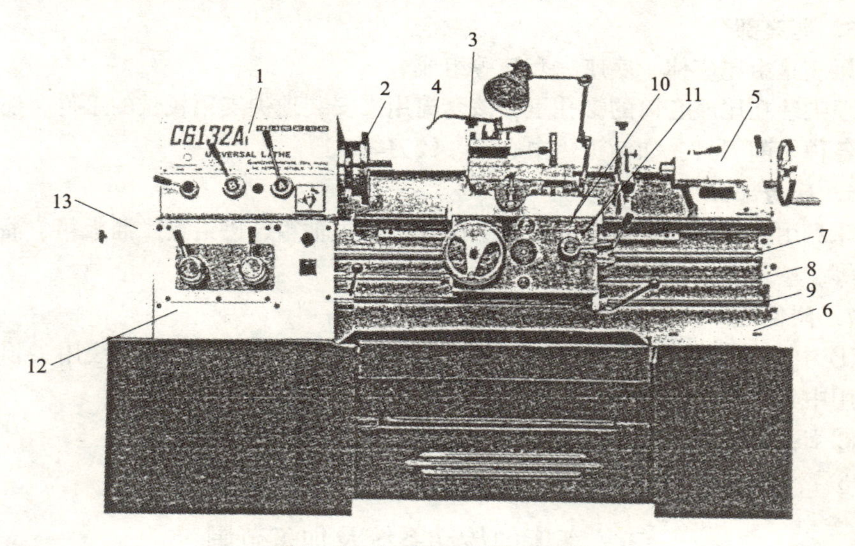

图 5 – 1　C6132A1 型卧式车床

1—主轴箱　2—卡盘　3—刀架　4—冷却液管　5—尾座　6—床身
7—丝杠　8—光杠　9—操纵杆　10—溜板　11—溜板箱　12—进给箱　13—挂轮箱

1. 车头部分

① 主轴箱：用来带动车床主轴及卡盘的转动。变换主轴箱外面的手柄位置，可以使主轴得到各种不同的转速，从铭牌中可以找出手柄与速度相对应的位置。

② 卡盘：是车床的一个重要附件。用来夹持工件，并带动工件一起转动。

2. 挂轮箱部分

用来把主轴的转动传给进给箱。调换箱内的齿轮，并与进给箱配合，可以车削各种不同螺距的螺纹。

3. 进给部分

① 进给箱：利用它的内部齿轮机构，可以把主轴的运动传给丝杠或光杠。变换进给箱体外面的手柄位置，可以使丝杠或光杠得到各种不同的转速。

② 丝杠：用来车削螺纹。它能通过溜板使车刀按要求的传动比作精确的直线移动。

③ 光杠：用来把进给箱的运动传给溜板箱，使车刀按要求的速度作直线进给运动。实现刀具的纵、横向进给。

4. 溜板箱部分

① 溜板箱：把光杆和丝杆的动力传递给溜板箱，变换溜板箱体外面的手柄位置，经溜板箱使车刀部分作纵向或横向移动。

② 刀架：溜板箱上部有刀架，用来装夹车刀。可同时装夹四把车刀，通过转塔可以实现车刀工作位的变换。

5. 尾座部分

尾座是由尾座体、底座、套筒等组成。

顶尖装在尾座套筒的锥孔里，该套筒用来安装顶尖支顶较长的工件，还可以装夹各种切削刀具，如钻头、中心钻、铰刀等。

6. 床身部分

床身用来支持和安装车床的各个部件，如主轴箱、进给箱、溜板箱、溜板和尾座等。

7. 附件

① 中心架：车长管时，由于一头用卡盘卡住管件，另一头无法用尖顶，因此就用中心架来支承管件。

② 跟刀架：车细长轴时用来支持工件，随溜板箱一起进给。

③ 冷却管：切削时用来浇注冷却液。

二、车床的传动系统及加工范围

1. 车床传动系统框架图

以上是 CA6132 型卧式车床的传动系统：电动机驱动 V 带，把动力输入到主轴箱。通过变速机构变速使主轴得到不同的转速，再经卡盘（或夹具）带动工件作回转运动。

主轴把旋转运动输入到交换齿轮箱，再通过进给箱变速后由丝杠或光杠驱动溜板箱和刀架部分，可以很方便地实现手动、机动、快速移动及车螺纹等运动。

图5－2比较直观，能很容易地理解车床的传动路线。学生应牢记，以免上机操作时出现对机床传动路线不清楚，盲目操作而引起的事故。

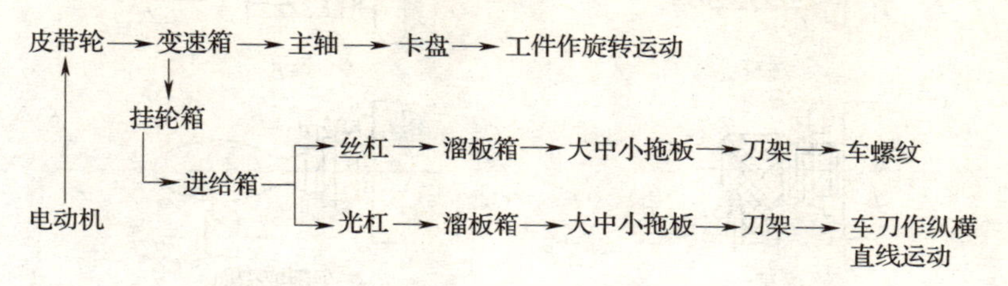

图5－2　C6132A1型卧式车床的传动系统

2. 加工范围（如图5－3所示）

由车床的运动特点决定：工件作旋转主运动，刀具作直线进给运动决定车床的加工范围：是各种回转体表面（如图5－3所示），例如：车外圆、车端面、切断（切槽）、钻孔（中心孔）、镗孔（铰孔）、车螺纹（各种内外螺纹）圆锥（内外锥）、加工蜗杆及特形面（圆球、圆弧）等。

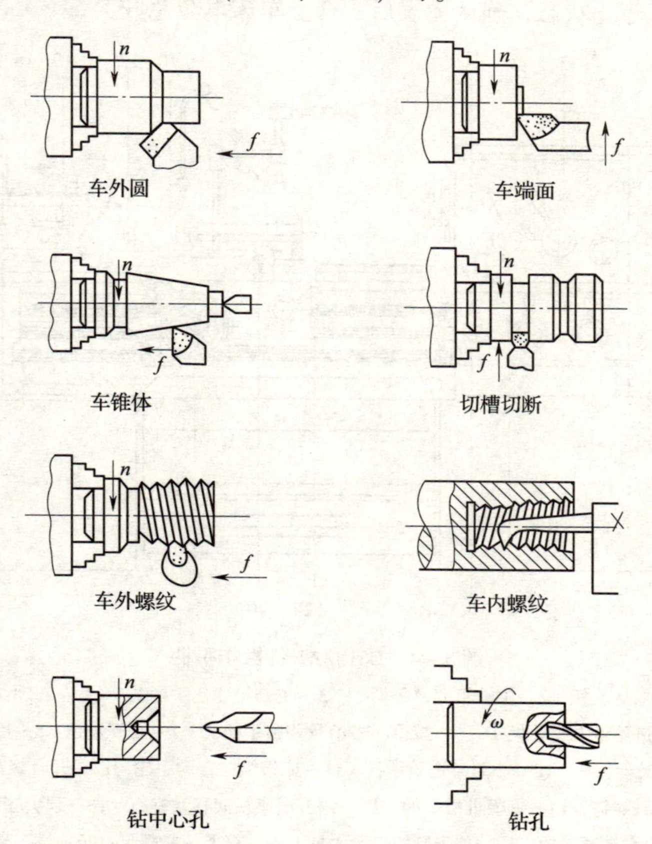

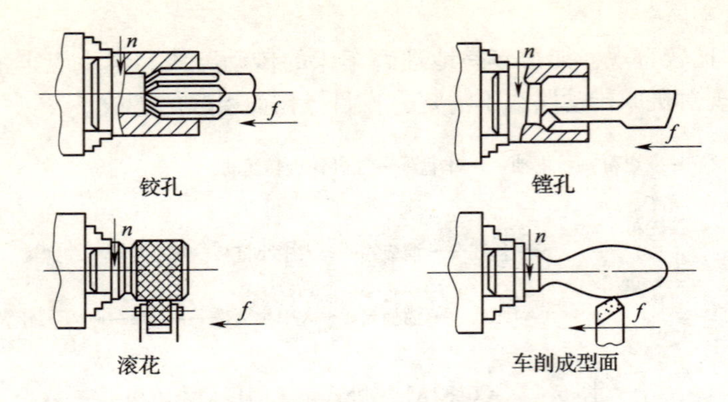

图 5-3　卧式车床主要加工范围

三、车床的基本操作

1. 车床启动操作（如图 5-4 所示）

（1）检查车床变速手柄是否处于低挡位置，离合器是否处于正确位置，操纵杆是否处于停止状态，确认无误后，合上车床电源总开关。

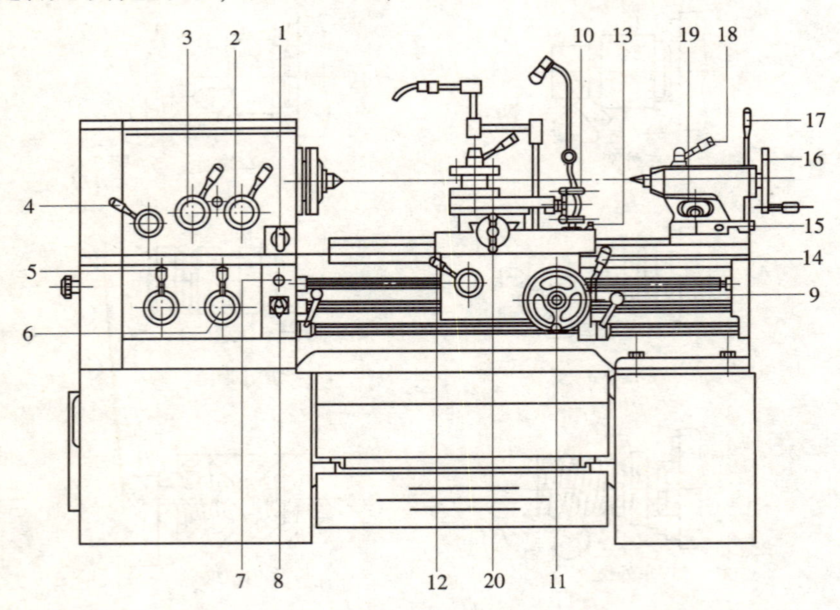

图 5-4　C6132A1 各操作手柄

1—主轴高低速旋钮　2—主轴箱变速手柄①　3—主轴箱变速手柄②　4—左右螺纹变换手柄
5—螺距、进给量调整手柄①　6—螺距、进给量调整手柄②　7—总停按钮　8—冷却泵开关
9—正反车手柄　10—小刀架进给手柄　11—床鞍纵向移动手轮　12—开合螺母手柄
13—锁紧床鞍螺钉　14—纵横进给手柄　15—调节尾座横向移动螺钉　16—顶尖套筒移动手轮
17—尾座偏心锁紧手柄　18—顶尖套筒夹紧手柄　19—尾座锁紧螺母　20—横刀架移动手柄

（2）把急停开关顺时针松开。

（3）向上提起溜板箱右侧的操纵杆手柄，主轴正转；操纵杆手柄回到中间的位置，主轴停止转动；操纵杆手柄向下压，主轴反转。

（4）主轴正反转的转换要在主轴停止转动后进行，避免因连续转换操作使瞬间电流过大发生电器故障。

2. 主轴箱的变速操作

车床主轴变速通过改变主轴箱正面两个手柄的位置来控制。前面的手柄有六个挡位，每个挡位有两级转速，通过高低速的变换（即黄色与蓝色的变换），所以主轴共有 12 级转速。

主轴箱正面左侧的手柄用于螺纹的左、右旋向变换手柄，共有 4 个挡位，即用来车削右旋螺纹、左旋螺纹的变换手柄。

主轴变速练习：

（1）调整主轴转速分别为 $n=30r/min$、$n=240r/min$ 和 $n=700r/min$，确认后启动车床并观察。特别注意：每次进行主轴转速调整时必须停车。

（2）选择车削右旋螺纹和车削左旋螺纹的手柄位置，注意溜板的移动方向。

3. 进给箱的变速操作

C6132A1 型卧式车床的进给箱上有两个手柄，右边的手柄是丝杠（M）和光杠（S）的变换手柄，并有Ⅰ、Ⅱ、Ⅲ、Ⅳ、Ⅴ个五个挡位；左边的手柄有 A、B、C、D、E、F 和 1、2、3、4、5、6 个挡位，通过不同的组合，来调整螺距或进给量。车螺纹调整手柄的时候要看清楚进给箱铭牌上挂轮的位置，并打开挂轮箱检验位置是否正确，否则会车错螺距。

进给箱变速作练习

（1）调整手柄的位置作纵向进给，选择进给量为 0.055mm/r 和 0.20mm/r；作横向进给，进给量为 0.10mm/r 和 0.30mm/r。

（2）调整手柄的位置车削螺距分别为 $p=1mm$、$p=1.5mm$、$p=2mm$。

4. 溜板部分（如图 5－5 所示）

溜板部分实现车削时绝大部分的进给运动：床鞍及溜板箱作纵向移动，中溜板作横向移动，小溜板作短距离的纵向或斜向移动。进给运动有手动进给和机动进给两种方式。

（1）溜板部分的手动操作

① 溜板箱正面上的大手轮可以带动溜板箱及床鞍作左右移动，顺时针向右运动；逆时针向左运动。手轮轴上的刻度盘有等分 200 格，手轮每转 1 格，溜板箱及床鞍纵向移动 0.1mm。

② 中溜板手柄可以带动中溜板作横向移动，顺时针转动手柄是进刀；逆时针是退刀。手柄轮上的刻度盘有等分 80 格，手柄每转 1 格，中溜板移动 0.05mm。

③ 小溜板手柄可以带动小溜板作短距离纵向移动或斜向移动，顺时针向左运动（进刀）；逆时针向右运动（退刀）作斜向移动时，先松开小溜板下面两颗螺母，把小溜板转动所需要的角度后，锁紧螺母。一般用来加工短圆锥。手柄轴上的刻度盘有等分 60 格，手柄每转 1 格，小溜板移动 0.05mm。

④ 手动进给操作练习。摇动大手轮，利用刻度盘的刻度使床鞍和溜板箱作纵向移动 L = 20mm 和 L = 2m；摇动中溜板手柄利用刻度盘的刻度使中溜板横向移动 5mm 和 10mm；扳转小溜板分度盘的角度，使车刀可以车削圆锥角 $\alpha = 30°$ 的圆锥体。

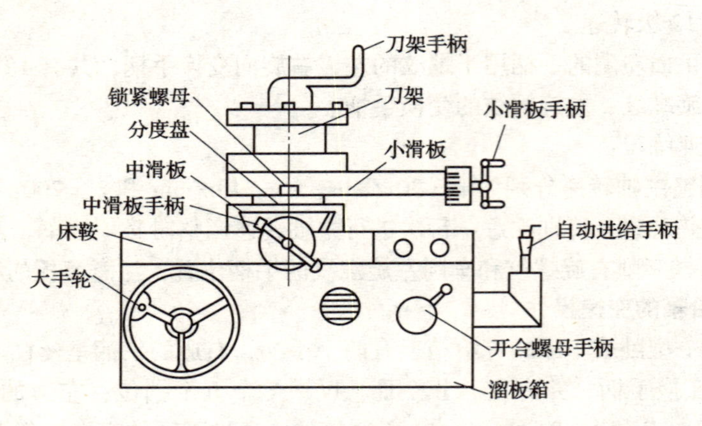

图 5－5　溜板部分

（2）溜板部分的机动进给操作

① C6132A1 型卧式车床的纵、横机动进给手柄在溜板箱的右侧。手柄向操作者方向扳动，床鞍及溜板箱作纵向运动（例如：车外圆）；手柄扳起来垂直水平面，停止机动进给；手柄向工件的方向推，中溜板作机动横向运动。

② 溜板箱正面右侧有一开合螺母操作手柄，用于控制溜板箱与丝杠之间的运动联系。车削非螺纹时，开合螺母手柄位于上方；车削螺纹时，顺时针方向扳下开合螺母手柄，使开合螺母闭合并与丝杠啮合，将丝杠的运动传递给溜板箱，使溜板箱、床鞍按调整好的螺距（或导程）作纵向进给。车完螺纹后应立即将开合螺母手柄扳回原处。

③ 机动进给练习。调整主轴转速 $n = 25\text{r/min}$ 和 $n = 360\text{r/min}$ 分别作纵向、横向机动进给（变换方向时，必须停机）；合上开合螺母，使溜板箱及床鞍作机动进给；在操作的过程中体会每个手柄变换的手感。溜板箱及床鞍机动进给时注意保持卡盘和尾座的距离。

5. 尾座的操作（如图 5－6 所示）

（1）手动沿床身导轨纵向移动尾座至合适位置，逆时针方向扳动尾座固定手柄，将尾座固定。注意移动尾座时用力不要过大。

(2) 逆时针方向移动套筒固定手柄（松开），摇动手轮，使套筒作进、退移动。顺时针方向转动套筒固定手柄，将套筒固定在选定的位置。

(3) 擦干净套筒内孔和顶尖锥柄，安装后顶尖；松开套筒固定手柄，摇动手轮使套筒后退并退出后顶尖。

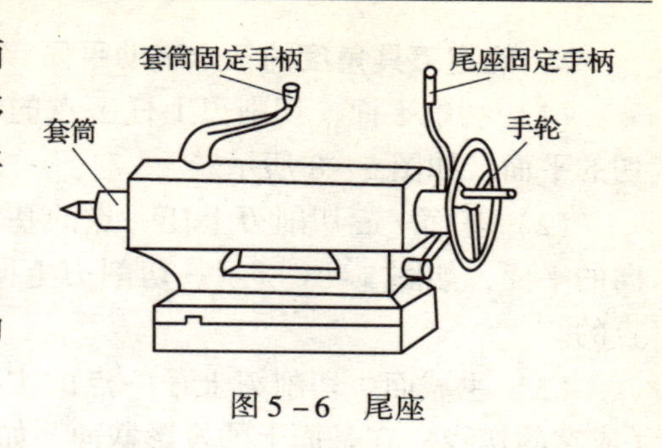

图 5－6　尾座

第二节　车刀及刀具材料

一、刀具切削部分的几何角度

1. 刀具切削部分的组成（如图 5－7 所示）

(1) 前面　切削时刀具上切屑流出的表面，前面也叫前刀面。

(2) 主后面　切削时刀头上与工件切削表面相对的表面。

(3) 副后面　切削时刀头上与已加工表面相对的表面。

(4) 主切削刃　前面与主后面的交线。

(5) 副切削刃　前面与副后面的交线。

(6) 刀尖　主切削刃与副切削刃的交点。

(7) 切削刃与副切削刃之间的连接线，在刀刃上修磨过渡刃的目的是防止车刀的刀尖过快的磨损和损坏。车刀的过渡刃分圆弧过渡刃和直线过渡刃，直线过渡刃又分一段式过渡刃、二段式过渡刃和三段式过渡刃。注意：修磨过渡刃是体现车工技术水平的工作，磨出好的过渡刃可大大提高车刀的耐用度。

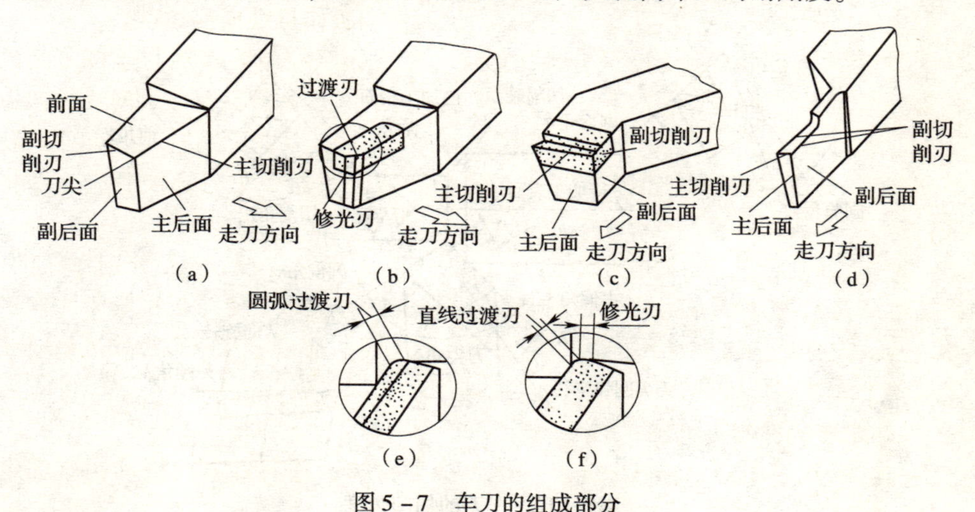

图 5－7　车刀的组成部分

2. 确定刀具角度的三个辅助平面

（1）切削平面　切削刃上任一点的切削平面是通过该点和工件切削表面相切的平面，如图 5 – 8 所示。

（2）基面　m 切削刃上任一点的基面是通过该点并垂直于该点切削速度方向的平面，如图 5 – 8 所示。切削刃上同一点的基面与切削平面一定是互相垂直的。

（3）主截面　切削刃上任一点的主截面是通过这一点，而垂直于主切削刃（或它的切线）在基面上的投影截面。如图 5 – 9 所示。

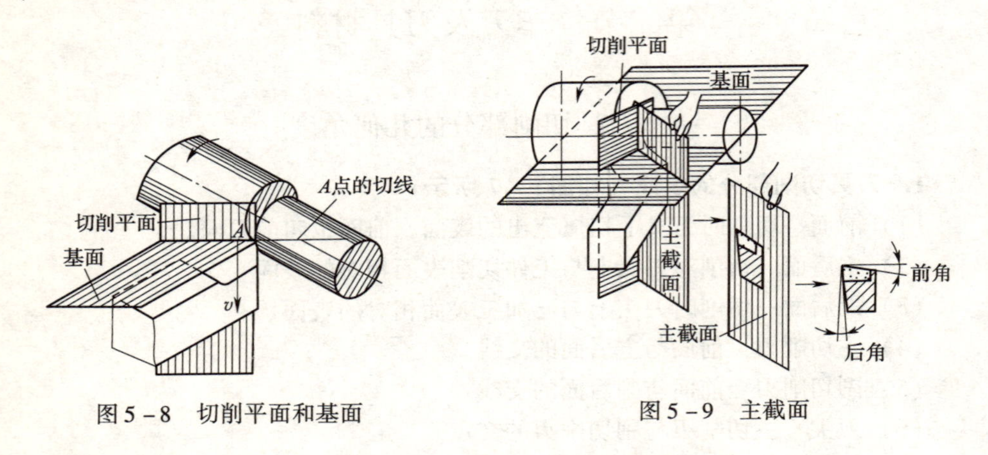

图 5 – 8　切削平面和基面　　　图 5 – 9　主截面

3. 刀具的切削角度及其作用（如图 5 – 10 所示）

（1）前角 γ_o　前（刀）面经过主切削刃与基面的夹角，在主截面内测出。它影响切屑变形和切屑与前（刀）面的摩擦及刀具强度。

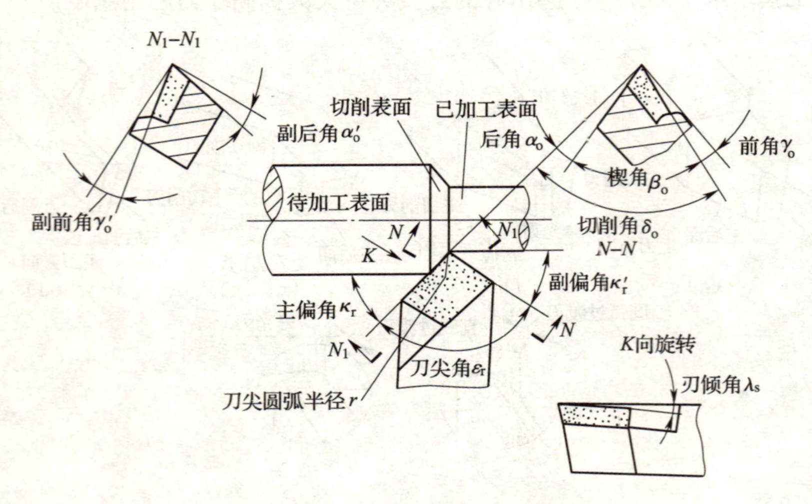

图 5 – 10　车刀的切削角度

（2）副前角 γ_o'　前（刀）面上的副切削刃与基面的夹角，在副截面内测出。

（3）后角 α_o 主后面与切削平面的夹角，在主截面内测出。用来减小主后面与工件的摩擦。

（4）副后角 a_o'　副后面与通过副切削刃并垂直于基面的平面之间的夹角，在副截面内测出。用来减小副后面与已加工表面的摩擦。

（5）主偏角 k_r　主切削刃与被加工表面（走刀方向）之间的夹角。当吃刀深度和走刀量一定时，改变主偏角可以使切屑变得薄或变厚，影响散热情况和切削力的变化。

（6）副偏角 k_r'　副切削刃与已加工表面（走刀方向）之间的夹角。它可以避免副切削刃与已加工表面摩擦，影响已加工表面粗糙度。

（7）刃倾角 λ_s　主切削刃与基面之间的夹角。它可以控制切屑流出方向，增加刀刃强度并能使切削力均匀。

（8）楔角 β_o　前面与主后面之间的夹角，在主截面内测出。它影响刀头截面的大小。

（9）切削角 δ_o　前面与切削平面之间的夹角，在主截面内测出。

（10）刀尖角 ε_r　主切削刃与副切削刃在基面上投影的夹角。它影响刀头强度和导热能力。

（11）过渡偏角 ϕ_o　过渡刃与被加工表面（走刀方向）之间的夹角。

（12）倒棱 f　在切刀前面刀刃上的狭窄平面。用来增加刀刃强度。（高速钢车刀不需要磨出倒棱，硬质合金车刀可用油石磨）。

（13）卷屑槽　影响车刀的断屑效果。

二、刀具切削部分几何参数的选择

刀具切削部分几何参数是指车刀的角度、刀面和切削刃的形状和数值。合理的几何参数，就是在保证加工质量和一定的刀具寿命的前提下，能够提高生产效率的几何形状和角度。

1. 前角 γ_0 的选择（如图 5－11 所示）

增大前角刀具锋利，减小切屑变形降低切削力和切削热，还可以抑制积屑瘤的产生。减小前角可增强刀尖强度

① 加工硬度低、力学强度小及塑性材料时，应选较大的前角。加工硬度高、力学强度大及脆性材料时，应选较小的前角。

② 粗加工时应选择前角较少，精加工应较大的前角。

③ 刀具材料坚韧性好前角应选大些（如高速钢车刀），刀具材料坚韧性差前角应选小些（如硬质合金车刀）。

④ 机床、夹具、工件、刀具组成的工艺系统刚性差，选较大的前角。

2. 后角 α_0 的选择（如图 5－11 所示）

后角是影响刀具后刀面与工件已加工表面的接触状况，合理的后角会减小刀具后刀面与工件的已加工表面的摩擦。提高已加工表面质量和刀具寿命。后角大刃口锋利，但影响刀具的强度和散热面积。后角小可抑制切削时的振动。

① 加工硬度高、力学强度大及脆性材料时，应选较小的后角。加工硬度低、力学强度小及塑性材料时，应选较大的后角。

② 粗加工时后角较少，精加工应较大。采用负前角车刀，后角应选大些。

③ 工件与车刀的刚性差，选较小的前角。

3. 主偏角 k_r 的选择（如图 5－12 所示）。

主偏角增大径向力减小，轴向力增大，不容易产生振动，切屑易断，减小主偏角散热快，提高刀具的耐用度。

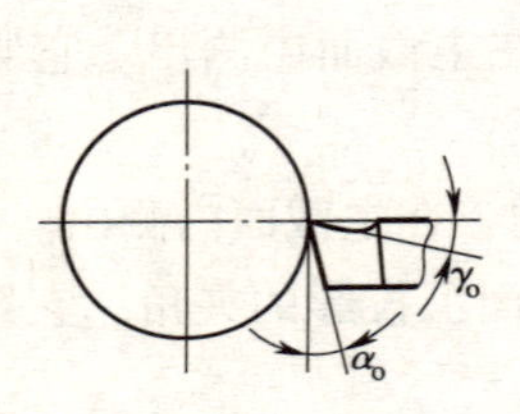

图 5－11　前角与后角

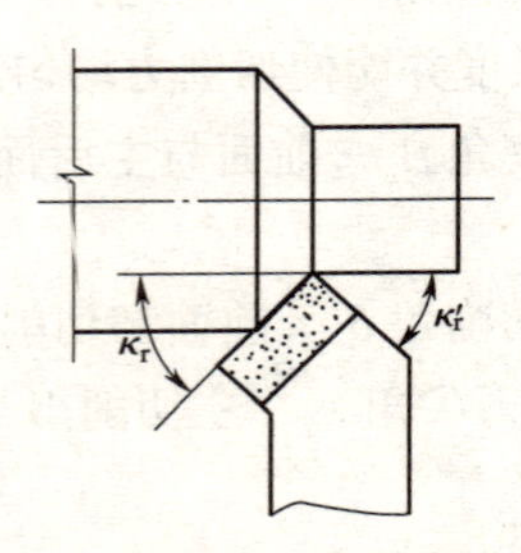

图 5－12　主偏角与副偏角

① 工件材料硬的应选取较小的主偏角。

② 刚性差的工件（如细长轴）应增大主偏角，减小径向切削分力。

③ 机床、夹具、刀具、工件系统刚性差，主偏角的选取应根据实际情况而定。对车床而言，如果其工艺系统的径向的刚度差，例如：车细长轴、车薄壁类的管子，则应选用大的主偏角，此时有些外圆车刀的主偏角能达到 93～95°；反之如果其工艺系统的轴向刚度差，例如：车薄板类的圆盘，则应选用小的主偏角，此时车刀的主偏角可能为 0。

主偏角大小受工件形状的影响而选择，如加工台阶工件时主偏角必须等于或大于 90°等。

4. 副偏角 k'_r 的选择（如图 5－12 所示）。

副偏角减小副后面与工件已加工表面之间的摩擦，改善工件表面粗糙度和刀具的散热面积，提高刀具的耐用度。

① 机床、夹具、刀具、工件系统刚性差，副偏角应取小些。

② 精加工刀具应选取较小的副偏角。

③ 加工高硬度材料或断续切削（如车偏心轴），应选较小的副偏角。以提高刀尖的强度。

副偏角大小受工件形状的影响而选择，如加工中间切入的工件 $k_r' = 60°$。

④ 较少的副偏角可以提高粗糙度，增加刀尖强度。

5. 刃倾角 λ_s 的选择（如图 5－13 所示）。

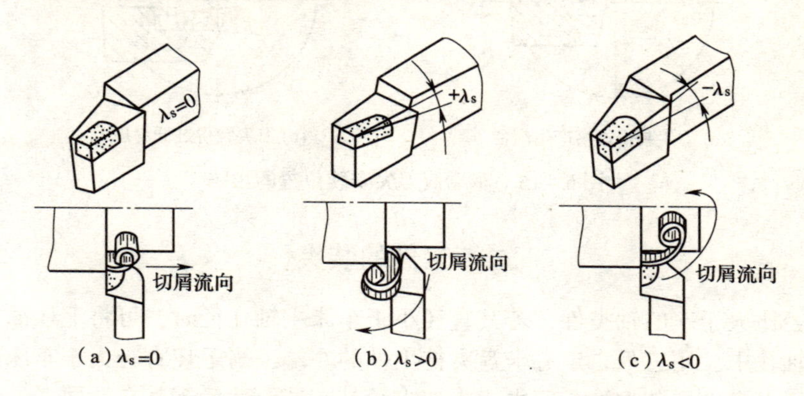

图 5－13　正、负刃倾角的作用

① 精加工时刃倾角应取正值，粗加工时刃倾角应取负值。

② 冲击负荷较大的断续切削（如车偏心轴），应取较大负值的刃倾角。

③ 加工高硬度材料时，应取负值的刃倾角，提高刀具强度。

④ 一般的车刀选择刃倾角为零，粗加工时可以选择为负角，精车时选择为正角。

6. 过渡刃的选择

过渡刃的主要作用是提高刀尖强度，改善散热条件。可在待建处磨出过渡切削刃，过渡刃有直线型和圆弧型两种（如图 5－14 所示）。采用直线型过渡刃时，过渡刃偏角 $k_{\gamma\varepsilon} = 1/2k_r'$，过渡刃长度 $b_\varepsilon = 0.5 \sim 2\text{mm}$。采用圆弧型过渡刃，可减小切削时的残留面积高度，但 γ_ε 不能太大，否则会引起振动。

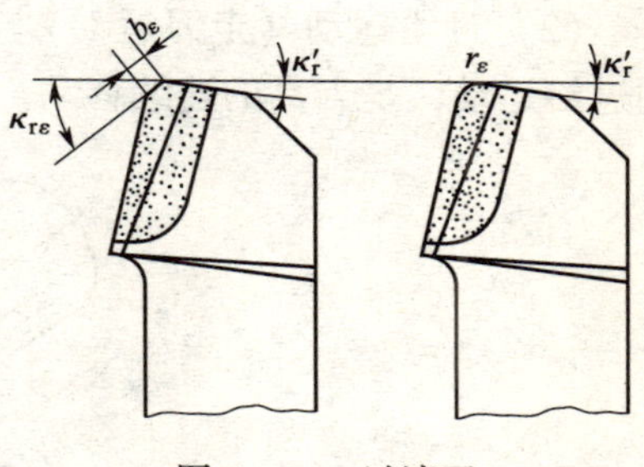

图 5－14　过渡刃

第三节　刀具及工件的安装

一、刀具的安装

刀尖必须与工件回转轴线等高，否则车至端面中心处时将留下切不去的凸台，并且极容易崩刃打刀，如图 5－15 所示。

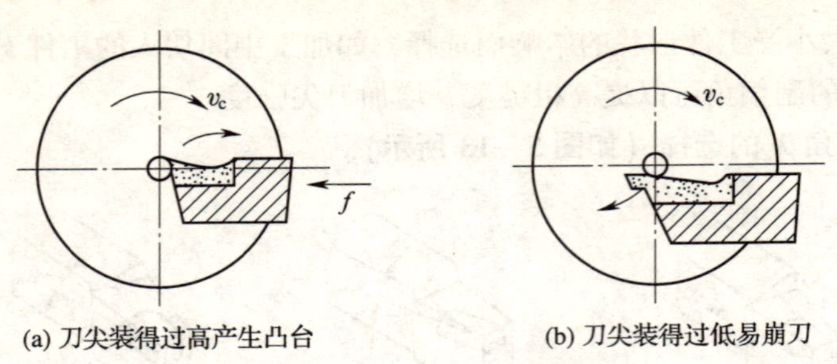

(a) 刀尖装得过高产生凸台　　(b) 刀尖装得过低易崩刀

图 5－15　车端面刀尖安装位置的影响

二、工件的装夹

长径比大于 5 的轴类件，若其直径小于车床主轴孔径时，可将毛坯插入车床空心主轴孔中，用三爪自定心卡盘夹持工件的左端，当毛坯直径大于车床主轴孔时，可用卡盘夹持其左端，用中心支架支承其右端，然后车其右端面。

第四节　机械加工的切削运动

一、车削运动（如图 5－16 所示）

（1）主运动　将切屑切下来所需要的运动。车削时的主运动是机床主轴（零件）的旋转运动。

（2）进给运动（走刀运动）　使新的金属层继续投入切削的运动。车削时的进给运动，是刀具的连续移动。

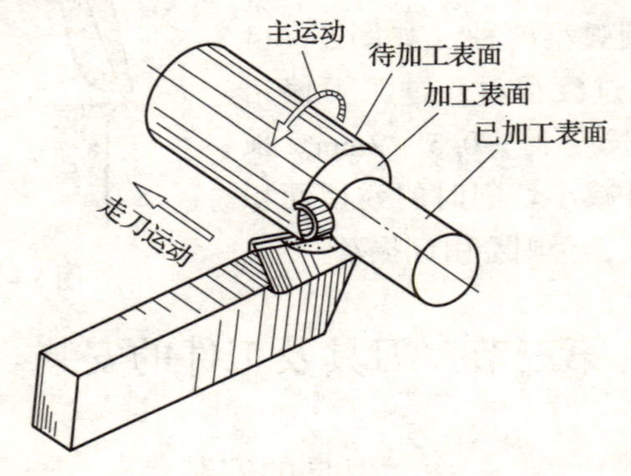

图 5－16　车削运动

二、车削时产生的表面（如图 5－17 所示）

（1）待加工表面　零件上即将切去切屑的表面。

（2）已加工表面　零件上已切去切屑的表面。

（3）切削平面（加工表面）：由车刀主切削刃在零件上所形成的表面，即已加工表面和待加工表面之间的过渡表面。

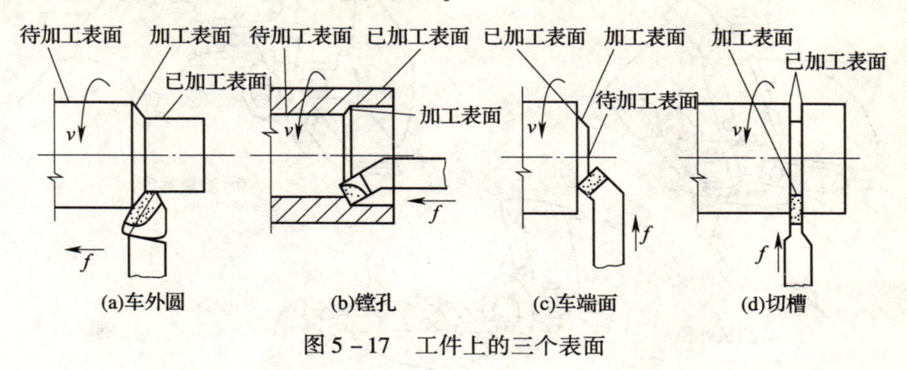

图 5－17　工件上的三个表面

第五节　车床切削液及量具使用

一、切　削　液

1. 切削液的种类

水溶液；乳化液；切削油。

2. 切削液的作用

切削液主要起冷却、润溜、清洗和防锈作用。

二、常用量具使用方法

台阶外圆的测量

测量台阶长度（图 5－18）及台阶外圆的测量与测量其他外圆一样，一般用游标卡尺检查，如图 5－19 所示。精度要求高的可用外圆千分尺测量，如图 5－20 所示。

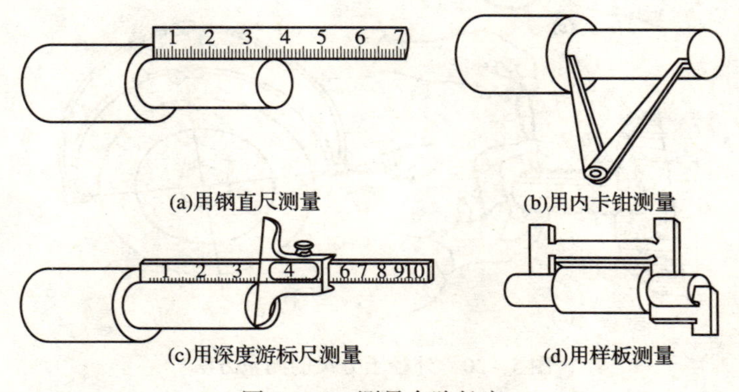

图 5－18　测量台阶长度

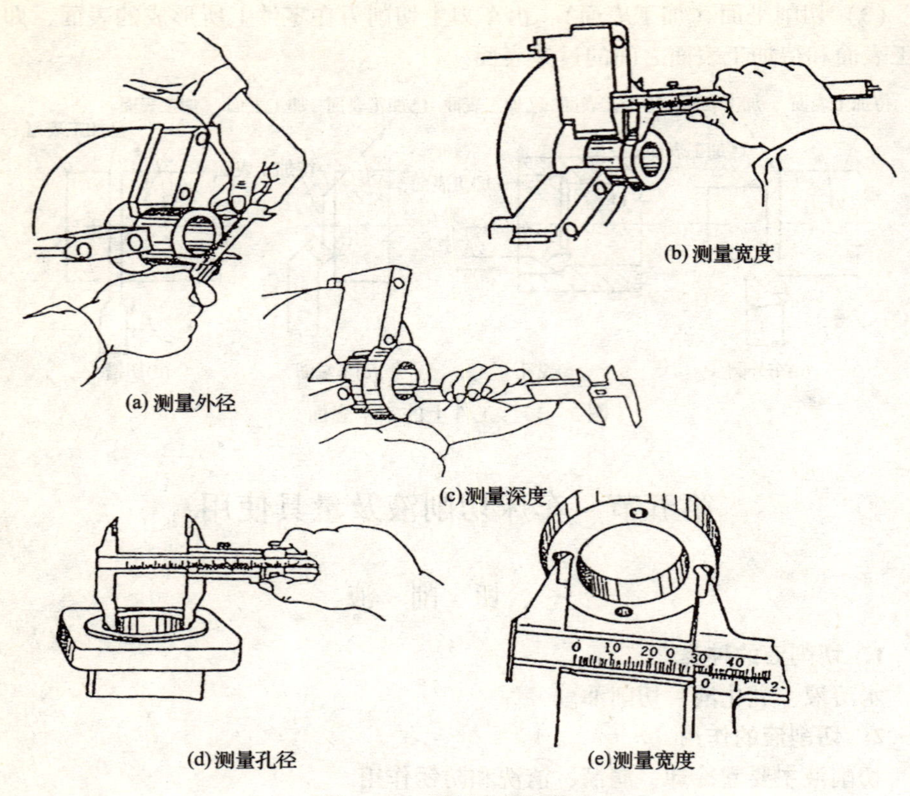

图 5－19　游标卡尺的使用

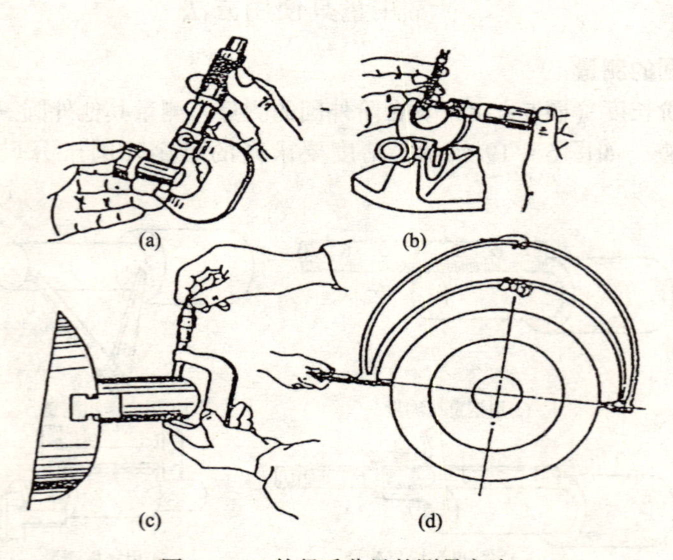

图 5－20　外径千分尺的测量方法

第六节　基本车削加工操作方法

一、车　端　面

适合车削端面的车刀有多种，常用刀具和车削方法如图 5－21 所示。要特别注意的是，端面的切削速度由外到中心是逐步减小的。故车刀接近中心时应放慢进给速度，否则容易损坏车刀。

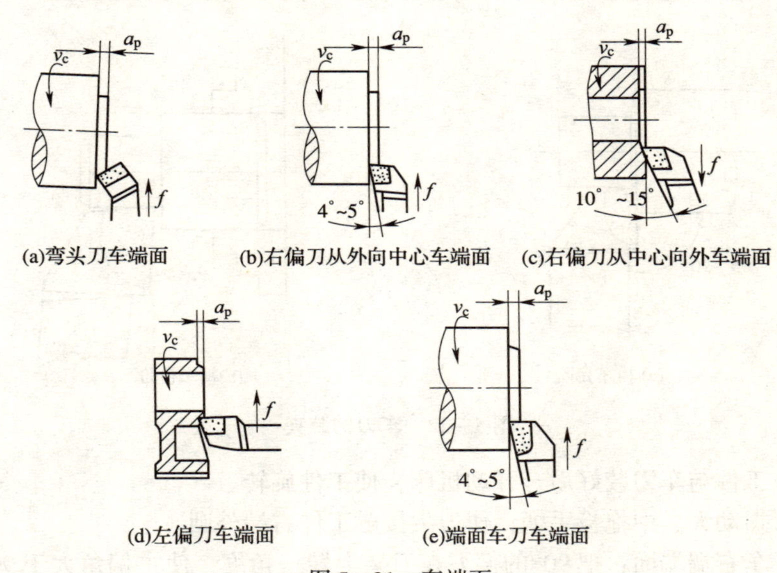

(a)弯头刀车端面　(b)右偏刀从外向中心车端面　(c)右偏刀从中心向外车端面

(d)左偏刀车端面　(e)端面车刀车端面

图 5－21　车端面

二、车外圆和台阶面

在同一工件上，有几个直径大小不同的圆柱体连接在一起像台阶一样，就叫它为台阶工件。台阶工件的切削，车台阶轴实质上是车外圆与车端面的组合加工。故在车削时必须兼顾外圆的尺寸精度和台阶长度的要求。

1. 台阶工件的技术要求

（1）各外圆之间的同轴度。

（2）外圆和台阶面的垂直度。

（3）台阶平面的平面度。

（4）外圆和台阶平面相交处的倒角。

2. 车刀的选择与安装

车台阶工件应选择 90°的外圆偏刀。车刀的装夹应根据粗、精车和余量的多少来区别。如粗车时余量多，为了增加吃刀量，减小刀尖压力，车刀装夹可取主偏角小于90°为宜（一般为85°）。如图5－22（a）所示。精车时为了保证台阶面和工件轴心线垂直，取主偏角大于90°为宜（一般为95°）。如图5－22（b）所示。

3. 车削台阶的方法

车削台阶一般也分粗、精车，粗车台阶的第一级台阶长度稍短外（留0.5mm. 精车余量）其余各级可车至图纸长度。

精车台阶时，通常在机动进给接近台阶时，用手动进给代替，车平面时，吃刀量不要太多，进给速度不要太快，否则会影响平面与台阶的垂直度。

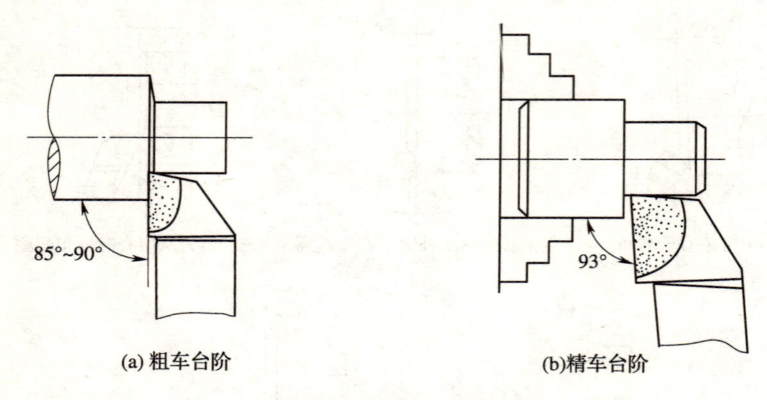

(a) 粗车台阶　　(b)精车台阶

图5－22　车刀的装夹

（1）工件与车刀装好后，开动机床，使工件旋转。

（2）摇动大、中拖板手柄，使刀尖接触工件右端外圆。

（3）车右端端面：把90°的偏刀在刀架上转一角度，使主偏角大于90°（一般95°～120°）吃刀量不宜大（小于0.5mm.），由外到内切削，看看车刀刀尖是否对车床的轴心线。

（4）车外圆：把90°的偏刀在刀架上转一角度，使主偏角小于90°（一般85°）粗车，① 车削前可先用直尺在工件的表面量好长度并用尖刀刻上线痕，然后按线痕粗车。② 刀尖接触工件右端外圆刀尖接触工件右端外圆时，看清楚大、中拖板的位置，以此为起点，中拖板顺时针为进刀的深度，注意：中拖板每小格为外圆的半径尺寸。大拖板逆时针为长度进刀方向，注意大拖板上每小格的读数（机床型号不同，读数有可能不同）。留0.5～1mm的余量。

（5）车削—测量。

（6）精车，把90°的偏刀在刀架上转一角度，使主偏角大于90°（一般95°）精车。开机使刀尖接触工件右端外圆，以大、中拖板的为起点位置，然后试车一刀。测量，计算好大、中拖板的进刀位置车至图纸尺寸。

（7）把右端端面与外圆交线倒角。

注意：开机对刀，退刀后停机，停机后测量。

三、切断与切槽

1．切断的特点

（1）切削变形大，切断时，由于切断刀的主切削刃和两个副切削刃同时参加切削，切削排出时受到切槽两侧面的摩擦和挤压，切至中心处时切削变形最大；

（2）切削力大，由点到面在切削过程中，刀具与工件，切屑之间的摩擦加剧，切削变形增大，导致切削力增大；

（3）切削力集中时，切断时，刀头处在半封闭状态，散热面积小，散热条件差，散热集中在刀头部位，产生高温，从而降低刀具的寿命；

（4）刀具刚性差，切断刀主切削刃宽度较窄，刀具刚性差，切断加工时容易产生振动。

（5）排屑困难，切断的切屑从狭窄的切槽内排出，受到的摩擦阻力大使切屑排出困难。

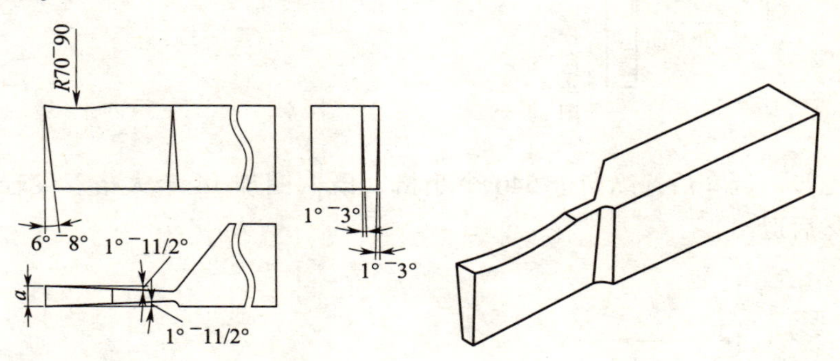

2．切刀经验公式的计算

主切削刃的宽度 a

$$a = (0.5 \sim 0.6)\sqrt{D}$$

式中：

a——主切削刃的宽度（mm）

D——工件待加工表面的直径（mm）

刀头长度 L 可用下列公式计算

$$L = h + (3 \sim 5)$$

式中：

L——刀头长度（mm）

H——工件半径（mm）

第七节　车削加工实训：轴类零件的车削

第一步：安装毛坯，伸长60～65（必须用加力杆锁紧卡盘）

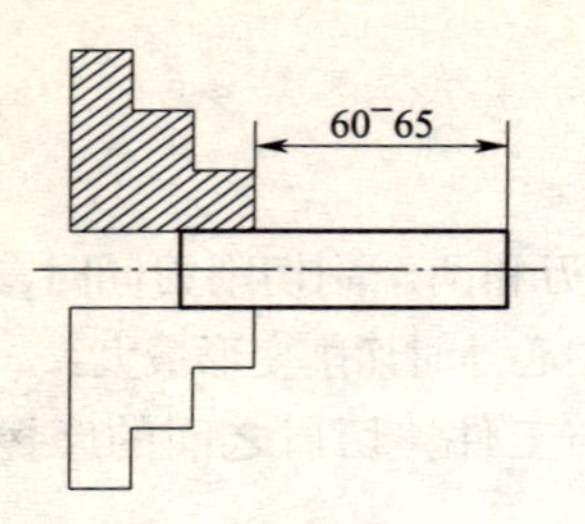

第二步：车刀轻碰端面，纵向吃刀量0.5mm，车刀横向自动进给，车平端面，以端面为长度基准，大溜板（纵向）刻度调零。

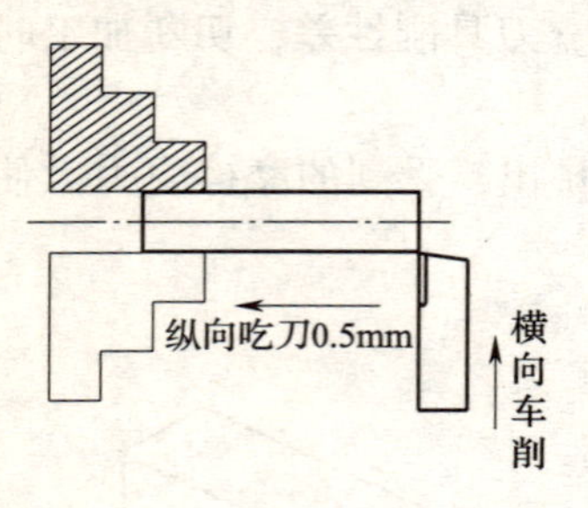

第三步：调零后，纵向进540个小格（既两圈加14个大格刀尖轻碰外圆，画线，然后退出）

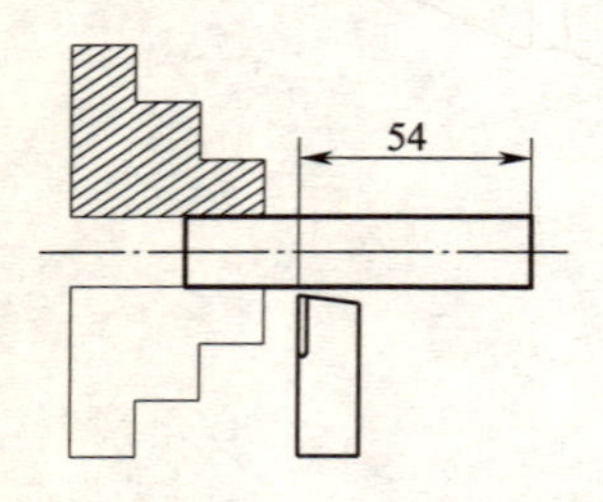

第四步：车刀在长度约5mm处的外圆上方，与画线一样轻碰外圆，横向调零，以每刀横向吃刀2mm，纵向车削至$\phi20$长度54mm处，（注意每次车削完横向不退刀）

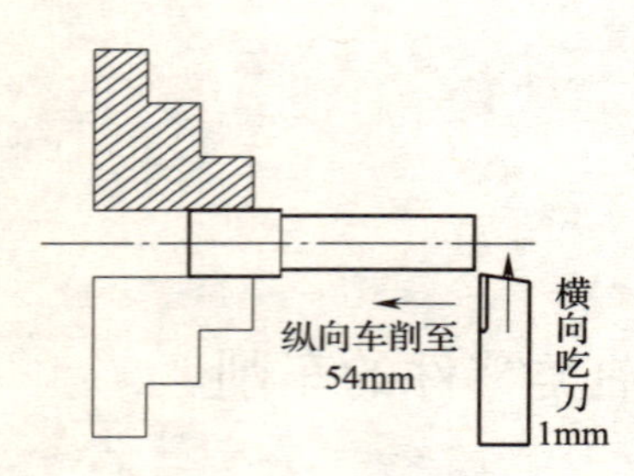

第五步：同样是以每刀横向吃刀 2mm，纵向车削至 $\phi16$ 长度 26 处（即纵向刻度转一圈加 6 个大格，就可以控制 26mm 的长度）

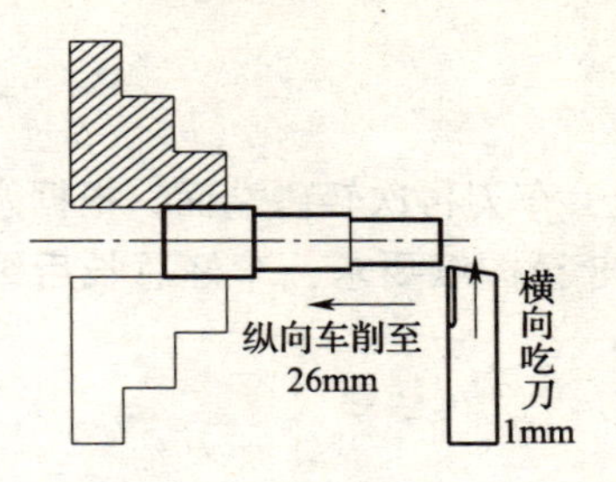

第六步：同样也是以每刀横向吃刀 2mm，纵向车削至 $\phi12$ 长度 12mm 处（即纵向刻度转 12 个大格，就可以控制 12mm 的长度）

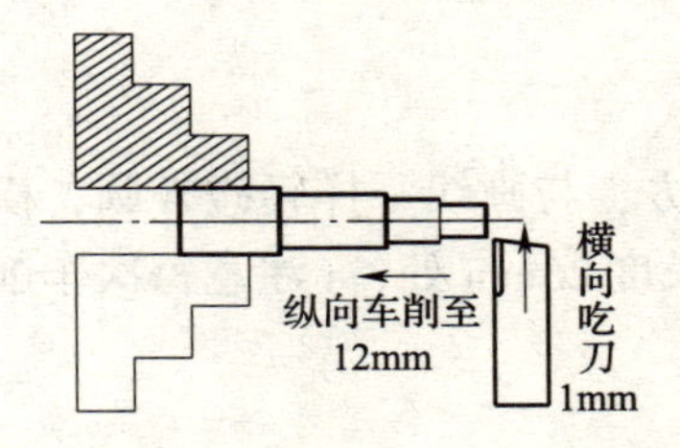

第七步：拆下工件测量总长并计下余量，然后调头夹着 $\phi20$ 处。

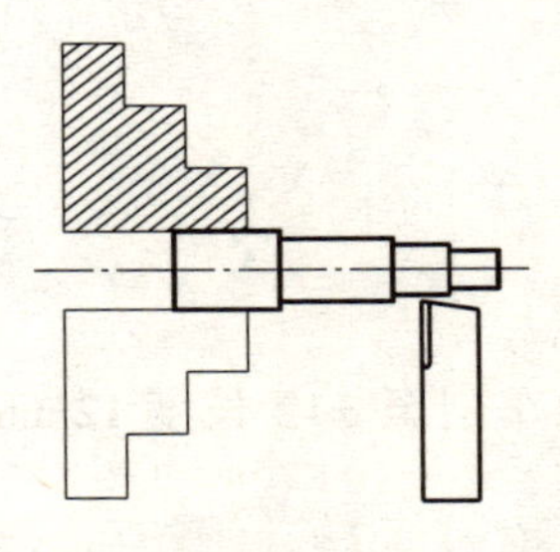

第八步：车刀轻碰端面，纵向吃刀 0.5mm，横向进给，车平端面。

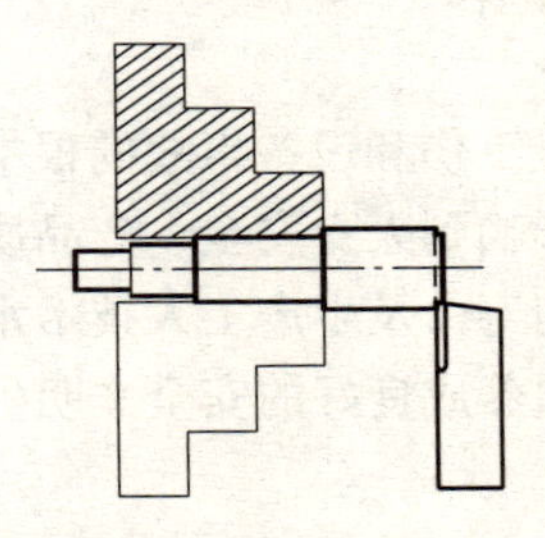

第九步：再次拆下工件测量总长并计下余量。

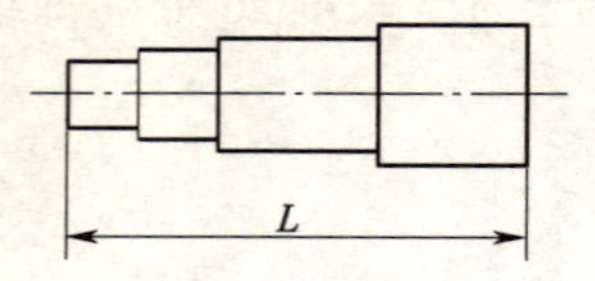

第十步：装夹工件，夹着 $\phi20$ 长度 20mm 处，车刀再次轻碰端面，根据余量以纵向吃刀 0.5mm，横向车削端面，控制总长 78 至图纸要求，车好总长后纵向刻度调零。

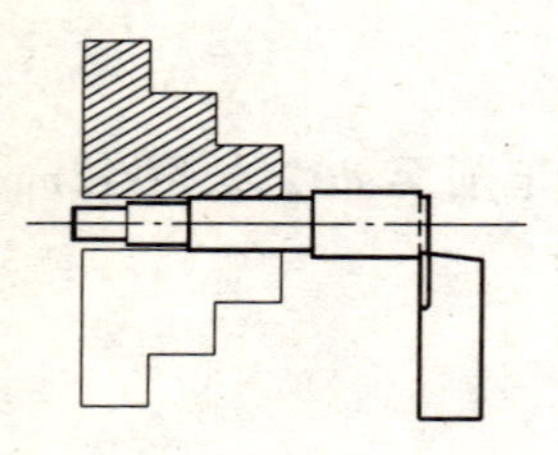

第十一步：车刀在长度约 5mm 处的外圆上方，与画线一样轻碰外圆，横向调零，以每刀横向吃刀 2mm，纵向车削至 $\phi16$ 长度 26mm 处，（注意每次车削完横向不退刀）

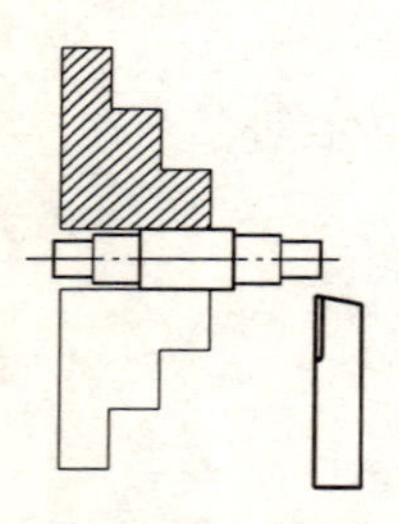

第十二步：同样也是以每刀横向吃刀 2mm，纵向车削至 $\phi12$ 长度 12mm 处（即纵向刻度转 12 个大格，就可以控制 12mm 的长度）

第八节　车工实习安全技术

安全文明生产是保障生产工人和设备的安全，防止工伤和设备事故的根本保证，也是搞好企业经营管理的重要内容之一。它直接影响到人身安全、产品质量和经济效益，影响机床设备和工具、夹具、量具的使用寿命及生产工人技术水平的正常发挥。学生在学习和掌握操作技能的同时，必须养成良好的安全文明生产的习惯。因此，要求操作者在操作时必须做到：

一、操　作　前

（1）操作机床时禁止戴手套，衣袖应扎好，女工及留长发者应戴安全帽并把头发放入帽内。

（2）严禁穿背心、裙子、短裤、拖鞋、高跟鞋以及戴围巾进入技能训练场地。

（3）开机前要润滑机床并检查机床各部分机构是否完好，各传动手柄、变速手柄是否正确，以防开车时因突然撞击而损坏机床，启动后，应使主轴低速空转1～2min，使润溜油散布到每个需要之处，等车床运转正常后才能工作。

（4）开机前用手扳动卡盘，检查工件与床面、刀架、拖板等是否会相碰，检查各操作手柄位置是否正确。

（5）量具、工具分类排列整齐，毛坯、半成品、成品分开堆放，稳固和拿取方便，工艺文件的安放位置要便于阅读。

（6）不允许在车床上堆放工具或其他杂物。

二、操　作　中

（1）在指定的车床上实训，多人共用一台车床时，只允许一人操作，并互相注意安全。

（2）卡盘扳手用完后随手取下，放在指定的位置，防止遗留在卡盘匙在开车时飞出伤人损物。

（3）车床启动后，不准用手触摸旋转的工件，严禁用棉纱擦抹回转中的工件，也不允许用量具测量旋转的工件尺寸，以防发生人身安全事故。

（4）对车床变速、换刀、装卸工件或操作者离开时，必须停车。

（5）操作者不宜站在卡盘转动的同一平面位置上，也不要站在切屑飞出的方向，以免工件装夹不牢或切屑飞出伤人。

（6）操作车床时，必须集中精神，注意手、身体和衣服不要靠近回转中的机件（如工件、带轮、齿轮、丝杠等）。头不能离工件太近。

（7）操作车床时，严禁离开岗位，不准做与操作内容无关的其他事情。

（8）棒料毛坯从主轴孔尾端伸出不能太长，以防棒料毛坯振动后使棒料毛坯弯曲而伤人。

（9）高速切削、车削崩屑材料和刃磨刀具时，要戴好防护眼镜。

（10）应使用专用的铁钩清除铁屑，不准用手直接清除。

（11）操作中若出现异常现象，应立刻停机检查；出现事故应立刻切断电源，并及时报告老师，由专业人员检修，未修复不得使用。

三、操　作　后

（1）要清洁干净车床导轨上及床身的切削液。并在车床导轨上涂上润滑油，机床各油孔按规定加注润滑油。切削液要定期更换。

（2）认真擦干净机床及工、量具，并把工、量具分开放置好。

（3）将机床各部分调整到空挡位置，把床鞍摇至床尾一端。

（4）清扫工作场地，切断设备电源，做好交接班工作。

思考与练习

1. 简述车刀的“三面五刃”。
2. 简述卧式车床主要加工范围。
3. 简述车刀的选择要点。

第六章 铣削加工与齿形加工

第一节 概 述

机械零件一般都是将毛坯通过各种不同的加工方法达到所需的形状和尺寸，铣削加工是最常用的切削加工方法之一。所谓铣削，就是在铣床上以铣刀旋转作主运动，工件作进给运动的切削加工方法。

一、铣削特点和加工范围

铣削加工的主要特点是用多刀刃的铣刀来进行切削，效率较高，范围广，适合批量加工。铣刀属多齿工具，根据刀具的不同，出现断续切削，刀齿不断切入或切出工件，切削力不断发生变化，产生冲击或振动，影响加工精度和工件表面粗糙度。

铣削加工的精度一般可达 IT9 ~7 级，表面粗糙度 $R_a = 6.3 \sim 1.6\mu m$。

铣削的加工范围很广，可加工平面、台阶、斜面、各种沟槽（直槽，T 型槽，燕尾槽，V 型槽）、成形面、齿轮以及切断等，图 6－1 所示为铣削加工应用的示例。在铣床上还能钻孔和镗孔。

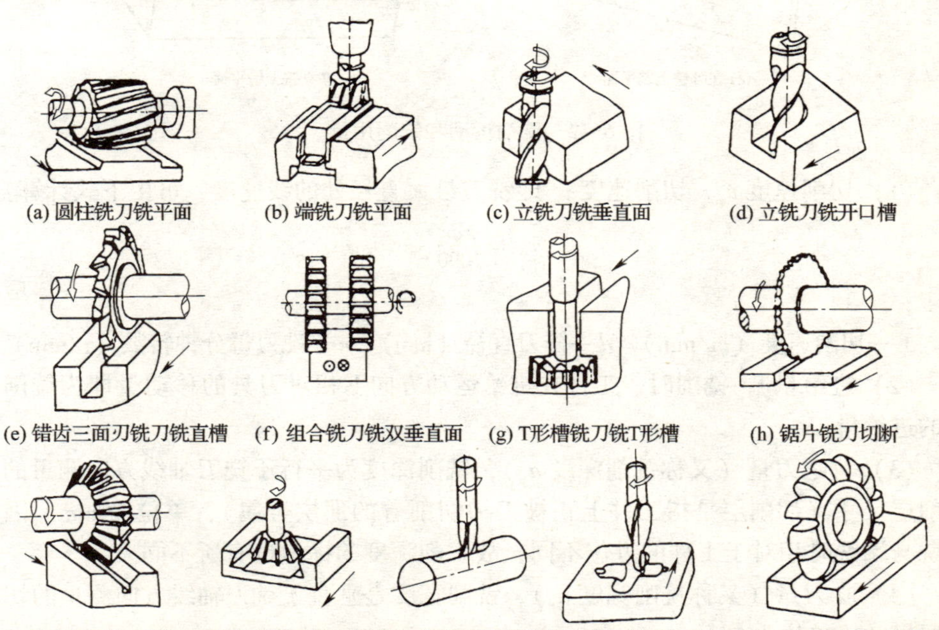

图 6－1 铣削加工应用

二、铣削的运动及铣削用量

切削运动可分为主运动和进给运动。

主运动是使工件与刀具产生相对运动以进行切削的最基本运动，主运动的速度最高，所消耗的功率最大。在切削运动中，主运动只有一个。它可以由工件完成，也可以由刀具完成。可以是旋转运动，也可以是直线运动。

进给运动是不断地把被切削层投入切削，以逐渐切削出整个表面的运动。也就是说，没有这个运动，就不能连续切削。进给运动一般速度较低，消耗的功率较少，可由一个或多个运动组成。可以是连续的，也可以是间断的。另外，进给运动按运动方向可分为纵向进给、横向进给和垂直进给三种。

铣削时的主运动是铣刀的旋转运动，辅助运动是工件的移动（进给运动）。

铣削用量是指在铣削过程中所选用的切削用量，是衡量铣削运动大小的参数。铣削用量包括四个要素，即铣削速度、进给量、背吃刀量（铣削深度）和侧吃刀量（铣削宽度）。其铣削用量如图 6－2 所示。

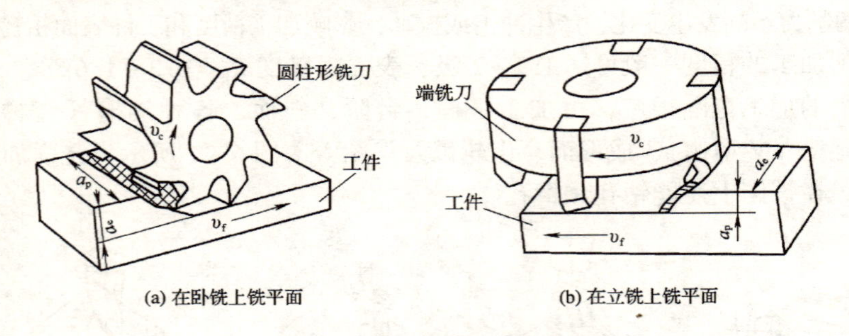

(a) 在卧铣上铣平面　　(b) 在立铣上铣平面

图 6－2　铣削运动和铣削用量

（1）切削速度 v_c，切削速度 v_c 即铣刀最大直径处的线速度，可由下式计算：

$$v_c = \frac{\pi d n}{1000}$$

式中：

v_c—切削速度（m/min）　d—铣刀直径（mm）　n—铣刀每分钟转数（r/min）

（2）进给量 f，铣削时，工件在进给运动方向上相对刀具的移动量即为铣削时的进给量。

（3）背吃刀量（又称铣削深度 a_p），铣削深度为平行于铣刀轴线方向测量的切削层尺寸（切削层是指工件上正被刀刃切削着的那层金属），单位为 mm。因周铣与端铣时相对于工件的方位不同，故铣削深度的标示也有所不同。

（4）吃刀量（又称铣削宽度 a_e），铣削宽度是垂直于铣刀轴线方向测量的切削层尺寸，单位为 mm。

因此，选择铣削用量的次序首先选择较大的铣削宽度、深度，其次是加大进给量。最后才是根据刀具耐用度的要求，选择适宜的铣削速度。

三、铣床及其附件

1. 铣床

铣床的种类很多，最常见的是卧式（万能）铣床和立式铣床。两者区别是在于前者主轴水平设置，后者竖直设置。

（1）卧式万能铣床　XW6132 卧式万能铣床的主要组成部分和作用如下（图 6－3）：

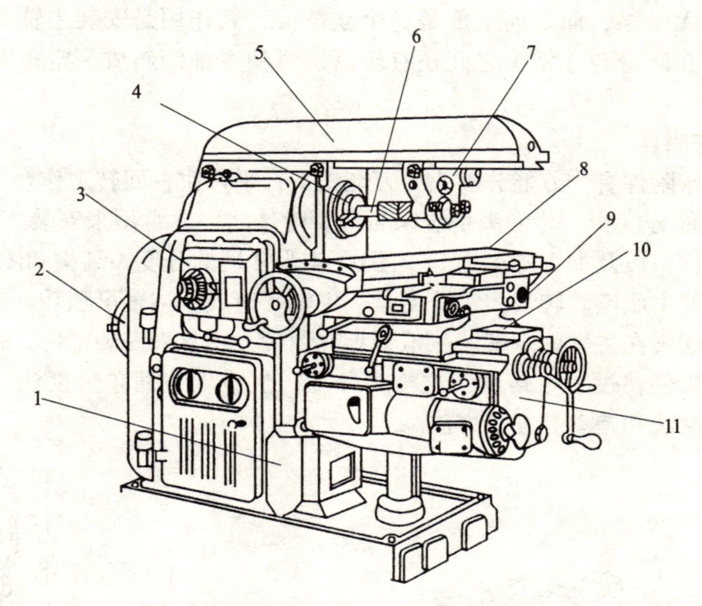

图 6－3　X6132 型卧式万能升降台铣床

1—床身　2—主传动电动机　3—主轴变速机构　4—主轴　5—横梁
6—刀杆　7—吊架　8—纵向工作台　9—转台　10—横向工作台　11—升降台

1）床身　床身支承并连接各部件，顶面水平导轨支承横梁，前侧导轨供升降台移动之用。床身内装有主轴和主运动变速系统及润滑系统。

2）横梁　它可在床身顶部导轨前后移动，吊架安装其上，用来支承铣刀杆。

3）主轴　主轴是空心的（图 6－8），前端有锥孔，用以安装铣刀杆和刀具。

4）工作台　工作台上有 T 形槽，可直接安装工件，也可安装附件或夹具。它可沿转台的导轨作纵向移动和进给。

5）转台　转台位于工作台和横溜板之间，下面用螺钉与横溜板相连，松开螺钉可使转台带动工作台在水平面内回转一定角度（左右最大可转过 45°）。

6）纵向工作台　纵向工作台由纵向丝杠带动在转台的导轨上作纵向移动，以带动台面上的工件作纵向进给。台面上的T形槽用以安装夹具或工件。

7）横向工作台　横向工作台位于升降台上面的水平导轨上，可带动纵向工作台一起作横向进给。

8）升降台　升降台可沿床身导轨作垂直移动，调整工作台至铣刀的距离。

这种铣床可将横梁移至床身后面，在主轴端部装上立铣头，能进行立铣加工。

（2）立式铣床　立式铣床与卧式铣床很多地方相似。不同的是：它床身无顶导轨，也无横梁，而是前上部是一个立铣头，其作用是安装主轴和铣刀。通常立式铣床在床身与立铣头之间还有转盘，可使主轴倾斜成一定角度，铣削斜面。

2. 铣床附件

常用铣床附件有：万能分度头，万能铣头，平口钳，回转工作台等。

（1）万能分度头　分度头是铣床的重要附件之一，常用来安装工件铣斜面，进行分度工作，以及加工螺旋槽等。图6－4为常用的分度头结构和图6－5传动示意图，主要由底座、转动体、分度盘、主轴等组成。主轴可随转动体在垂直平面内转动。通常在主轴前端安装三爪卡盘或顶尖，用它来安装工件。转动手柄可使主轴带动工件转过一定角度，这称为分度。生产上有简单分度法、角度分度法、直接分度法和差动分度等方法。

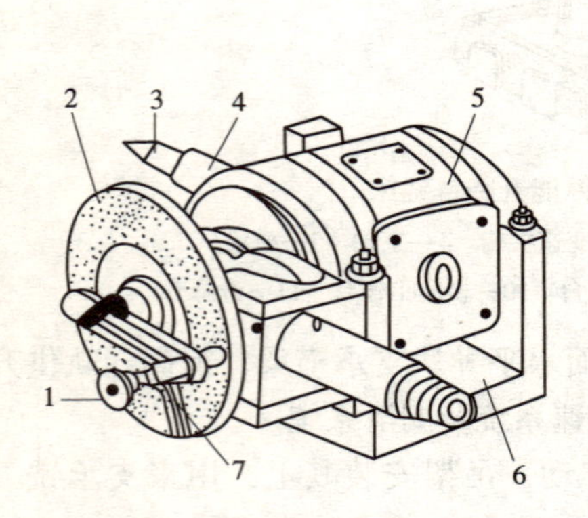

图6－4　万能分度头结构图

1—分度手柄　2—分度盘　3—顶尖
4—主轴　5—转动体　6—底座　7—扇形夹

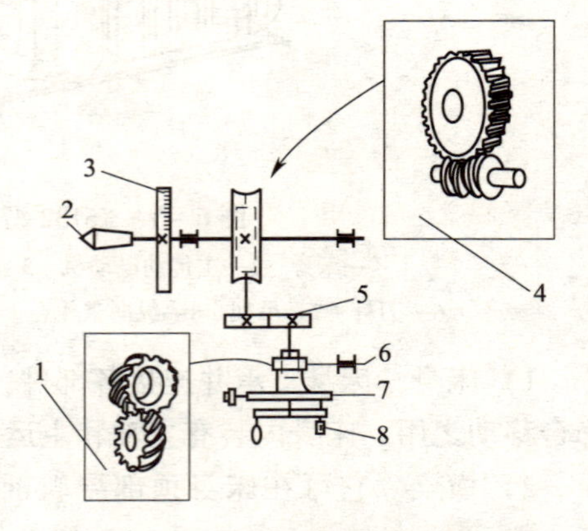

图6－5　万能分度头的传动示意图

1—1∶1螺旋齿轮传动　2—主轴　3—刻度盘
4—1∶40蜗轮传动　5—1∶1齿轮传动
6—挂轮轴　7—分度盘　8—定位销

（2）万能铣头　万能铣头是一种扩大卧式铣床加工范围的附件，利用它可以在卧式铣床上进行立铣工作，使用时卸下横梁，装上万能铣头，根据加工需要其主轴在空间可以转成任意方向。

(3) 平口钳　它有固定钳口和活动钳口，通过丝杆螺母，传动传动钳口间距离，可装夹尺寸不同的工件。有些机用平口钳底座如图 6－6 设有转盘，可以扳转任意角度，适应范围广；非回转式机用虎钳底座没有转盘，钳体不能回转，但刚度较好，装夹工件方便。适合装夹扳类零件，轴类零件，方体零件。

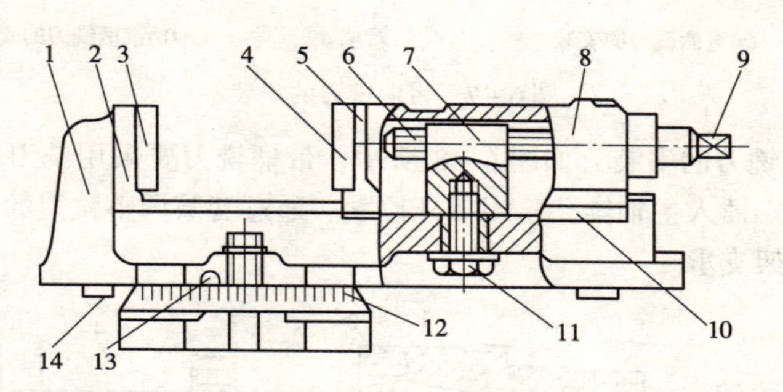

图 6－6　机用平口钳的结构

1—平口钳体　2—固定钳口　3、4—钳口铁　5—活动钳口　6—丝杠
7—螺母　8—活动座　9—方头　10—压板　11—紧固螺钉
12—回转底盘　13—钳座零线　14—定位键

(4) 回转工作台　在回转工作台上，首先校正工件。工件的圆弧中心与回转台中心应重合，铣刀旋转，工件作弧线进给运动，可加工圆弧槽，圆弧面等零件。

四、铣刀及其安装

1. 铣刀的种类

按铣刀结构和安装方法可分为带柄铣刀和带孔铣刀。

(1) 带柄铣刀　带柄铣刀有直柄和锥柄之分。一般直径小于 20mm 的较小铣刀做成直柄。直径较大的铣刀多做成锥柄。这种铣刀多用于立铣加工，如图 6－1 (b)、(c)、(d)、(g)、(j)、(k)、(l) 所示。

(2) 带孔铣刀　带孔铣刀适用于卧式铣床加工，能加工各种表面，应用范围较广。参见图 6－1 中 (a)、(e)、(f)、(h)、(i)、(m)。

2. 铣刀的安装

(1) 带柄铣刀的安装

1) 直柄铣刀的安装　直柄铣刀常用弹簧夹头来安装，如图 6－7 (a) 所示。安装时，收紧螺母，使弹簧套作径向收缩而将铣刀的柱柄夹紧。

2) 锥柄铣刀的安装　当铣刀锥柄尺寸与主轴端部锥孔相同时，可直接装入锥孔，并用拉杆拉紧。否则要用过渡锥套进行安装，参见图 6－7 (b)。

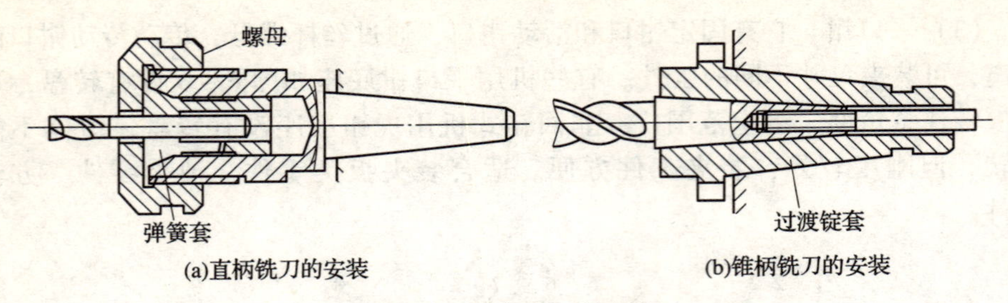

图 6－7　带柄铣刀的安装

（2）带孔铣刀的安装　如图 6－8 所示，带柄铣刀要采用铣刀杆安装，先将铣刀杆锥体一端插入主轴锥孔，用拉杆拉紧。通过套筒调整铣刀的合适位置，刀杆另一端用吊架支承。

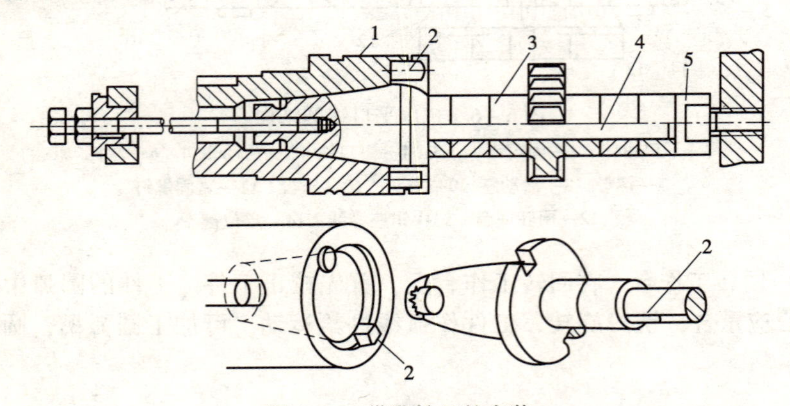

图 6－8　带孔铣刀的安装

1—主轴　2—键　3—套筒　4—刀轴　5—螺母

带孔的铣刀是靠专用的心轴安装的，如套式铣刀，面铣刀，属于短刀杆安装。

五、工件的装夹

工件在铣床上的安装方法主要有以下几种：

1. 用平口钳安装

小型和形状规则的工件多用此法安装，如图 6－9。

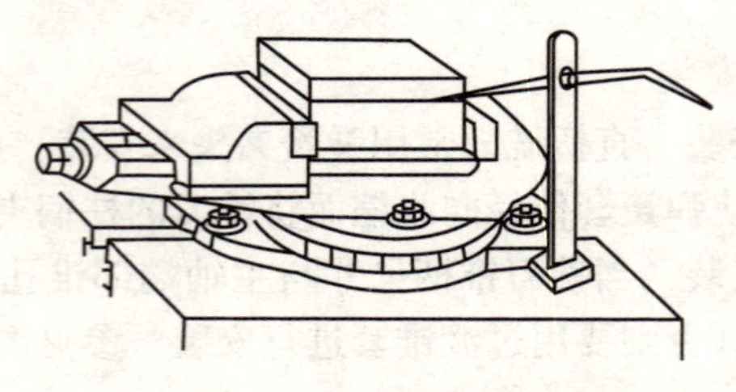

图 6－9　用平口钳安装工件

2. 用压板安装

对于较大或形状特殊的工件，可用压板、螺栓直接安装在铣床的工作台上，如图 6－10 所示。

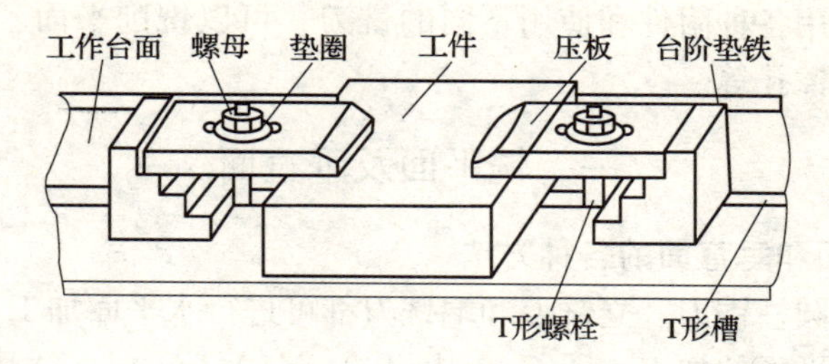

图 6－10 用压板安装工件

3. 用分度头安装

铣削加工各种需要分度工作的工件，可用分度头安装，如图 6－11 所示。

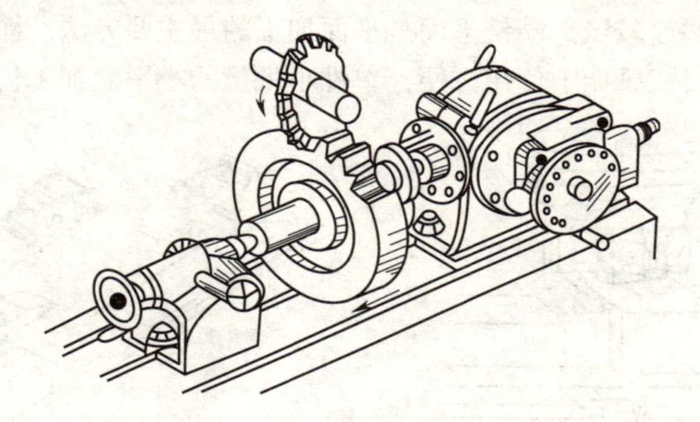

图 6－11 用分度头安装工件

4. 用圆形转台安装

当铣削一些有弧形表面的工件，可通过圆形转台安装，参见图 6－12。

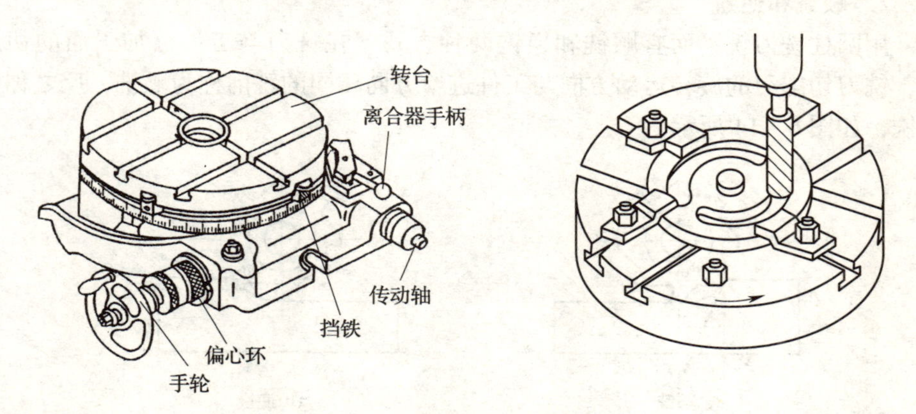

图 6－12 用圆形转台安装工件

第二节 铣削加工

在铣床上利用各种附件和使用不同的铣刀，可以铣削平面、沟槽、成型面、螺旋槽、钻孔和镗孔等。

一、铣平面及垂直面

1. 铣削平面和垂直面的各种方法

在铣床上用圆柱铣刀、立铣刀和端铣刀都可进行水平面加工。用端铣刀和立铣刀可进行垂直平面的加工。图6－1中（a）、（b）、（c）、（f）为几种平面和垂直面的铣削方法。

用端铣刀加工平面（图6－13），因其刀杆刚性好，同时参加切削刀齿较多，切削较平稳，加上端面刀齿副切削刃有修光作用，所以切削效率高，刀具耐用度高，工件表面粗糙度较低。端铣平面是平面加工的最主要方法。而用圆柱铣刀加工平面，则因其在卧式铣床上使用方便，单件小批量的小平面加工仍广泛使用。

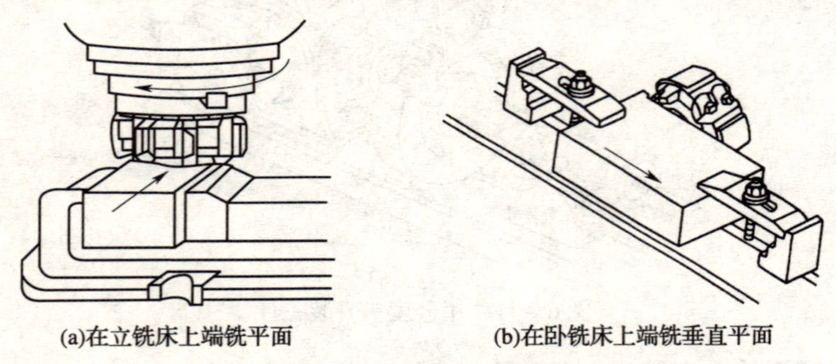

(a)在立铣床上端铣平面　(b)在卧铣床上端铣垂直平面

图6－13　用端铣刀铣平面

2. 顺铣和逆铣

用圆柱铣刀铣平面有顺铣和逆铣两种方式。在铣刀与工件已加工面的切点处，铣刀切削刃的旋转运动方向与工件进给方向相同的铣削称为顺铣，反之称为逆铣，如图6－14所示。

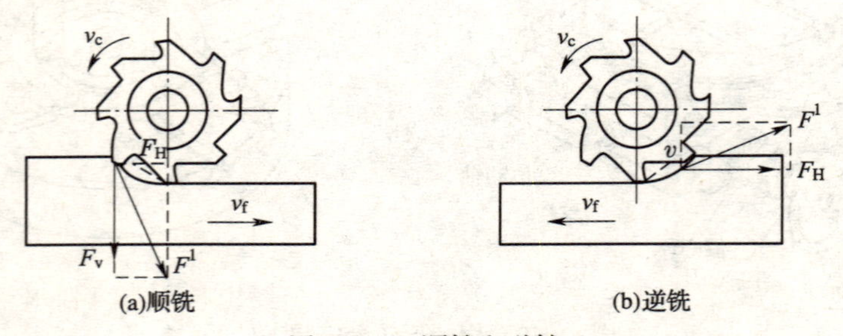

(a)顺铣　(b)逆铣

图6－14　顺铣和逆铣

顺铣时，刀齿切入的切削厚度由大变小，易切入工件，工件受铣刀向下压分力 F_V，不易振动，切削平稳，加工表面质量好，刀具耐用度高，有利于高速切削。但这时的水平分力 F_H方向与进给方向相同，当工作台丝杆与螺母有间隙时，此力会引起工作台不断窜动，使切削不平稳，甚至打刀。所以只有消除了丝杆与螺母间隙才能采用顺铣，此外还要求工件表面无硬皮，方可采用这种方法。

逆铣时，当刀齿切离工件时，工件受到垂直分力，F_V方向向上容易引起振动或使工件装夹松动。对铣削薄而长的工件不利，但逆铣时，水平分力 F_H与进给方向相反。切削厚度是由零逐渐变到最大，由于刀齿切削刃有一定的钝圆，所以刀齿要滑行一段距离才能切入工件，刀刃与工件摩擦严重，工件已加工表面粗糙度增大，且刀具易磨损。逆铣过程中丝杠始终压向螺母，不致因为间隙的存在而引起窜动，工作台运动比较平稳。因铣床纵向工作台丝杆与螺母间隙不易消除，所以在一般生产中多用逆铣进行铣削。

二、铣 台 阶 面

阶台是由平行面和垂直面组合而成的。阶台零件的型式有普通阶台，回字型阶台和阶梯台。

零件上的台阶通常可在卧式铣床上采用一把三面刃铣刀或组合三面刃铣刀铣削，或在立式铣床上采用不同刃数的立铣刀铣削。常用的方法有以下四种：

（1）用三面刃铣刀铣削台阶（图 6－15）；

（2）用立铣刀铣削台阶；

（3）用端铣刀铣削台阶；

（4）用组合铣刀铣削台阶。

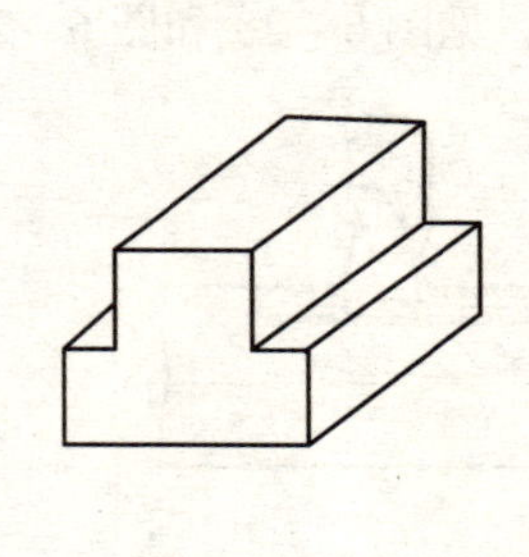

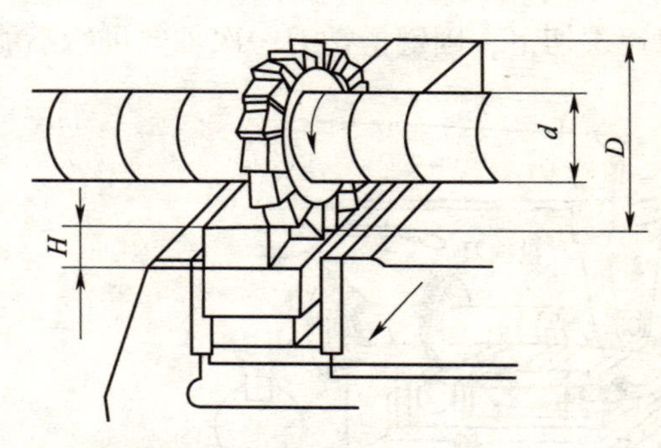

图 6－15　三面刃铣刀铣削台阶

三、铣　斜　面

铣斜面可用以下几种方法进行加工：

（1）把工件倾斜所需角度　此法是安装工件时，将斜面转到水平位置，然后按铣平面的方法来加工此斜面，见图 6－16。

(2) 把铣刀倾斜所需角度　这种方法是在立铣头可偏转的立式铣床、装有立铣头的卧式铣床、万能工具铣床上均可将端铣刀、立铣刀按要求偏转一定角度进行斜面的铣削。加工时工作台须带动工件作横向进给。如图 6－17 所示。

(3) 用角度铣刀铣斜面　可在卧式铣床上用与工件角度相符的角度铣刀直接铣斜面。参见图 6－18。

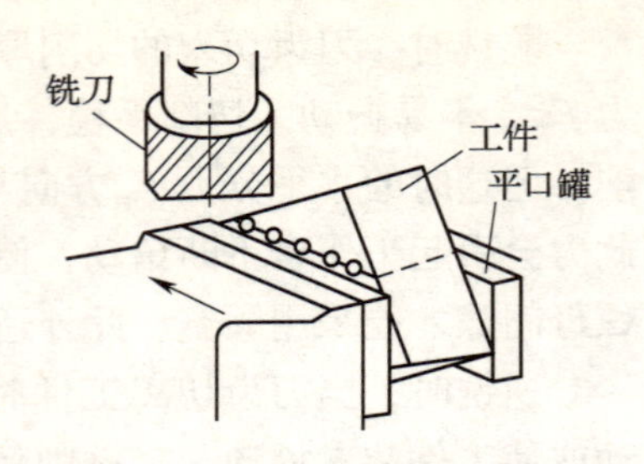

图 6－16　倾斜安装工件铣斜面

图 6－17　刀具倾斜铣斜面

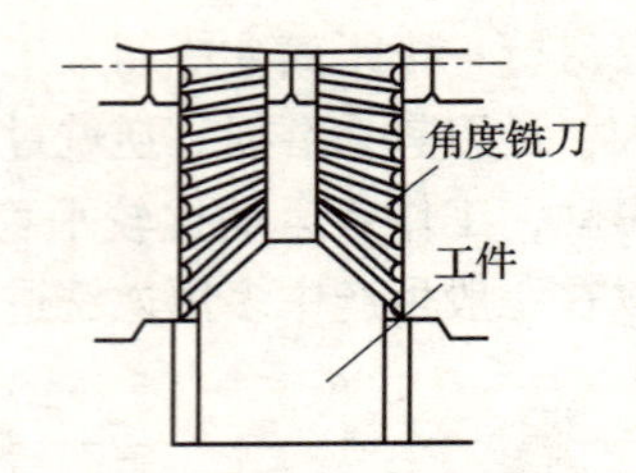

图 6－18　用角度铣刀铣斜面

四、铣　键　槽

在铣床上可铣各种沟槽。

1. 铣键槽

(1) 铣敞开式键槽　这种键槽多在卧式铣床上用三面刃铣刀进行加工，如图 6－19 所示。注意：在铣削键槽前，要做好对刀工作，以保证键槽的对称度。

(2) 铣封闭式键槽　在轴上铣封闭式键槽，一般用立式铣刀加工。切削时要注意逐层切下，因键槽铣刀一次轴向进给不能太大，见图 6－20 和图 6－21。

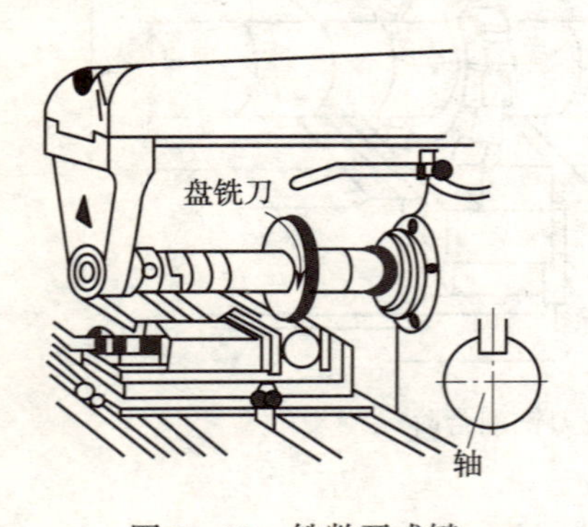

图 6－19　铣敞开式键

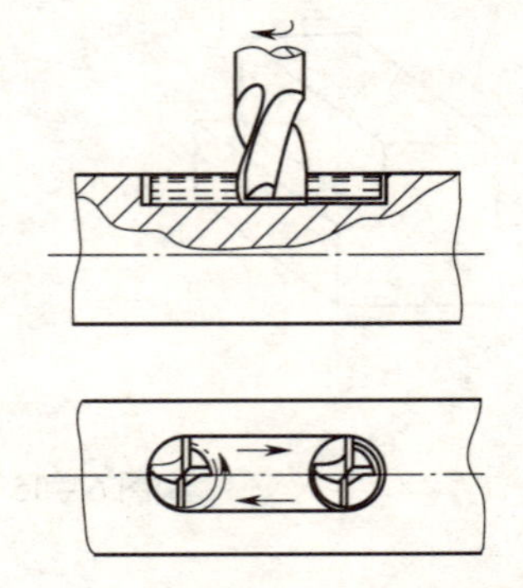
图 6－20　在立式铣床上铣封闭键槽

2. 铣 T 形槽及燕尾槽

铣 T 形槽应分两步进行，先用立铣刀或三面刃铣刀铣出直槽，然后在立式铣床上用 T 形槽或燕尾槽铣刀最终加工成形。如图 6－22 所示。

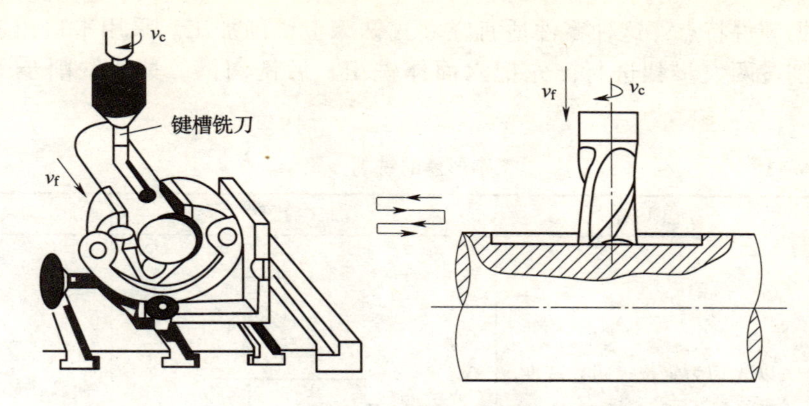

图 6－21　在立式铣床上铣封闭键槽

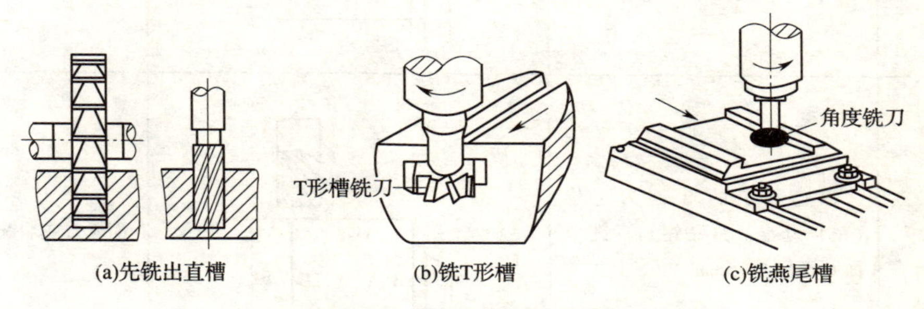

图 6－22　铣 T 形槽及燕尾槽图

第三节　铣削加工实训

典型零件的铣削过程

单件铣削加工如图 6－23 所示工字形铁零件，毛坯是长 110、宽 80、高 64 的长方体 45 钢锻件。

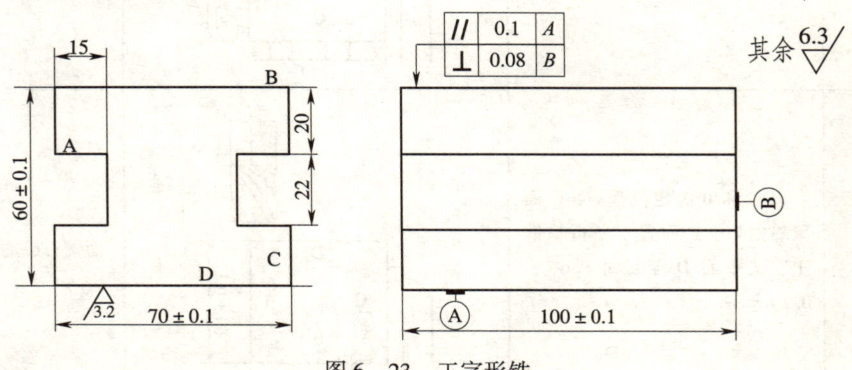

图 6－23　工字形铁

根据零件特点，这种零件适宜在立式铣床上铣削加工。采用平口钳进行安装。铣削按两大步骤进行，先把六面体铣出，后铣沟槽。具体铣削步骤见表6－1。

表6－1　　　　工字形铁的铣削步骤

序号	加工内容	加工简图	刀具
1	以A面为定位（粗）基准，铣平面B至尺寸62mm	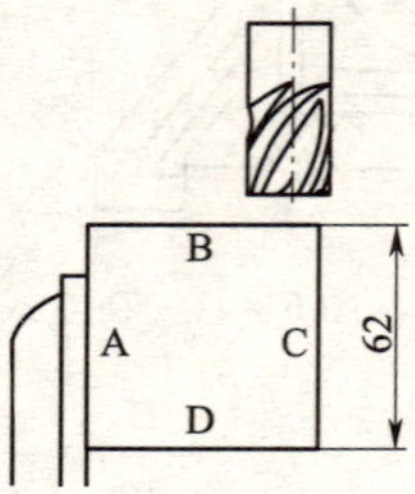 B A C D 62	面铣刀或端铣刀
2	以已加工的B面为定位（精）基准，紧贴钳口，铣平面C至尺寸75mm	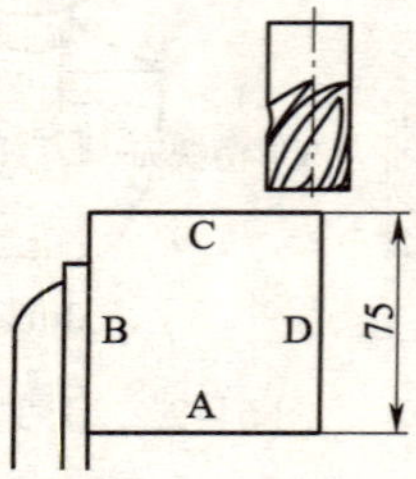 C B D A 75	面铣刀或端铣刀
3	以B和C面为定位基准，B面紧靠钳口，C面置于平行垫铁上，铣平面A至尺寸（70±0.1）mm	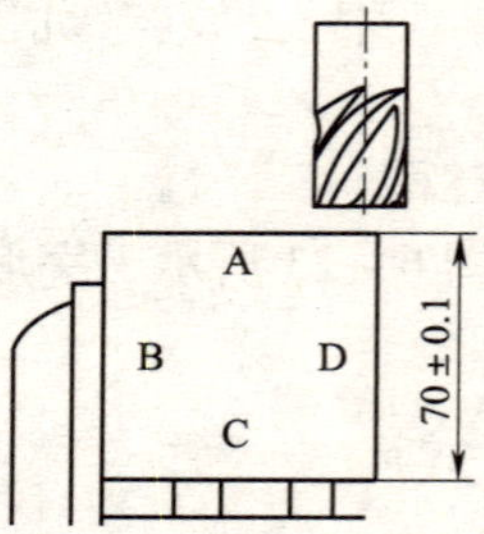 A B D C 70±0.1	面铣刀或端铣刀
4	以C和B为定位基准，C面紧靠钳口，B面置于平行垫铁上，铣平面D至尺寸（60±0.1）mm	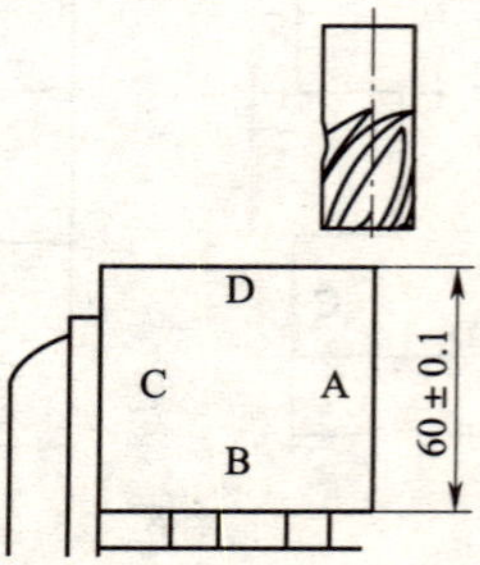 D C A B 60±0.1	面铣刀或端铣刀

续表

序号	加工内容	加工简图	刀具
5	以B面为定位基准，B面紧靠钳口，同时使C或A面垂直于工作台平面，铣平面E至尺寸102mm	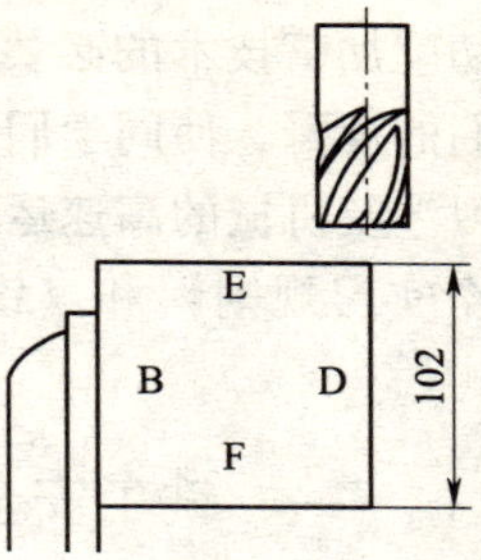 E B D F 102	面铣刀或端铣刀
6	以B面和E面为定位基准，B面紧靠固定钳口，E面紧贴平行垫铁，铣平面F至尺寸（100±0.1）mm	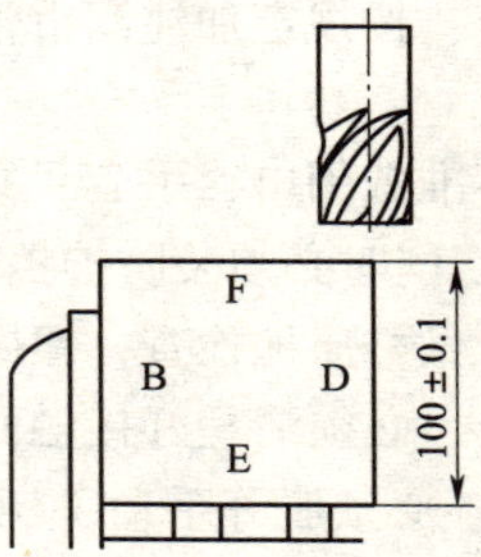 F B D E 100±0.1	面铣刀或端铣刀
7	以B和A面为定位基准，铣C面上的直通槽，宽22mm、深15mm	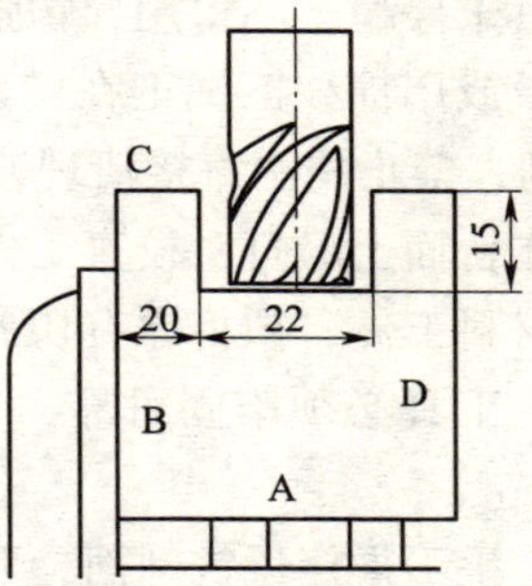 C 15 20 22 D B A	ϕ16立铣刀
8	以B和C面为定位基准，铣A面上的直通槽，宽22mm、深15mm	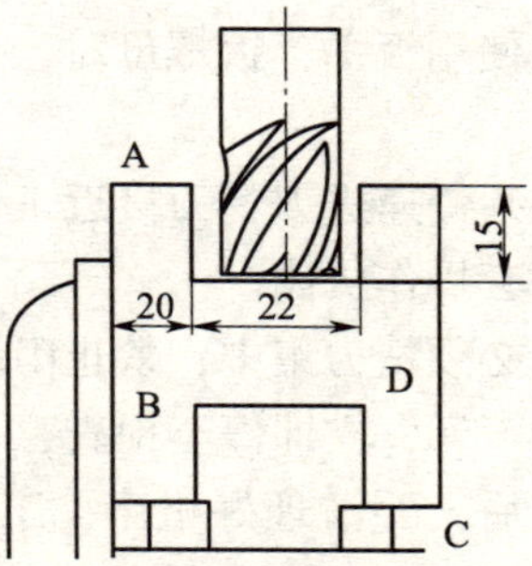 A 15 20 22 D B C	ϕ16立铣刀

第四节　铣削加工实习安全技术

铣工实习是学生切削加工技术的必要途径之一，它可以培养学生观察能力、动手能力，开拓同学们的视野，使同学们平时学习的理论知识和操作实践得到有机结合。但是铣工实习涉及机械的高速运转，有一定的危险性。因此实习人员必须严格遵守《铣工安全实习规则》和《铣床保养、卫生管理制度》以确保实习安全进行。

一、铣工安全实习规则

（1）工作前的安全防护准备

1）检查供油系统，按规定加注润滑油脂，检查手柄位置，进行保护性空运转。

2）检查穿戴。不准戴围巾、手套，穿拖鞋、凉鞋，均应穿长裤。长头发的应戴好安全帽。高速切削时必须装防护挡板。

3）刀具安装前，做好质地检查，镶嵌式、紧固式刀具要安装牢靠。

4）使用各类刀具，必须清理好接触面、安装面、定位面。

（2）自动进给时，必须脱开手动手柄，并调整好行程挡块，紧固。

（3）先停车后变速。进给未停，不得停止主轴转动。

（4）机床、刀具未停稳，不得用异物强制刹车，不得测量工件。

（5）严禁用手摸或用棉纱擦拭正在转动的刀具和机床的传动部位，消除铁屑时，只允许用毛刷，禁止用手直接清理或嘴吹。

（6）严禁在工作台面上敲打、校直工件或乱堆放工件。

（7）更换不同材料工件，须将原有切屑清理干净，分别放置。

（8）夹紧工件、工具必须牢固可靠，不得有松动现象，所用的扳手必须符合标准规格。

（9）工作时头、手不得接近铣削面，取卸工件时，必须移开刀具后进行。

（10）拆装铣刀时，台面应垫木板，禁止用手去托刀盘。

（11）装铣刀，使用扳手，扳螺母时，要注意扳手开口选用适当，用力不可过猛，防止滑倒。

（12）对刀时必须慢速进刀，刀接近工件时，需用手摇进刀。

（13）不准戴手套操作机床。

（14）工作时，必须精力集中，禁止串岗聊天，擅离机床。

（15）发现异常声音，立即停车检查，不得凑合使用。

（16）工作结束后，要清理好机床，工作台面锁紧或安全到位，加油维护，切断电源，收好工、量、刀刃具，搞好场地卫生。

（17）实践场所禁止吸烟，实现教学场地“无烟区”。

二、铣床保养、卫生管理制度

（1）铣削完毕，必须关闭铣床的总电源。

（2）清理各种工具、量具并把它们放回规定位置。

（3）清扫干净铣床及飞溅出来的铁屑。

（4）用棉纱把机床擦拭干净（特别是铣床导轨）。

（5）按铣床润滑系统加油要求给机床加油。

思考与练习

1. 铣削能加工哪些表面？一般加工能达到几级精度和粗糙度？
2. 铣削加工有哪些特点？
3. 一般铣削有哪些运动？
4. 请简述卧式万能铣床的主要结构和作用。
5. 立式铣床和卧式铣床的主要区别在哪里？
6. 带柄铣刀和带孔铣刀各如何安装？直柄铣刀与锥柄铣刀安装有何不同？
7. 工件在铣床上通常有几种安装方法？
8. 什么叫顺铣和逆铣？如何选择？

第七章 磨削加工

第一节 磨削加工概述

一、磨削加工的概念、特点及应用

磨削加工是指利用磨料磨具对工件表面上多余材料进行去除的加工方法。磨削加工广泛应用于各种淬硬钢件、高速钢刀具、有色金属和硬质合金的精加工，还可以用于加工如木材、玻璃、陶瓷和塑料等普通金属刀具难以加工的非金属材料，应用范围极广。磨削加工具有切削速度高、加工精度高、表面质量好和适应性强等特点，磨削精度是指加工后工件满足图纸所要求尺寸公差和形位公差，一般可达 IT6 ~ IT5，表面质量是指加工后工件表面的粗糙度、残余应力、表层裂纹和烧伤等达到技术要求，一般粗糙度为 Ra0.8 ~ 0.08μm，镜面磨削可达 Ra 0.0125μm。

二、磨削加工的分类

磨削加工的形式很多，最常见的磨削形式是以高速旋转的砂轮为刀具，用其磨料自工件表面层细微颗粒的去除过程。为了使用和管理方便，根据磨床产品的磨削加工形式及其工件特点，将磨削加工方法分为以下几类：

1）按加工工件表面区分，可分为外圆磨削、内圆磨削、平面磨削、刀具刃磨和齿轮磨削、花键磨削、螺纹磨削等成型面磨削。

2）按磨削形式区分，主要有砂轮磨削、砂带磨削、无心磨削、周边磨削和端面磨削等。

3）按磨削精度区分，可分为粗磨、半精磨、精磨、镜面磨削和超精加工等。

4）按进给形式区分，可分为纵向磨削、横向磨削、缓进给磨削、无进给磨削等。

此外，在实际生产中还有按磨料类型分类和按砂轮线速度高低分类的。

三、砂轮特性及其选择

磨具是指用于磨削、抛光和研磨的工具，砂轮是磨削加工中最常用的磨具，它是用结合剂将磨粒粘结后，经压坯、干燥、焙烧及修整而成的多孔隙物体。

如图 7 - 1 所示，以其表面杂乱排布的磨粒尖角作为切削刃，在高速旋转下切下粉末状切屑。根据砂轮的特性，合理选择砂轮，是提高磨削质量和磨削效率、控制磨削加工成本的重要措施。砂轮特性决定于五要素：磨料、粒度、结合剂、硬度、组织和形状尺寸。砂轮的组成要素分析如下。

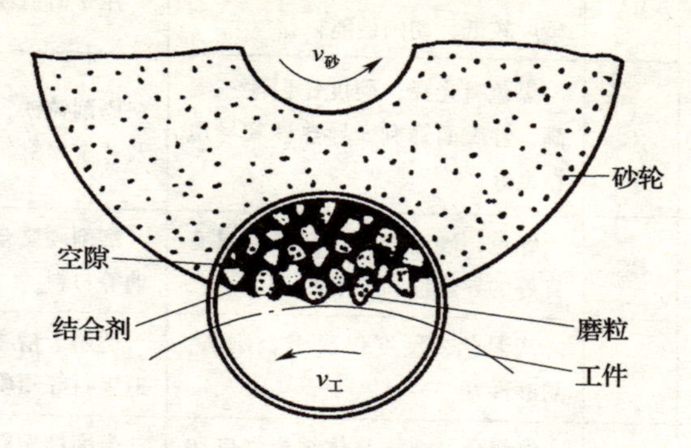

图 7-1　砂轮及其磨削示意图

1. 磨料

磨料即砂轮中的硬质切削颗粒，必须具备较高的硬度、热稳定性和化学稳定性，并具有一定的脆性和韧性。常用的人造磨料分为两类：刚玉类（Al_2O_3），适用于磨削钢件及高速钢刀具；碳化硅类，适用于磨削青铜、铸铁和硬质合金等高脆高硬材料。

常用砂轮磨料性能及适用范围，见表 7-1。

表 7-1　　砂轮磨料特性和适用范围

系列	名称	代号	特性	适用范围
刚玉类	棕刚玉	A	棕褐色，硬度高，韧性大，价格便宜	磨削碳素钢，合金钢，可锻铸铁，硬青铜
	白刚玉	WA	白色，硬度比棕刚玉高，韧性较棕刚玉低	精磨淬火钢，高速钢，高碳钢及薄壁零件
	单晶刚玉	SA	浅黄色或白色。硬度和韧性比白刚玉高	磨削不锈钢，高钒高速钢等强度高，韧性大的材料，高速磨削
	铬刚玉	PA	玫瑰红或紫红色。韧性比白刚玉高，磨削小粗糙度好	磨削量具，仪表零件及小粗糙度表面加工
	微晶刚玉	MA	颜色与棕刚玉相似。强度高，韧性和自锐性能良好	磨削不锈钢，轴承钢和特种球墨铸铁，也可用于高速磨削
	锆刚玉	ZA	黑褐色，强度和耐磨性都很高	磨削耐热合金钢，钛合金和奥氏体不锈钢等材料
	镨汝刚玉	NA	淡白色，硬度和韧性比白刚玉高，自锐性好	磨削球墨铸铁，高磷和铜锰铸铁，不锈铁及超硬高速钢等

续表

系列	名称	代号	特性	适用范围
刚玉类	黑刚玉	BA	人造金刚砂，含有 SiO_2 杂质，硬度较低，切削性能较差	用于研磨或抛光
碳化物	黑色碳化硅	C	黑色有光泽，硬度比白刚玉要高，性脆而锋利，导热性和导电性良好	磨削铸铁，黄铜，铝，耐火材料及非金属材料
	绿色碳化硅	GC	绿色，硬度和脆性较高，具有良好的导热性和导电性	磨削硬质合金，宝石，陶瓷，玻璃等材料
	碳化硼	BC	灰黑色，硬度仅次于金刚石，耐磨性好	适用于精磨和抛光硬质合金，人造宝石等硬质材料
	立方碳化硅	SC	淡绿色，立方晶体结构强度比黑色碳化硅高，磨削能力强	磨削韧而粘的材料，如不锈钢，磨削轴承沟道或超精加工等

2. 粒度

粒度表示磨料颗粒的尺寸大小。磨料的粒度表示可分为两大类，基本颗粒尺寸大于40μm 的磨料，用机械筛选法来决定粒度号，其粒度号以筛网上 1 平方英寸面积内的孔数目来表示。例如70#就表示磨料的颗粒能通过每平方英寸有70 个孔眼的筛网。因此粒度号数越大，颗粒尺寸越小。当颗粒尺寸小于40μm 的磨料用显微镜分析法来测量，其粒度号数是基本颗粒最大尺寸的微米数，以其最大尺寸前加 w 来表示。如 w7，即表示此种微粉最大尺寸为 7 ~5μm，粒度号数越小，颗粒尺寸越小。常用砂轮粒度适用范围见表 7 – 2 所示。

表 7 – 2　　砂轮粒度的选择

粒度	使用范围
12# ~16#	荒磨，粗磨等
20# ~36#	磨钢锭，打磨铸件毛刺，切断钢坯，磨电瓷和耐火材料等
46# ~60#	内圆，外圆，平面，无心磨和工具磨等
60# ~80#	内圆，外圆，平面，无心磨和工具磨等半精磨，精磨，成型磨
100# ~240#	精磨，精密磨，超精磨，研磨，成型磨和工具刃磨等
280# ~ W20#	精磨，精密磨，超精磨，研磨和小螺距螺纹磨等
W20 及其更细	精磨，超精磨，镜面磨，制造研磨膏用于研磨和抛光等

磨粒粒度选择的原则是：

① 磨削加工表面粗糙度值越小，应选用磨粒越细。因为细磨粒同时参加切削的磨粒数量多，工件表面残留的切痕较小，表面质量就较高；

② 粗磨时，加工余量大，选用气孔大的粗磨料可加大磨削深度，提高生产

效率；

③ 磨削材质较软或韧性高的金属时，砂轮表面易被切屑堵塞，应选用孔隙大的粗砂轮。

④ 在成型磨削和高速磨削时应选用较细砂轮。

3. 硬度

砂轮的硬度是指磨粒在磨削力的作用下，从砂轮表面脱落的难易程度。砂轮硬即表示磨粒难以脱落；砂轮软，表示磨粒容易脱落。所以，砂轮的硬度主要由结合剂的黏结强度决定，而与磨粒本身的硬度无关，应与磨料的硬度区分开。国标中对砂轮硬度规定了 16 个级别：D，E，F（超软）；G，H，J（软）；K，L（中软）；M，N（中）；P，Q，R（中硬）；S，T（硬）；Y（超硬）。普通磨削常用 G～N 级硬度的砂轮。

此外，砂轮的自锐性是指砂轮磨钝的磨粒在磨削力作用下自行脱落，从而露出具有锋利棱角的新磨粒。砂轮的硬度越低，自锐性越好。选用砂轮时，应注意硬度选得适当。若砂轮选得太硬，会使磨钝了的磨粒不能及时脱落，因而产生大量磨削热，造成工件烧伤；若选得太软，会使磨料脱落得太快而不能充分发挥其切削作用。砂轮硬度选择原则：

① 磨削硬材，选软砂轮；磨削软材，选硬砂轮；

② 磨导热性差的材料，不易散热，选软砂轮以免工件烧伤；

③ 砂轮与工件接触面积大时，选较软的砂轮；

④ 成型磨精磨时，选硬砂轮；粗磨时选较软的砂轮。

4. 结合剂

结合剂的作用是将磨粒粘合在一起，使砂轮具有必要的形状和强度。结合剂的性能对砂轮的强度、耐冲击性、耐腐蚀性及耐热性有突出的影响，并对磨削表面质量有一定影响。常用结合剂为陶瓷结合剂（V），其化学稳定性好、耐热、耐腐蚀、价廉，但性脆，不宜制成薄片，不宜高速，线速度一般为 35m/s。此外，还有树脂结合剂（B）橡胶结合剂（R）和金属结合剂（M）。

5. 组织

砂轮的组织是指磨粒在砂轮中占有体积的百分数（即磨粒率），它反映了磨粒、结合剂、气孔三者之间的比例关系。磨粒在砂轮总体积中所占的比例大，气孔小，即组织号小，则砂轮的组织紧密。砂轮上未标出组织号时，即为中等组织。

6. 砂轮的形状与尺寸

砂轮的形状、代号及用途，按 GB/T 2484—2006 规定，标志顺序如下：磨具形状、尺寸、磨料、粒度、硬度、组织、结合剂和最高线速度，如图 7－2 所示。

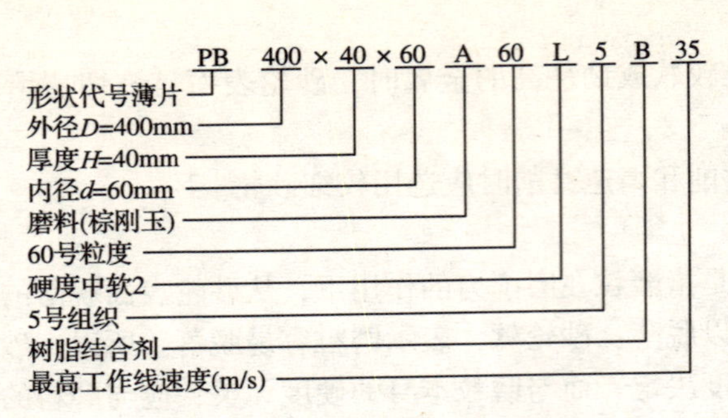

图 7－2　砂轮标志方法

根据机床结构和工艺要求，砂轮可以制成各种形状和尺寸，常用形状有平形（P）、碗形（BW）、碟形（D）等，砂轮的端面上一般都有标志。常用砂轮形状、代号及用途如表 7－3 所示。

表 7－3　常用砂轮形状、代号及用途

系列	名称	代号	特性	适用范围
刚玉类	棕刚玉	A	棕褐色，硬度高，韧性大，价格便宜	磨削碳素钢，合金钢，可锻铸铁，硬青铜
	白刚玉	WA	白色，硬度比棕刚玉高，韧性较棕刚玉低	精磨淬火钢，高速钢，高碳钢及薄壁零件
	单晶刚玉	SA	浅黄色或白色，硬度和韧性比白刚玉高	磨削不锈钢，高钒高速钢等强度高，韧性大的材料，高速磨削
	铬刚玉	PA	玫瑰红或紫红色，韧性比白刚玉高，磨削小粗糙度好	磨削量具，仪表零件及小粗糙度表面加工
	微晶刚玉	MA	颜色与棕刚玉相似，强度高，韧性和自锐性能良好	磨削不锈钢，轴承钢和特种球墨铸铁，也可用于高速磨削
	锆刚玉	ZA	黑褐色，强度和耐磨性都很高	磨削耐热合金钢，钛合金和奥氏体不锈钢等材料
	镨汝刚玉	NA	淡白色，硬度和韧性比白刚玉高，自锐性好	磨削球墨铸铁，高磷和铜锰铸铁，也可磨削不锈铁及超硬高速钢等
	黑刚玉	BA	人造金刚砂，含 SiO_2 杂质，硬度较低，切削性能较差	用于研磨或抛光
碳化物	黑色碳化硅	C	黑色有光泽，硬度比白刚玉要高，性脆而锋利，导热性和导电性良好	磨削铸铁，黄铜，铝，耐火材料及非金属材料

续表

系列	名称	代号	特性	适用范围
碳化物	绿色碳化硅	GC	绿色，硬度和脆性较高，具有良好的导热性和导电性	磨削硬质合金，宝石，陶瓷，玻璃等材料
	碳化硼	BC	灰黑色，硬度仅次于金刚石，耐磨性好	适用于精磨和抛光硬质合金，人造宝石等硬质材料
	立方碳化硅	SC	淡绿色，立方晶体结构强度比黑色碳化硅高，磨削能力强	磨削韧而黏的材料，如不锈钢，磨削轴承沟道或超精加工等

四、砂轮的安装、静平衡与修整

1. 砂轮的安装

砂轮安装前首先要鉴别其外观，常用的陶瓷砂轮是脆性体，受损伤的砂轮不能使用。砂轮的裂纹可用响声法检测。砂轮一般用法兰盘安装。

砂轮的孔径与法兰盘轴颈部分应有 0.1 ~0.2mm 的安装间隙。如砂轮孔径与法兰盘轴颈配合过紧，可用刮刀均匀修刮砂轮内孔；如配合间隙太大则砂轮盘的中心与法兰盘的中心会产生安装偏心，增大砂轮的不平衡量。为此，可在法兰轴颈的周围垫上一层纸片，以减小安装偏心；如果砂轮孔径与法兰轴径相差太多，就应从新配置法兰盘。法兰盘的支撑平面应平整且外径尺寸相等，安装时在法兰盘端面和砂轮之间，应垫上 1 ~2mm 厚的塑性材料制成的衬垫，衬垫的直径比法兰盘外径稍微大一些。

安装以后，砂轮应作两次静平衡，在精平衡前砂轮需作整形修整。从磨床主轴上拆卸法兰盘时使用套筒扳手和拨头。

2. 砂轮的平衡

砂轮的平衡程度是磨削主要性能指标之一，砂轮的不平衡是指砂轮的重心与旋转中心不合，即由不平衡质量偏离旋转中心所致。产生的离心力将迫使砂轮震动，使工件加工表面产生多角形的波纹和震痕，同时附加压力会加速主轴和轴承的磨损，当离心力大于砂轮强度时甚至会引起砂轮爆裂。

砂轮不平衡的原因是砂轮本身不平衡和砂轮安装所造成的不平衡所致。因此，新的砂轮在使用前必须经过二次静平衡，具体操作步骤如下：

1）调整平衡架两导柱面水平位置，将擦净的砂轮平衡心轴装入法兰盘内锥孔，加润滑油固定后放上平衡架导轨上，并使其轴线与导轨轴线垂直。

2）缓慢推动法兰盘，使其在平衡导轨上滚动，如质量不平衡，则松手后法兰盘来回摆动，最终停下来时，砂轮下方为质量最大处，做上记号 A 即找出不平衡位置，可在其对应的另一侧平衡点 B 装上质量平衡块，并在 B 两侧装上另两块质量平衡块。再依此法平衡砂轮，直至松手后砂轮法兰盘不再来回摆动，即质量平衡。砂轮平衡如图 7－3 所示。

3）将平衡好的砂轮连同法兰盘装上机床，用金刚石笔修整砂轮断面和两侧面。此时质量改变，会引起再次不平衡，取下后再次进行调整。

4）将二次平衡好的砂轮装上机床，便可进行正常使用和维护了。

3．砂轮的修整

砂轮磨钝的形式有以下三种：磨粒的钝化、磨粒急剧且不均匀的脱落和砂轮的粘嵌和堵塞。砂轮在工作一段时间以后，砂轮的工作表面会发生钝化。若继续磨削，将加剧砂轮与工件表面之间的摩擦，工件会产生烧伤或震动波纹，是磨削效率降低，也影响加工的表面粗糙度，因此应选择适当的时间及时修整砂轮。

磨削过程中，可将砂轮表面微刃的钝化过程划分为初期、正常、急剧三个阶段。在初级阶段，微刃表面残留的毛刺不断脱落划伤工件表面；正常阶段，微刃表面的毛刺已消失，微刃为正常的切削状态且逐步钝化，这是最佳的磨削阶段，工件的精磨应在此阶段内完成；当微刃锐角已完全消失，磨削时发出噪声，即为急剧钝化阶段。除磨粒磨钝外，通常磨削时还伴有砂轮的堵塞，特别是在磨削铸铁材料时，磨屑堵满砂轮的网状空隙中，使砂轮磨钝。

砂轮常用金刚石笔进行修整，如图 7－4 所示，为提高利用率，镶嵌有单颗多棱角金刚石的修整笔与砂轮倾斜呈一定角度，当一棱角修钝后，转另一棱角依然保持锋利。金刚石具有很高的硬度和耐磨性，但较脆，因此修整时应用冷却液保证金刚石充分冷却，但应避免骤冷以免其爆裂。

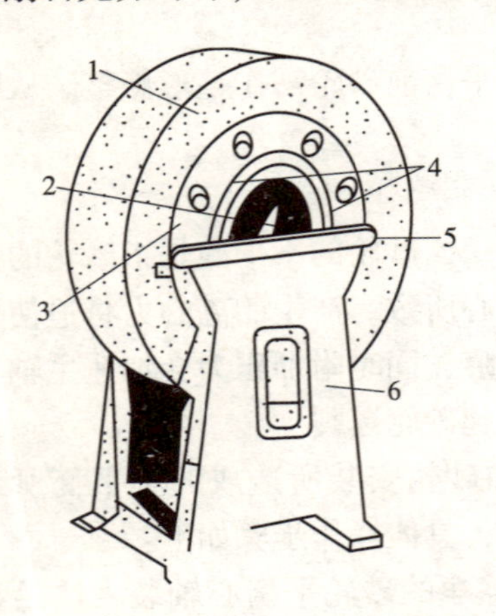

图 7－3　砂轮平衡示意图

1—砂轮　2—平衡心轴　3—法兰盘

4—平衡块　5—平衡导轨　6—平衡架

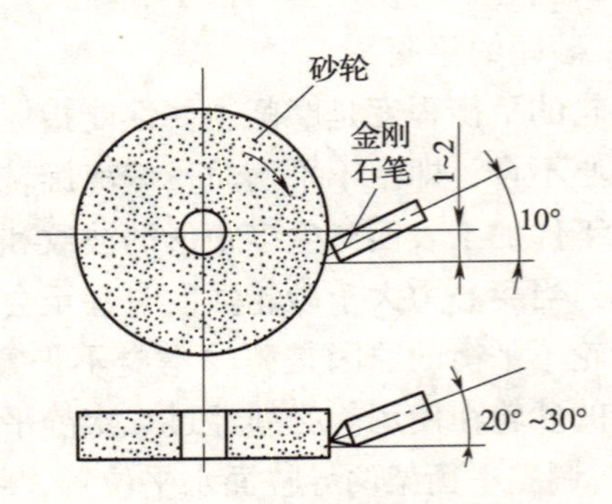

图 7－4　金刚石笔修砂轮示意图

五、磨　床

用磨料磨具（砂轮、砂带、油石和研磨料）作为工具对工件进行磨削加工的机床统称磨床。磨床是各类金属切削机床中品种最多的一类，主要类型有外圆磨床、内圆磨床、平面磨床、无心磨床、工具磨床等。磨床的编号按照《金属切削机床型号编制方法》（GB/T 15375—2008）的规定表示。常用磨床编号如表7－4所示。

表7－4　　常用磨床编号

类		组		系		主参数	
代号	名称	代号	名称	代号	名称	折算系数	名称
M	磨床	1	外圆磨床	4	万能外圆磨床	1/10	最大磨削直径
		2	内圆磨床	1	内圆磨床基型	1/10	最大磨削孔径
		7	平面磨床	1	卧轴矩台平面磨	1/10	工作台面宽度

磨削主要用于零件的内、外圆柱面、内、外圆锥面、平面、成型面、螺纹及齿轮等的精加工。几种常见磨削加工如图7－5所示。

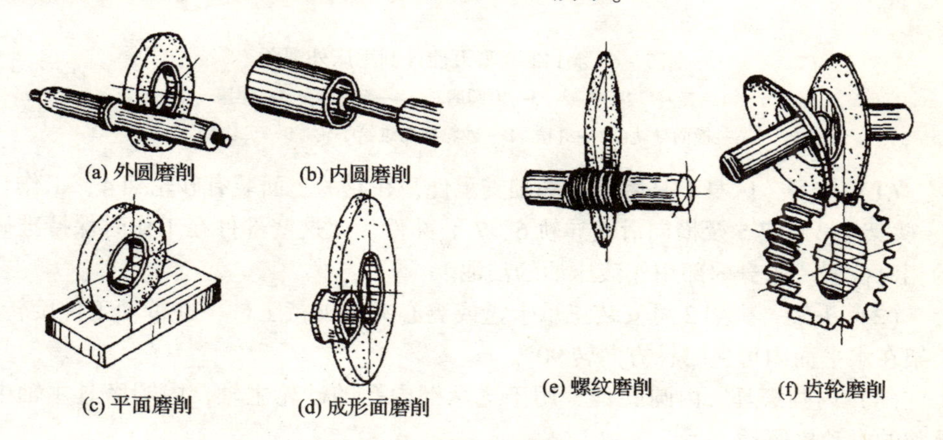

图7－5　常见的几种磨削加工类型

第二节　外圆磨床及其磨削加工

一、外圆磨床

万能外圆磨床可以加工工件的外圆柱面、外圆锥面、内圆柱面、内圆锥面、台阶面和端面。

实习中所用的 M1420B 型万能外圆磨床，可用来磨削内、外圆柱面，圆锥面和轴、孔的台阶端面。外圆磨床的型号中字母与数字的含义如下：“M”表示磨床类机床，“14”表示万能外圆磨床；“20”表示工作面上最大磨削直径的 1/10，即工作面上最大磨削直径为 200mm，“B”表示经过二次重大改进。

M1420B 型万能外圆磨床的主要组成部分如图 7-6，其部件作用如下：

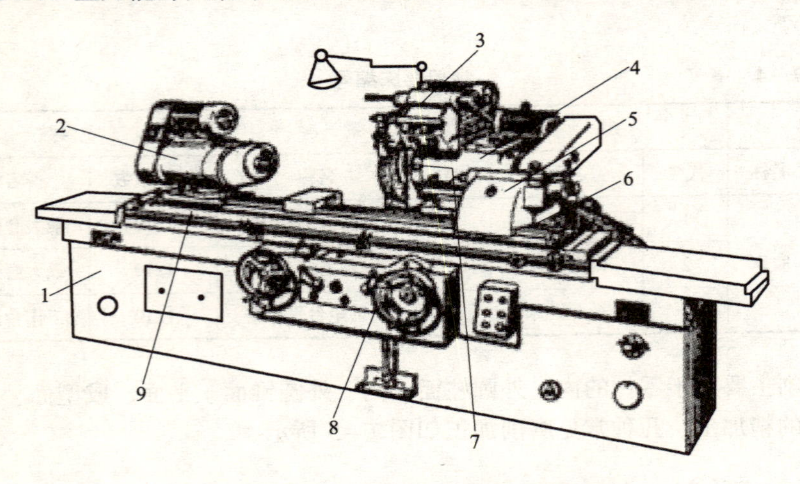

图 7-6　M1420B 型万能外圆磨床外观图

1—床身　2—头架　3—内圆磨具　4—砂轮架　5—尾座

6—横向导轨　7—滑鞍　8—砂轮横向进给手轮　9—工作台

(1) 床身　床身 1 是磨床的基础支承件，在它的上面装有砂轮架 4、工作台 9、头架 2、尾座 5 及横向滑鞍导轨 6、7 等部件，使这些部件在工作时保持准确的相对位置。床身内部用作液压油的油池。

(2) 头架　头架 2 可安装三爪卡盘或鸡心夹头夹持工件，并带动工件旋转，头架在水平面内可逆时针方向转 90°。

(3) 内圆磨具　内圆磨具 3 用于支承磨内孔的砂轮主轴，内圆磨具主轴由单独的电动机驱动。

(4) 砂轮架　砂轮架 4 用于支承并传动高速旋转的砂轮主轴。砂轮架装在滑鞍 7 上，当需磨削短圆锥面时，砂轮架可以在水平面内调整一定角度位置（±30°）。

(5) 尾座　尾座 5 和头架 2 的顶尖一起支承工件。此外，脚踏板也可利用液压驱动尾座套筒，使后顶尖能实现前后伸缩。

(6) 滑鞍及横向导轨　转动横向进给手轮 8，可以使横向导轨 6 带动滑鞍 7 及其上的砂轮架 4 作横向进给运动。

(7) 砂轮横向进给手轮　控制砂轮做横向进给运动，顺时针旋转砂轮横向进刀。

(8) 工作台　工作台9由上下两层组成。上工作台可绕下工作台的水平面内回转一个角度（±10°），用以磨削锥度不大的长圆锥面。上工作台的上面装有头架2和尾座5，它们可随着工作台一起，沿床身导轨作纵向往复运动。

二、工件的安装与校正

万能外圆磨床上加工的多为回转体零件，磨削加工精度高，因此，工件装夹是否正确、稳固直接影响工件的加工精度和表面粗糙度。在某些情况下，装夹不正确还会造成事故。通常采用以下四种装夹方法：

(1) 三爪或四爪卡盘装夹　与卧式车床的装夹基本相同，适用于磨削加工端面上不能打中心孔的短工件和内孔加工，如加工精度要求高时，还须利用百分表校正装夹工件的圆跳动度和直线度。四爪卡盘特别适于夹持表面不规则工件，但校正定位较费时。

(2) 用前、后顶尖双装夹　与车床不同，磨削加工时所用的都是镶硬质合金的固定顶尖，即磨削时顶尖不随工件一起转动，且由于顶持下摩擦接触，所以中心孔在装夹前需要修研，并加上适当的润滑脂以减小摩擦从而提高加工精度。修研的方法一般采用四棱硬质合金顶尖（与研磨孔相配）在车床或钻床上挤研（工件不旋转），见亮即可。对较大或修研精度高的中心孔采用油石或铸铁顶尖研磨。加工直径较小的轴时通常前顶尖是全顶尖，后顶尖是半缺顶尖。工件由头架拨盘、拨杆和鸡心夹头（卡箍）带动旋转。由于磨床所用的前、后顶尖都是固定不动的，尾座顶尖又是依靠弹簧顶紧工件，使工件与顶尖始终保持适当的松紧程度，故可避免磨削时因顶尖摆动而影响工件的精度。此法安装方便、定位精度高，主要用于安装实心轴类工件。

(3) 三爪卡盘配合顶尖装夹（一夹一顶）　顶尖常用硬质合金半缺固定顶尖，适合磨削直径不大的细长轴零件，加工精度要求高时还须打表校正。

(4) 磨削套筒类零件时，以内孔为定位基准，将零件套在心轴上，心轴再装夹在磨床的前、后顶尖上。

工件安装如图7-7所示。

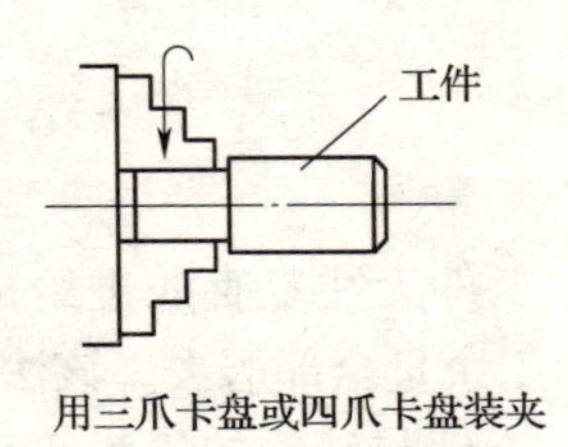

用三爪卡盘或四爪卡盘装夹

前顶尖　工件　后顶尖

卡箍

用前、后双顶尖装夹

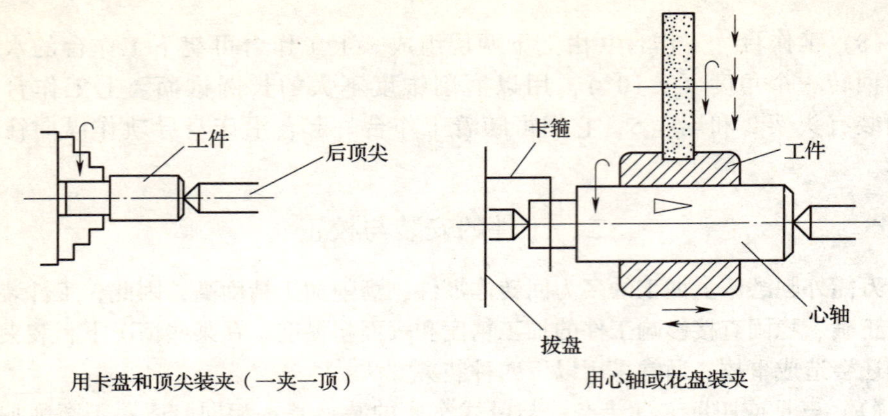

图 7－7　工件装夹方法

三、外圆磨削方式

在外圆磨床上磨外圆有四种方法：

(1) 纵磨法　如图 7－8 所示。纵磨法磨削时，砂轮的高速旋转是切削主运动，工件在卡箍带动下作低速周转，且随液压工作台作纵向往复直线运动，是切削的辅助运动，在工件往复行程的终端，砂轮作周期性的径向间歇横向进给运动。当工件尺寸达到工艺要求时，作无横向进给量地纵向往复光磨几次，直至火花消失，以消除由机床、工件、夹具弹性变形而产生的误差。该法可以用同一砂轮磨削不同长度的工件，而且由于砂轮前部磨削后部起抛光作用且磨削深度很小，因此，磨削力小，散热条件好，工件的磨削精度高，表面质量好，但加工效率较低，且对前道工序要求较高（必须经过半精车或精车）。一般用于单件、小批量生产中磨削长度与直径之比较大的工件（即细长轴）及精磨，在目前的实际生产中应用最广。

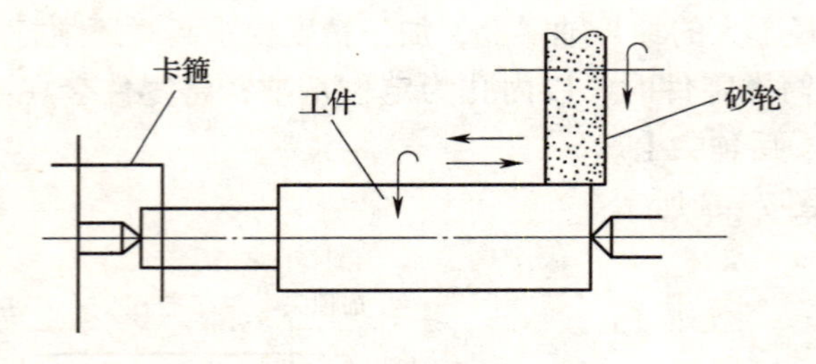

图 7－8　纵磨法

(2) 横磨法　如图 7－9 所示。横磨法磨削时，工件无往复直线进给运动，砂轮以很慢的速度作连续或断续的径向进给，直至加工余量全部磨去。该法充分发挥了砂轮的切削能力，生产效率高；但在磨削时，工件与砂轮的接触面积大，工件易变形和烧伤，磨削时应使用大量冷却液。此外，砂轮的形状误差直接影响工件的形状精度，进给时径向力大，因此加工质量差。一般用于成批或大批量生产中刚性好且磨削长度较短的工件、台阶轴及其轴颈、工件的粗磨等。

（3）分段综合磨法　先采用横磨法对工件外圆表面进行分段磨削，每段都留下0.01～0.03mm的精磨余量，然后用纵磨法进行精磨。这种磨削方法综合了横磨法生产率高，纵磨法精度高的优点，适合于当磨削加工余量较大，刚性较好的工件。

（4）深磨法　如图7－10所示。将砂轮的一端外缘修成锥形或阶梯形，选择较小的圆周进给速度和纵向进给速度，在工作台一次行程中，将工件的加工余量全部磨除，达到加工要求尺寸。深磨法的生产率比纵磨法高，加工精度比横磨法高，但修整砂轮较复杂，只适合大批量生产，刚性较好的工件，而且被加工面两端应有较大的距离方便砂轮切入和切出。

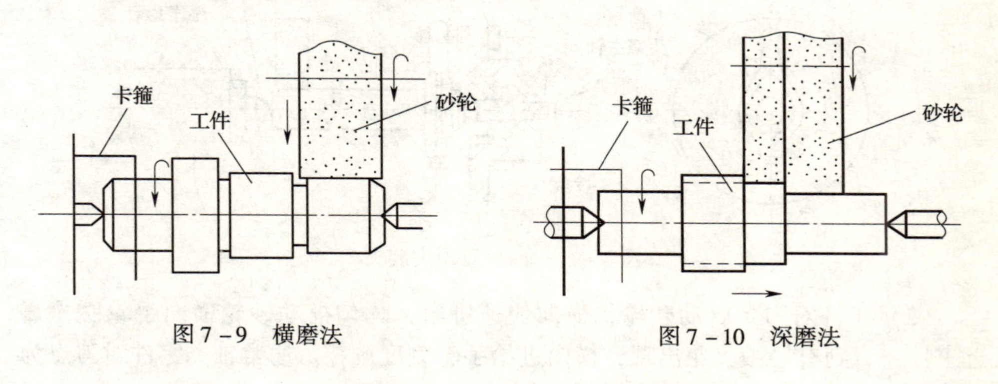

图7－9　横磨法　　　图7－10　深磨法

四、典型轴类零件的外圆磨削

1. 工艺分析

用MW1420B型万能外圆磨床加工如图7－11所示工件。

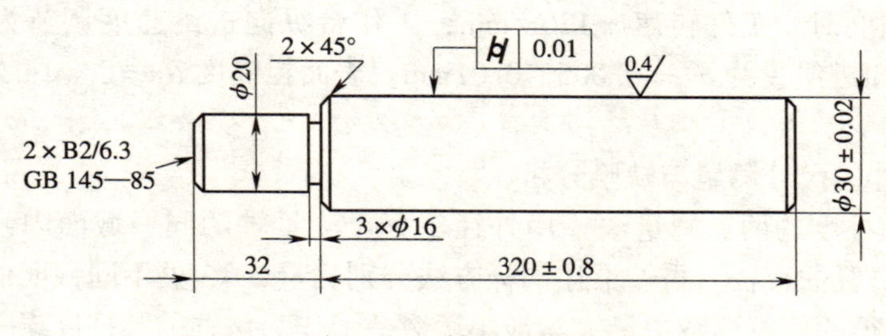

图7－11　轴零件简图

工件材料为45钢，经热处理淬火至40HRC，工件直径尺寸的公差等级为IT6，表面粗糙度*R*a值为0.4μm。圆柱度公差为0.01mm。选择MW1420B万能外圆磨床，砂轮主轴转速为1250r/min，砂轮特性为WAF60H6V，并修整好砂轮，冷却液选用 H－1 精磨液。

$\phi30\pm0.02$ 工艺过程按粗、精加工在一次装夹中采用纵向磨削法加工零件。该零件的加工步骤：修研中心孔并装夹工件→选择切削用量并调整机床→确定磨削工艺→粗磨→精修砂轮→精磨→测量工件。

2. 具体操作步骤

（1）为避免打表校正，工件采用前后双顶尖方法装夹，如图 7－12 所示。注意保证几个安全位置：进行工作台挡块位置调节，一般为使工件左端能充分磨削应缓停几秒，并使砂轮 1/3 越过工件右端以便进刀；避免砂轮碰触到鸡心夹头和顶尖，手动调整好方可启动液压纵向运动；避免砂轮快进碰触工件，应使砂轮横向远离工件表面 25mm 以上（大于快进量 20mm）；控制顶尖弹簧的预紧力，使工件能在手动下转动。

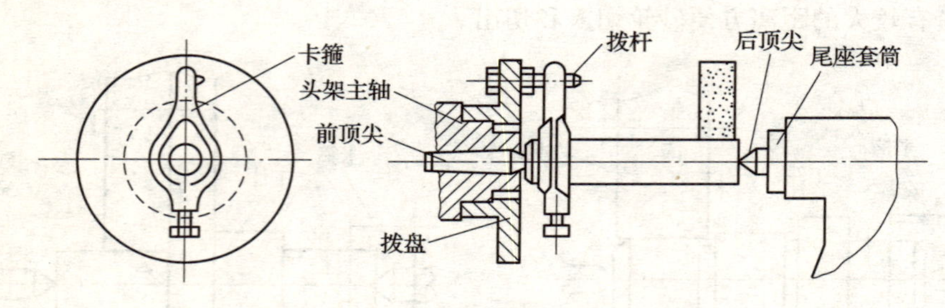

图 7－12 前后双顶尖装夹

（2）工件对刀，启动砂轮，横向快速进给，均匀摇动砂轮横向手轮缓慢靠近工件，直到有轻微火花出现，横向进给手轮刻度调零。通常轴类零件对刀点为热处理后变形量较大处即轴中间部位。

（3）粗磨时，工件转速 $n_g=60\text{r/min}$，工作台纵向进给速度调节为 $v_s=35\sim50\text{m/s}$；在砂轮行进至工件右端时进刀，横向进给量为 $a_p=0.01\sim0.02\text{mm}$ 退刀停机后用外径千分尺测量是否有锥度，如有，需调节工作台下层。

（4）精磨时，工件转速 $n_g120\text{r/min}$，工作台纵向进给速度调节为 $v_s=30\sim35\text{m/s}$；横向进给量为 $a_p=0.005\sim0.01\text{mm}$。表面粗糙度 $Ra=0.8\mu\text{m}$，进行适当光磨。

3. 工件的尺寸测量与缺陷分析

（1）圆柱度的两点测量法 用外径千分尺测量轴的同一截面内，轮廓圆周上 2～3 个位置的直径，再按上述同样方法分别测量 2～3 处不同截面的直径，取各截面内测得的所有读数中最大与最小读数差值作为该轴的圆柱度误差。

（2）径向圆跳动的测量方法 将磁性百分表架固定在工作台上，使百分表量杆与被测工件轴线垂直，并使测头位于工件圆周最高点上，转动工件即可测量圆跳动。

（3）外圆磨削加工缺陷分析 由于磨削力与磨削热的增加磨削后会出现工

件变形和影响磨削精度，严重时还会引起工件表面出现退火、烧伤、磨削裂纹和残余应力等缺陷。分析其原因主要有以下几点：纵向工作台进给速度太快，通常会出现螺旋状烧伤痕；横向进给量太大；冷却不充分应加大或更换冷却液；砂轮不够锋利需修整。应采取相应措施避免缺陷的发生。

第三节 平 面 磨 削

平面是机械零件上最常用的表面，常见平面构成的典型零件有箱体，板类，块状，条状和沟槽等，工件表面质量要求较高时常采用平面磨削方法，其尺寸精度可达 IT6 -5 级，两平面的平行度小于 0. 01∶100，表面粗糙度 Ra0. 4 ~0. 2μm。

一、平面磨削形式

磨削形式：根据磨削时砂轮工作表面的不同，磨削平面的形式有，圆周磨削法和端面磨削法两种，如 7 -13 所示。

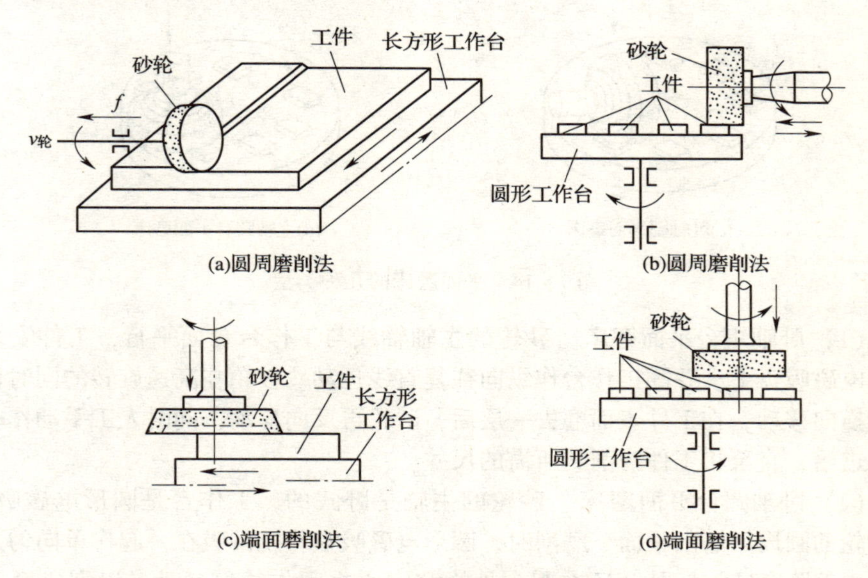

图 7 -13 磨削平面的形式

（1）圆周磨削法 又称周边磨削法。是指用砂轮的圆周面磨削平面。圆周磨削时，砂轮与工件接触面积小，排屑和冷却条件好，工件发热量少，因此磨削易翘曲变形的薄片工件能获得较好的加工质量，但磨削效率低，一般用于精磨。

（2）端面磨削法 指砂轮的端面磨削平面。端面磨时，由于砂轮轴伸出较短，而且主要是受轴向力，因而刚性较好，能采用较大的磨削用量。此外，砂轮与工件接触面积大，磨削效率高，但发热量大，也不易排屑和冷却，故加工质量较圆周磨削低，一般用于粗磨和半精磨。

二、平面磨床主要类型

根据砂轮主轴位置和工作台形状的不同，普通平面磨床主要有卧轴矩台平面磨床、立轴矩台平面磨床、立轴圆台平面磨床、卧轴圆台平面磨床四种类型，如图 7－14 所示。其中卧轴矩台平面磨床应用最广。

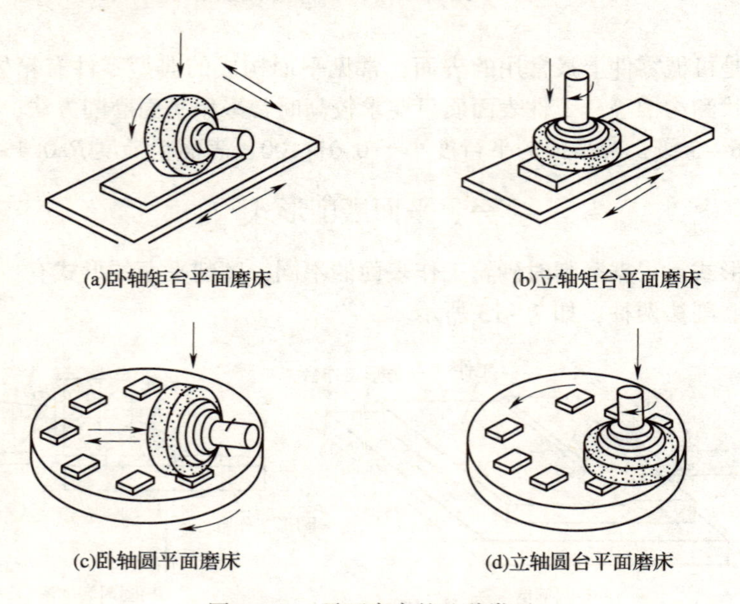

图 7－14 平面磨床的几种类型

（1）卧轴矩台平面磨床 砂轮的主轴轴线与工作台台面平行，工件安装在矩形电磁吸盘上，并随工作台作纵向往复直线运动。砂轮在高速旋转的同时作间歇的横向移动，在工件表面磨去一层后，砂轮再反向移动，同时人工手动作一次垂向进给，直至将工件磨削到所需的尺寸。

（2）卧轴圆台平面磨床 砂轮的主轴是卧式的，工作台是圆形电磁吸盘，用砂轮的圆周面磨削平面。磨削时，圆形电磁吸盘将工件吸在一起作单向匀速旋转，砂轮除高速旋转外，还在圆台外缘和中心之间作往复运动，以完成磨削进给，每往复一次或每次换向后，砂轮向工件垂直进给，直至将工件磨削到所需要的尺寸。由于工作台是连续旋转的，所以磨削效率高，但不能磨削台阶面等复杂的平面。

（3）立轴柜台平面磨床 砂轮的主轴与工作台垂直，工作台是矩形电磁吸盘，用砂轮的端面磨削平面。这类磨床只能磨简单的平面零件。由于砂轮的直径大于工作台的宽度，砂轮不需要作横向进给运动，故磨削效率较高。

（4）立轴圆台平面磨床 砂轮的主轴与工作台垂直，工作台是圆形电磁吸盘，用砂轮的端面磨削平面。磨削时，圆工作台匀速旋转，砂轮除作高速旋转外，定时作垂向进给。

三、平面磨削方法

平面磨床的工件一般是夹紧在工作台上，或靠电磁吸力固定在电磁工作台上，然后用砂轮的周边或端面磨削工件平面的磨床。

卧轴矩台平面磨床磨削平面的主要方法如下几种。

（1）横向磨削法　每当工作台纵向行程终了时，砂轮主轴作一次横向进给，待工件表面上第一层金属磨去后，砂轮再按预选磨削深度作一次垂直进给，以后按上述过程逐层磨削，直至切除全部磨削余量。横向磨削法是最常用的磨削方法，适于磨削长而宽的平面，也适于相同小件按序排列，作集合磨削。

（2）深度磨削法　先将粗磨余量一次磨去，粗磨时的纵向移动速度很慢，横向进给量较大，然后再用横向磨削法精磨。深度磨削法垂直进给次数少，生产效率高，但磨削抗力大，仅适于在刚性好、动力大的磨床上磨削平面尺寸较大的工件。

（3）阶梯磨削法　将砂轮厚度的前一半修成几个阶台，粗磨余量由这些阶台分别磨除，砂轮厚度的后一半用于精磨。这种磨削方法生产效率高，但磨削时横向进给量不能过大。由于磨削余量被分配在砂轮的各个阶台圆周面上，磨削负荷及磨损由各段圆周表面分担，故能充分发挥砂轮的磨削性能。由于砂轮修整麻烦，其应用受到一定的限制。

四、平面磨床

M7125型卧矩手动平面磨床用来磨削工件的平面。图7－15为M7120A平面磨床的外形。“M”表示磨床类机床；“71”表示卧轴矩台平面磨床；“25”表示工作台宽度的1/10，即工作台宽度为250mm；

其主要部件及其作用如下：

（1）床身　床身的作用是支承磨床各部件。它的上面有水平导轨，作为工作台的移动导向。床身内部装有液压传动装置和纵、横向进给机构。

（2）升降手轮　控制砂轮的升降作垂直进给运动。

（3）工作台　工作台在手动或液压传动系统的驱动下，可以沿水平导轨作纵向往复进给运动。工作台上装有永磁吸盘，用于装夹具有导磁性的工件，对没有导磁性的工件，可以利用夹具装夹。

（4）挡块　工作台前侧有换向撞块，能自动控制工作台的往复行程。

（5）立柱　立柱用于支承滑座和砂轮架，其侧面有两条垂直导轨，转动升降手轮，可以使滑座连同砂轮架一起沿垂直导轨上下移动，以实现垂直进给运动。

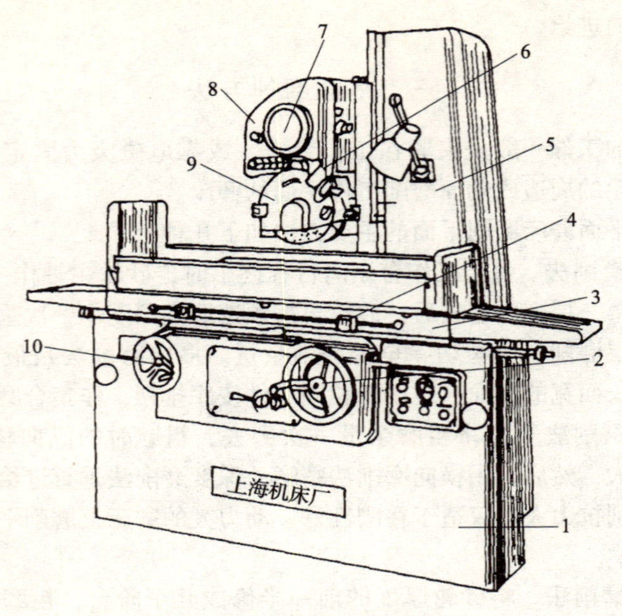

图 7 – 15　M7120A 型平面磨床

1—床身　2—升降手轮　3—工作台　4—挡块　5—立柱
6—砂轮修整器　7—横向手轮　8—滑座　9—砂轮　10—纵向手轮

（6）砂轮修整器　可安装金刚石笔对磨钝的砂轮进行修整的装置。

（7）横向手轮　控制工作台作横向进给运动

（8）滑座　滑座下部有燕尾形导轨与砂轮架相连，其内部有液压缸，用以驱动砂轮架作横向间歇进给运动或连续移动，也可转动横向进给手轮实现手动进给。

（9）砂轮　即磨头，磨削的主要刀具。

（10）纵向手轮　操纵磨床上的液压手柄和旋钮，可实现工作台的纵向和磨头的横向液压进给运动，并具有调速作用。

五、典型板类零件的平面磨削

在 M7125 型卧轴矩台平面磨床上加工如图 7 – 16 所示的四方体，毛坯尺寸为：300mm × 30. 2mm × 100mm。材料为为 45 钢，经热处理淬火至 40HRC。磨床砂轮型号为 P 300 × 40 × 127WA46K5V30。

1．加工工艺分析

该零件的加工步骤：选择砂轮→装夹工件→选择切削用量并调整机床→确定磨削工艺→粗加工→精加工→测量工件。采用横向加工法加工工件。

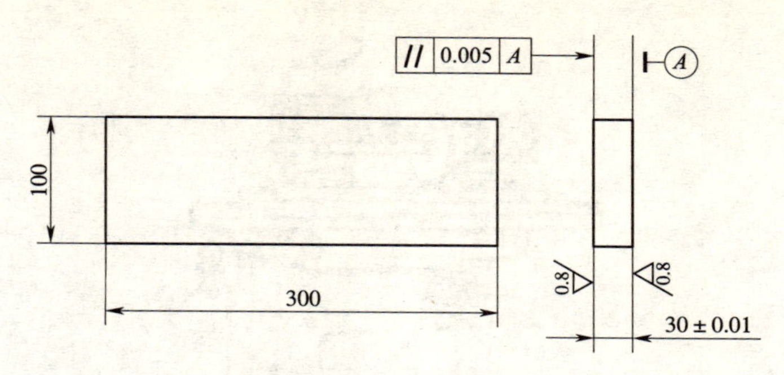

图 7－16　四方体零件简图

2. 具体操作

（1）工件的装夹方法　平行面磨削导磁性的钢铁类零件通常选用工作台的永磁吸盘直接吸附磨削，如图 7－17 所示为电磁吸盘的工作原理图。将工件表面擦拭干净后安装牢固。

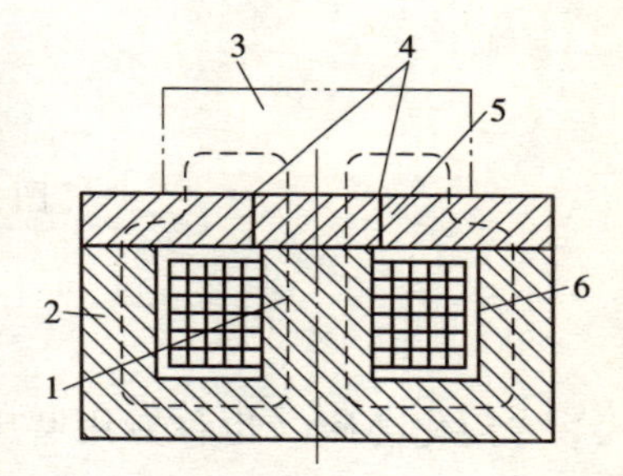

图 7－17　电磁吸盘工作原理图
1—芯体　2—吸盘体　3—工件
4—磁层　5—钢盖板　6—线圈

（2）工件对刀　启动砂轮，移动工作台至砂轮下方，手动或液压控制工作台作规律性的纵向往复运动，缓慢下降砂轮，待砂轮与工件轻微接触出现火花，纵向移出，调零。

（3）磨削加工　粗磨切削用量的选择：横向进给量 $v=30\sim35\text{m/s}$，$f=(0.1\sim0.48)$ B/双行程（B 为砂轮宽度），背吃刀量（垂直进给量）$a_p=0.015\sim0.04\text{mm}$。

精磨时切削用量的选择：$v=30\sim35\text{m/s}$，$f=(0.05\sim0.1)$ B/双行程，背吃刀量 $a_p=0.005\sim0.01\text{mm}$. 磨削到尺寸要求后，可进行光磨，注意冷却防止烧伤变形。

第四节　其 他 磨 床

一、工 具 磨 床

工具磨床是专门用于工具制造和刀具刃磨的磨床，有万能工具磨床、钻头刃磨床、拉刀刃磨床、工具曲线磨床等，多用于工具制造厂和机械制造厂的工具车间。工具磨床精度高、经济实用，特别适用于刃磨各种中小型工具，如铰刀、丝锥、麻花钻头、扩孔钻头、各种铣刀、铣刀头、插齿刀。以相应的附具配合，可以磨外圆、内圆和平面，还可以磨制样板、模具。采用金刚石砂轮可以刃磨各种硬质合金刀具，如图 7－18 为常见的万能工具磨床。

图 7－18　万能工具磨床

二、专门化磨床

专门化磨床（也称专用磨床）是专门磨削某一类零件，如曲轴、凸轮轴、花键轴、导轨、叶片、轴承滚道及齿轮和螺纹等的磨床。除以上几类外，还有珩磨机、研磨机、坐标磨床和钢坯磨床等多种类型。

三、其 他 磨 床

砂带磨床是以快速运动的砂带作为磨具，工件由输送带支承，效率比其他磨床高数倍，功率消耗仅为其他磨床的几分之一，主要用于加工大尺寸板材、耐热难加工材料和大量生产的平面零件等。

第五节　磨削加工实习安全技术

（1）操作者必须熟悉本机床的结构、性能、传动系统、润滑部位和电器等基本知识和维护方法，严禁超负荷使用机床。

（2）工作前必须紧束服装、套袖、戴好工作帽、口罩，禁止戴手套、围巾操作，严禁穿拖鞋、凉鞋、高跟鞋，短裤、背心或裙子等操作。

（3）严格按照润滑图表的规定，进行机床的润滑，检查床座导轨的润滑是否良好、充足，以防止粘损破坏其精度。

（4）新砂轮一定要严格、细致地检查，发现有一点裂纹时不许使用。在使用前应作静平衡，然后装上，否则不许使用。砂轮直径使用减少到一定程度后应取下，再进行平衡检查。

(5) 开始工作时，因砂轮是冷的，应慢慢地轻负荷送力，使其升温，这样可避免破裂。砂轮在试运转和打磨时，人应站在侧面，打磨砂轮时应戴眼镜，金刚石笔应紧固在架子上。不许用手夹持操作，吃刀不能过猛。

(6) 工作台上不能放置工具杂物，砂轮启动转速稳定后，方可进刀，走刀速度和切削量应适宜，不能过大。

(7) 磨工件如发现火花减少或工件闪光如镜时，说明砂轮已经钝化，应及时修正，否则不许继续再用。

(8) 发现手轮，手把失灵时，不得用力硬扳，发现轴承和油压高热或运转产生异响，及其他不正常现象时，应立即停车。

(9) 不得把磨床的砂轮当作普通的砂轮机使用。

(10) 在平面磨上，磨厚度较高的工件时，必须用适当高度的挡铁，一并吸牢；在平磨小工件时，应用辅助挡铁挡牢；平磨薄工件时，必须重新打磨砂轮；在1mm以下薄零件不准加工。

(11) 开车时，不准用手清扫铁末，不准拭换工件或在砂轮台面附近指划。

(12) 如因工件材质不同，需要换砂轮时，应将已换下来的砂轮平放，不准立放，以防止事故的发生。

(13) 在工作中无论使用大小砂轮都必须利用安全防护装置，磨削外圆时，要经常检查工件与顶尖润滑情况。

(14) 操作者在工作中，不许离开工作岗位，如需离开必须停机，以免发生事故。

(15) 工作完后，工作台复位，工具摆放整齐，关闭电源后方可离开。

思考与练习

1. 外圆磨削加工切削运动分析即主运动、辅助运动和进给运动各是什么？

2. 外圆磨削加工工件安装方法有哪些？

3. 外圆磨削中，驱动工作台作纵向往复直线运动的是什么传动方式？

4. 外圆磨削中顶尖有何特点，有何作用？

5. 外圆磨削加工前须让砂轮空转两三分钟，为什么？加工后关机前也须如此，为什么？

6. 外圆磨削中常见缺陷有哪些？造成这些缺陷的原因有哪些？

7. 平面磨削加工的切削运动分析

8. 砂轮修整过程中两个冷却原则指的是什么？

9. 砂轮修整过程中，为何要将金刚石笔置于砂轮中部对刀？

10. 砂轮修整中，粗修和精修各有何特点？

11. 砂轮的二次静平衡指的是什么？

12. 影响砂轮特性的因素有哪些？

13. 应该如何选择砂轮的硬度和粒度，自锐性指的是什么？
14. 外圆磨削加工圆锥面有哪些方法？
15. 万能外圆磨床加工内圆前进行哪些装置调整操作？
16. 外圆磨削中纵磨法、横磨法和深磨法各有何特点？
17. 冷却液在切削过程中有哪些作用？

第八章　钳　　工

第一节　概　　述

钳工是手持工具对金属进行加工的方法。钳工工作主要以手工方法，利用各种工具和常用设备对金属进行加工。在实际工作中，有些机械加工不太适宜或某些不能解决的某些工作，需要由钳工完成，比如：设备的组装、调试及维修等。

钳工的基本操作有划线、锉削、錾削、锯削、钻孔、扩孔、锪孔、铰孔、攻螺纹、套螺纹、刮削、矫正、弯曲、装配等。

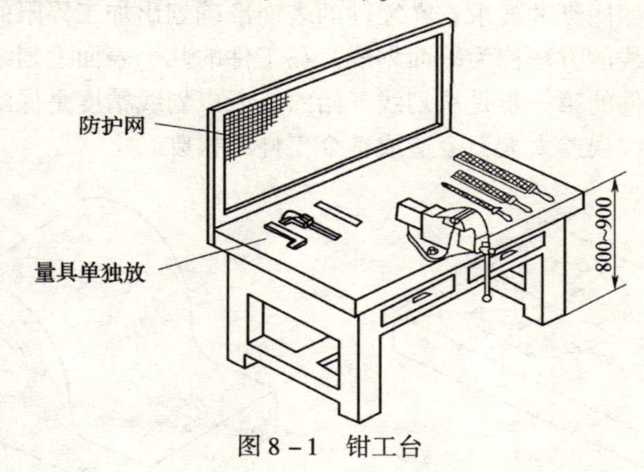

图 8－1　钳工台

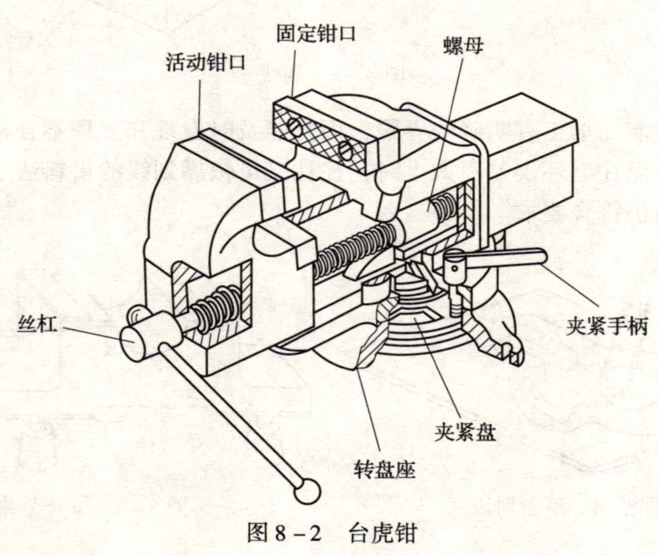

图 8－2　台虎钳

钳工加工具有以下特点：

（1）加工灵活、方便，能够加工形状复杂、质量要求较高的零件。

（2）工具简单，制造刃磨方便，材料来源充足，成本低。

（3）劳动强度大，生产率低，对工人技术水平要求较高。

基于这些特点，钳工主要用来完成一些小批量加工的工作，如清理毛坯，在工件上划线，锉样板、刮削或研磨机器量具的配合表面，零件装配成机器时互相配合零件的调整，整台机器的组装、试车、调试，机器设备的保养维护等。

第二节　钳工基本操作

一、划　线

划线就是按照图纸的要求，在零件的表面准确划出加工界限的操作。在工件的一个表面上划线的方法称为平面划线。在工件的几个表面上划线的方法称为立体划线。加工工件的第一步是从划线开始的，所以划线精度是保障工件加工精度的前提，如果划线误差太大，会造成整个工件的报废。

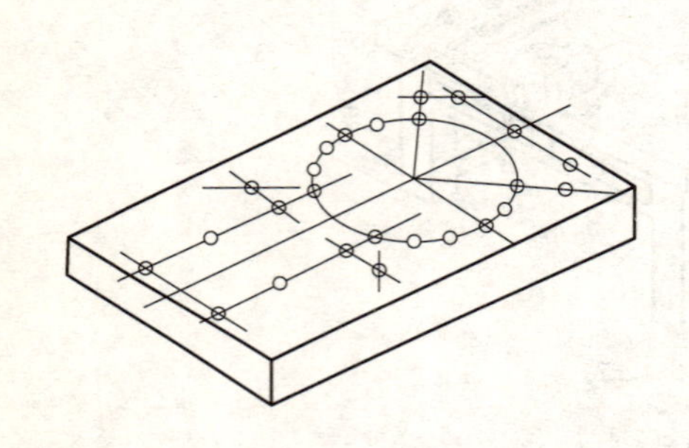

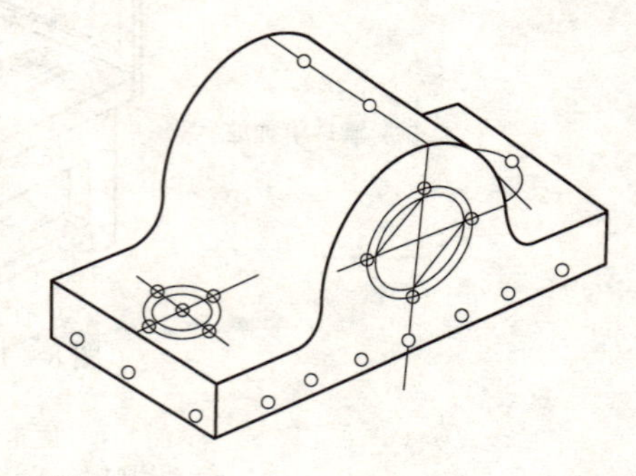

图 8－3　划线

划线不仅能使加工有明确的界限，而且能及时发现和处理不合格的毛坯，避免造成损失，而在毛坯误差不太大时，往往又可依靠划线的借料法予以补救，使零件加工表面仍符合要求。

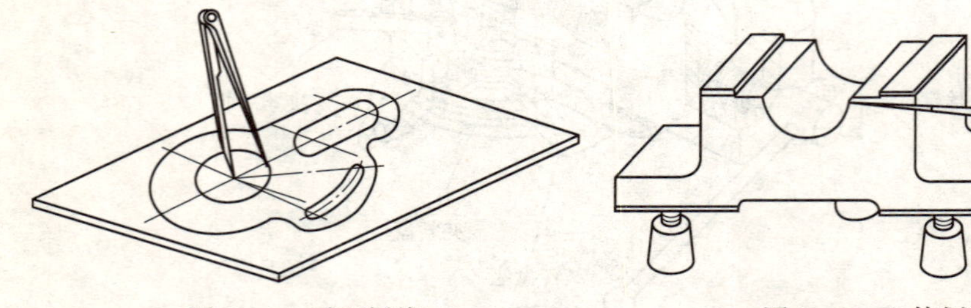

图 8－4　平面划线　　　　图 8－5　立体划线

1. 划线工具

划线平板是平面划线最主要的基准工具。平板表面经过特殊精加工处理，因而表面精度极高，可作为划线的基准。在立体划线中，划线方箱则常被用作基准工具。

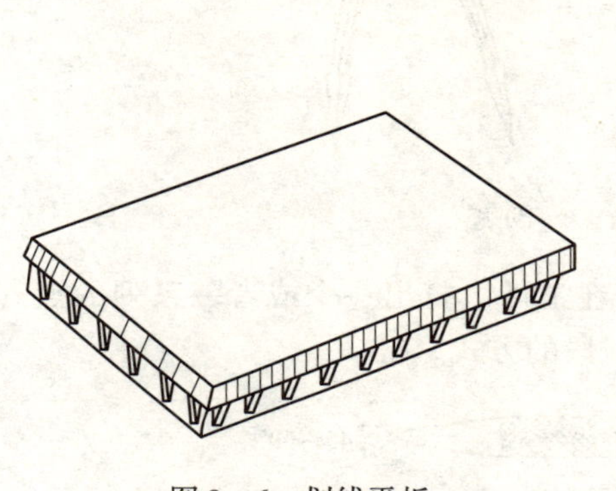

图 8－6　划线平板

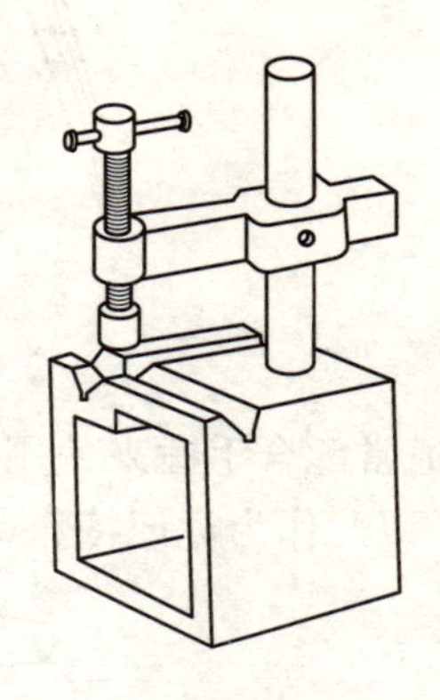

图 8－7　划线方箱

划针可在工件表面直接划出线条，使用时一般要辅以钢直尺、直角尺等量具。为保证针头的硬度相对于工件足够高，同时考虑成本，通常采用焊接合金钢的方法来制作。划针盘则是将划针固定在一个带底座的支架上组装而成，通常用来划平行线或者是用作工件安装位置的找正。

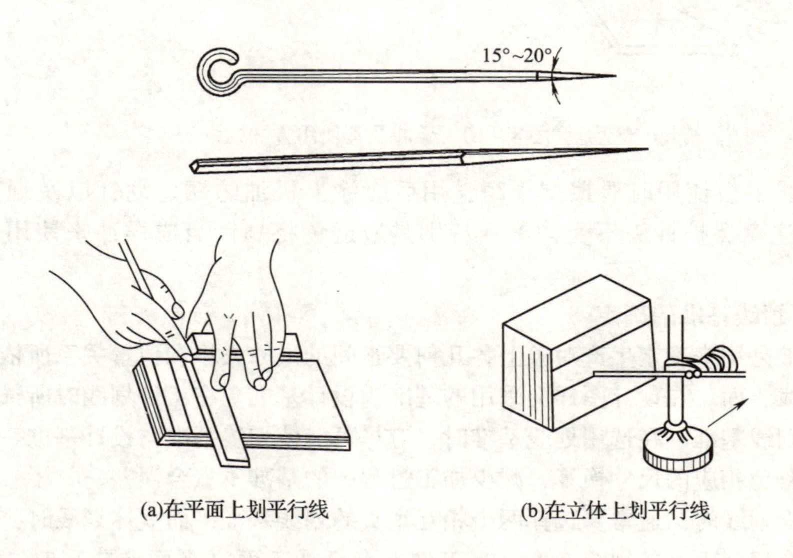

(a)在平面上划平行线　　(b)在立体上划平行线

图 8－8　划针、划针盘及其用法

划规通常用作划圆、划圆弧、等分线段和等分角度。钳工划规中的两个脚尖一般用硬质合金制成，因此也被称为合金划规。

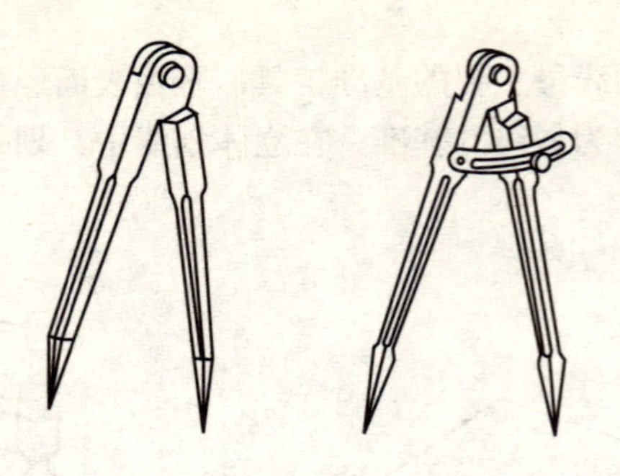

图 8-9　划规

样冲通常配合手锤来使用，用于在工件上打出一个或者一系列的点（称为样冲眼），以此作为标记特殊点或者线段的方式。

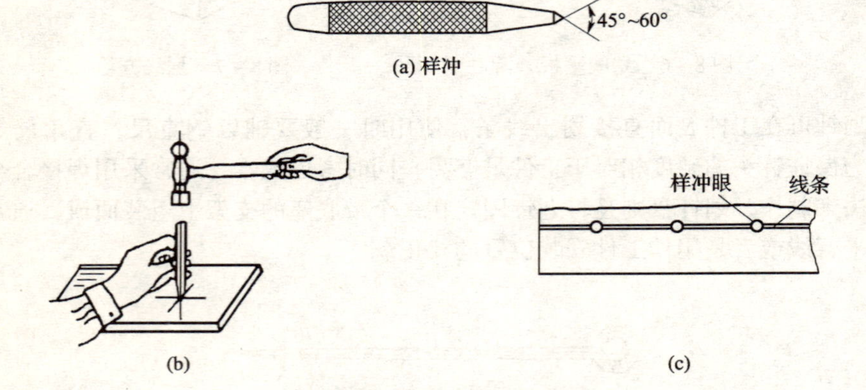

图 8-10　样冲及其使用方法

划线平板使用时要擦拭干净，用后应涂上机油防锈。划针以及划针盘使用时应注意保护针头不受冲击，特别是应避免将划针当成样冲来使用，敲坏针头。

2. 划线基准的确定

基准是用来确定生产对象上各几何要素间的尺寸大小和位置关系所依据的一些点、线、面。在设计图样上采用的基准为设计基准。在工件划线时所选用的基准称为划线基准。在选用划线基准时，应尽可能使划线基准与设计基准一致，这样，可避免相应的尺寸换算，减少加工过程中的基准不重合误差。

平面划线时，通常要选择两个相互垂直的划线基准，而立体划线时，通常要确定三个相互垂直的划线基准。当工件上有已加工面（平面或孔）时，应该以已加工面作为划线工艺基准。若毛坯上没有已加工面，首次划线应选择最主要的（或大的）不加工面为划线基准（称为粗基准），但该基准只能使用一次，在下一次划线时，必须用已加工面作划线基准。

一个工件有很多线条要划，究竟从哪一根线开始，通常要遵守从基准开始的原则，这样可以提高划线的质量和效率，并相应提高毛坯的合格率。

二、锯削与錾削

1. 锯削

用手锯锯断金属材料或在工件上锯出沟槽的操作称为锯削。

(1) 锯削工具　手锯是锯削的工具，它由锯弓和锯条组成。锯弓是用来张紧锯条的，锯弓分为固定式和可调式两类（图 8－11）。

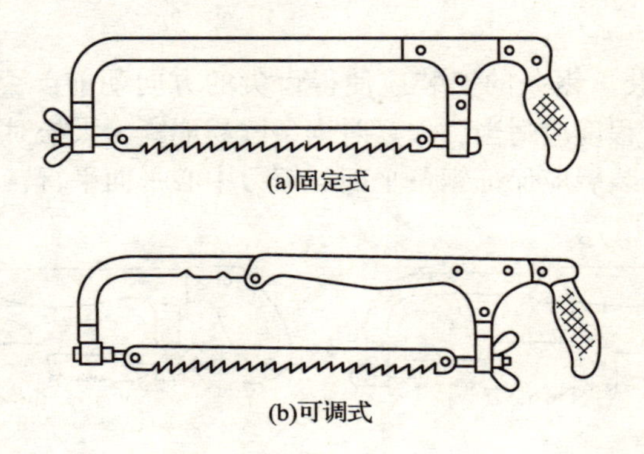

图 8－11　锯弓的构造

锯条一般由渗碳钢冷轧制成，也有用碳素工具钢或合金钢制造的。锯条的长度以两端装夹孔的中心距来表示，手锯常用的锯条长度为 300mm、宽 12mm、厚 0.8mm。从图 8－12 中可以看出，锯齿排列呈左右错开状，人们称之为锯路。其作用就是防止在锯削时锯条夹在锯缝中，同时可以减少锯削时的阻力和便于排屑。

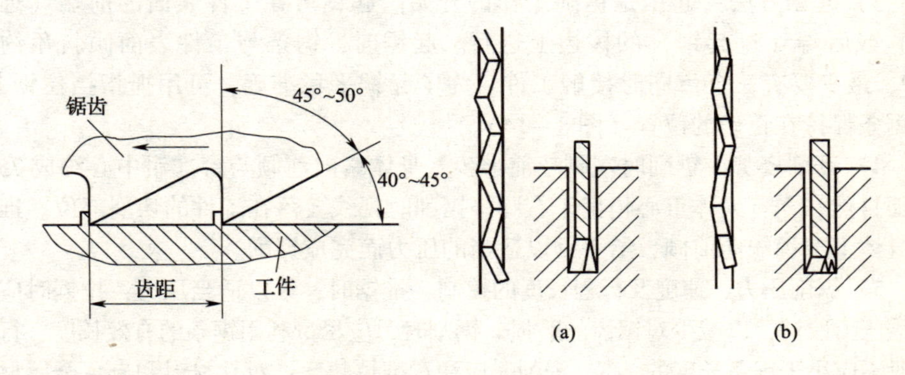

图 8－12　锯条

锯条上的锯齿根据齿距大小不同可分为细齿、中齿以及粗齿，分别适用于不同性质材料工件的锯割（表 8－1）。

表 8－1　　锯齿的粗细及其选用

锯齿粗细	锯齿齿数/25mm	应用
粗	14～18	锯削软钢、黄铜、铝、铸铁、紫铜、人造胶质材料
中	22～24	锯削中等硬度钢、厚壁铜管、铜管
细	32	薄片金属、薄壁管材

（2）锯割操作

1）锯条的安装　锯条的安装应使得齿尖的方向朝前，否则无法正常锯削。锯条安装时的松紧程度应适当，太紧时锯条容易崩断，太松时锯条容易扭曲，也容易折断。锯条安装后应保证锯条平面与锯弓中心平面平行，否则锯出的锯缝很容易歪斜（图 8－13）。

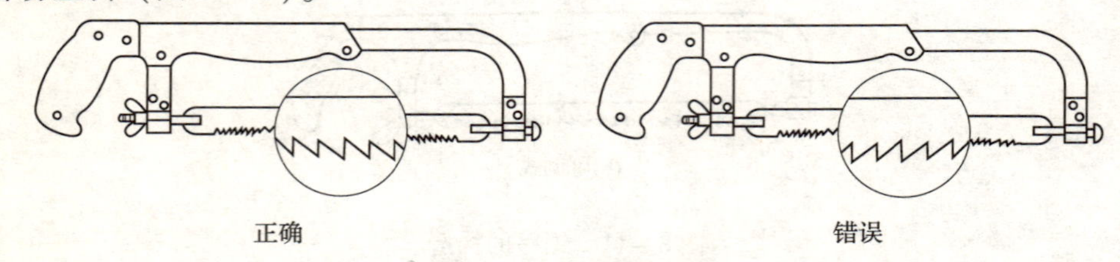

图 8－13　锯条的安装

2）工件的夹持　工件一般应夹在台虎钳的左面，以便操作；工件伸出钳口不应过长，应使锯缝离开钳口侧面 20mm 左右，防止工件在锯割时产生振动；锯缝线要与钳口侧面保持平行，便于控制锯缝不偏离划线线条；夹紧要牢靠，同时要避免将工件夹变形或是夹坏已加工面。

3）起锯方法　起锯是锯削工作的开始。起锯可在工件表面的前端（远起锯）或后端（近起锯）的棱边上进行。起锯时，锯条与工件表面倾斜角约为 15°，最少要有三个齿同时接触工件。为了起锯平稳准确，可用拇指挡住锯条，使锯条保持在正确的位置（图 8－14）。

4）锯削姿势　锯削时左脚超前半步，身体略向前倾与台虎钳中心约成 75°。两腿自然站立，人体重心稍偏于右脚。锯削时视线要落在工件的切削部位。推锯时身体上部稍线向前倾，给手锯以适当的压力而完成锯削。

5）锯削压力、速度及行程长度的控制　推锯时，给以适当压力；拉锯时应将所给压力取消，以减少对锯齿的磨损。锯割时，应尽量利用锯条的有效长度，行程一般不应小于锯条长度的 2/3。锯削时应注意推拉频率：对软材料和有色金属材料频率为每分钟往复 50～60 次，对普通钢材频率为每分钟往复 30～40 次。

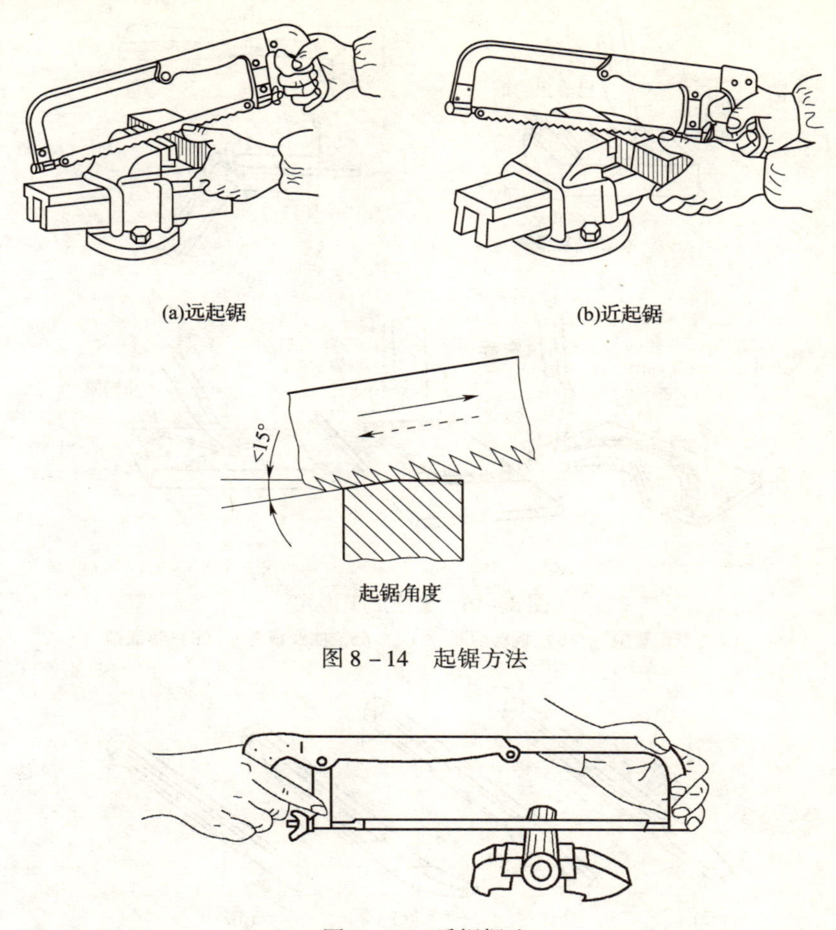

(a)远起锯　(b)近起锯

起锯角度

图 8－14　起锯方法

图 8－15　手锯握法

2. 錾削

錾削是利用手锤敲击錾子对工件进行切削加工的一种操作（图 8－16）。

（1）錾子　錾子由头部、切削部分及錾身三部分组成，头部有一定的锥度，顶端略带球形，以便锤击时作用力容易通过錾子中心线，錾身多呈八棱形，以防止錾子转动。錾子的切削部分由前刀面、后刀面以及它们交线形成的切削刃组成。

钳工常用的錾子有阔錾（扁錾）、狭錾（尖錾）、油槽錾和扁冲錾四种。阔錾用于錾切平面，切割和去毛刺，狭錾用于开槽，油槽錾用于切油槽，扁冲錾用于打通两个钻孔之间的间隔（图 8－17）。

錾子前刀面与后刀面之间的夹角称为楔角。楔角大小对錾削有直接影响，楔角越大，切削部分强度越高，錾削阻力越大。所以选择楔角大小应在保证足够强度的情况下，尽量取小的数值。

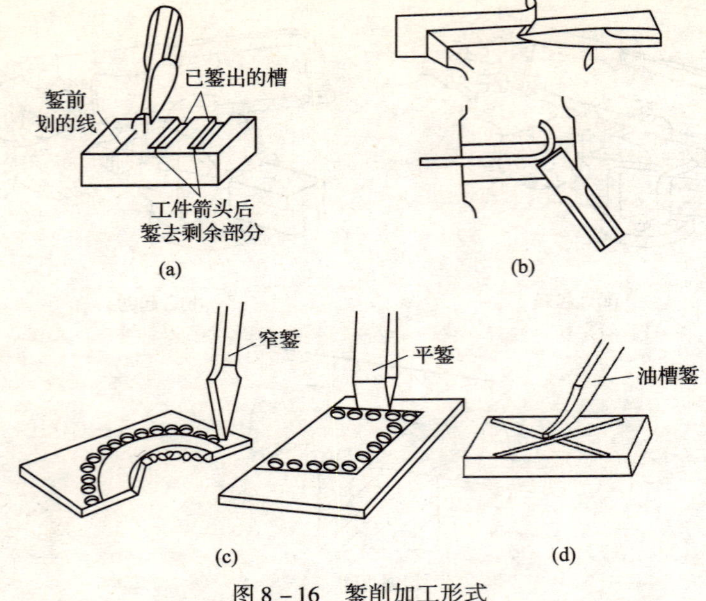

图 8－16　錾削加工形式

（a）平面錾削　（b）板料切断　（c）分割曲线板料　（d）錾油槽

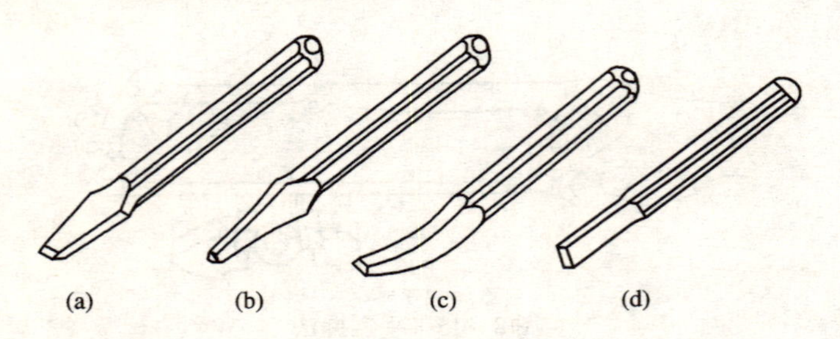

图 8－17　常用錾子

（a）平錾　（b）槽錾　（c）油槽錾　（d）扁冲錾

后刀面与切削平面之间的夹角称为后角，后角的大小由鉴削时錾子被掌握的位置决定。一般取 5°～8°，作用是减小后刀面与切削平面之间的摩擦（图 8－18）。

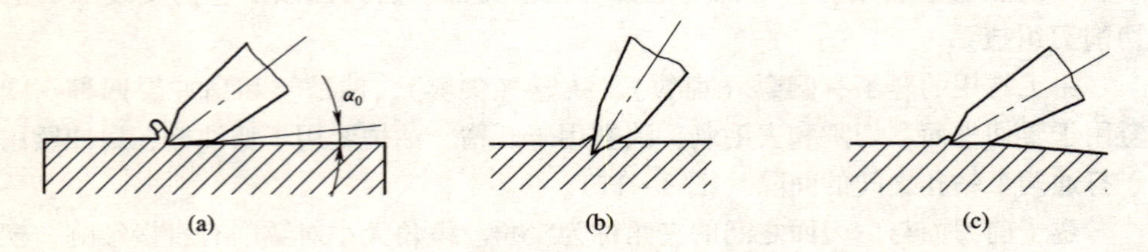

图 8－18　后角及其对錾削的影响

（a）后角 α_0　（b）后角太大　（c）后角太小

（2）錾子的握法

1）正握法　手心向下，腕部伸直，用中指、无名指握住錾子，小指自然合拢，食指和大拇指自然伸直地松靠，錾子头部伸出约20mm。

2）反握法：手心向上，手指自然捏住錾子，手掌悬空（图8－19）。

（3）錾削操作姿势　身体的正面与台虎钳中心线大致成45°角，且略向前倾，左脚跨前半步，膝盖处稍有弯曲，保持自然，右脚站稳伸直，不要过于用力。眼睛应注视錾刃，而不是錾头，如图8－20所示。

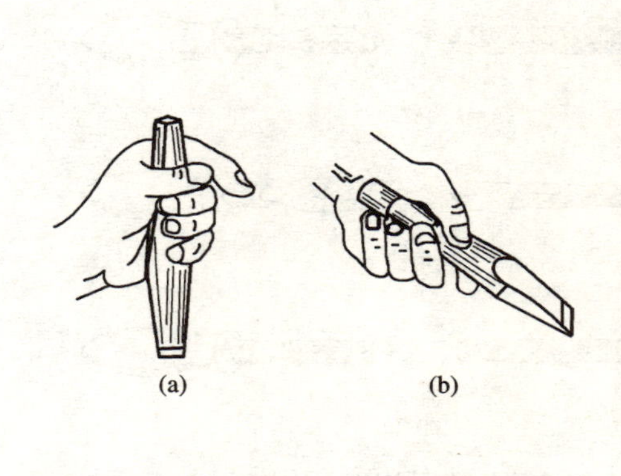

图8－19　錾子的握法
（a）正握法　（b）反握法

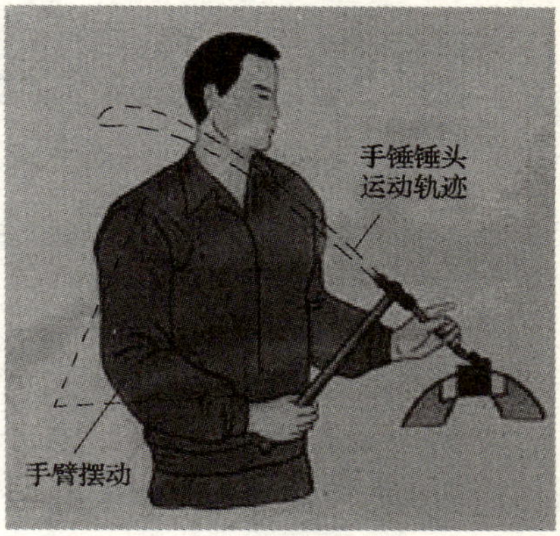

手锤锤头运动轨迹
手臂摆动

图8－20　錾削时的姿势

錾削时的锤击应稳、准、狠，其动作要一下一下有节奏的进行，一般肘挥时每分钟约40次，腕挥时每分钟约50次。手锤敲下去应具有加速度，以增加锤击的力量。手锤从它的质量和手臂供给它速度(v) 获得动能计算公式：$W = 1/2\ (mv^2)$，故手锤质量增加一倍，动能增加一倍；速度增加动能是速度的2次指数幂。

錾削前应先检查錾口和锤子手柄是否有裂纹，锤头与手柄是否有松动，錾头不能有毛刺；錾削时不要正面对人操作，操作时握捶的手不能戴手套。以免打滑；握錾子的手可以戴手套，防止手被錾削下来的余料飞边刮伤。錾削临近结束时要减力锤击，以免用力过猛伤手。

三、锉　　削

锉削用锉刀对工件材料进行切削加工的一种操作。它的应用范围很广，可锉工件的外表面、内孔、沟槽和各种形状复杂的表面。

1. 锉刀

锉刀是锉削的刀具，一般由经过淬硬的碳素工具钢制成。普通锉刀按断面几何形状不同分为五种，即平锉、方锉、圆锉、三角锉、半圆锉。除普通锉刀外，还有整形锉和特种锉等（图 8 - 21）。

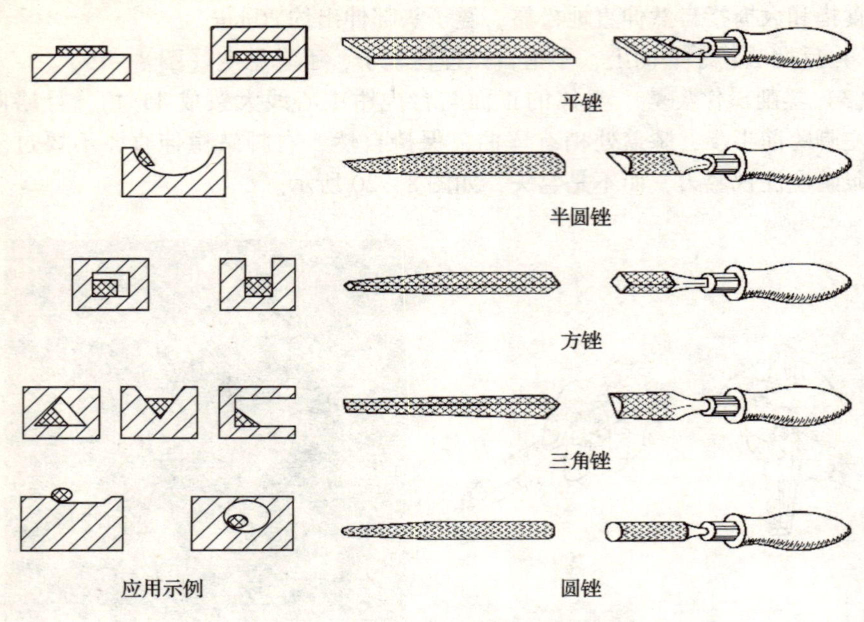

图 8 - 21　锉刀的几何形状分类及应用

锉刀的粗细按照 10mm 长的锉面上齿数多少来确定。粗锉刀（齿数约为 4 ~ 12 个）用于粗加工或加工铜、铅等软材料。细锉刀（齿数约为 13 ~ 24 个）用于精加工或加工硬材料。光锉刀（齿数约为 30 ~ 40 个）通常用于最后修光表面。

2. 锉削操作

锉刀大小不同，握法不一样（图 8 - 22）。锉削时有两个力，一个是推力，一个是压力，其中推力由右手控制，压力由两手控制，而且，在锉削中，要保证锉刀前后两端所受的力矩相等，即随着锉刀的推进左手所加的压力由大变小，右手的压力由小变大，否则锉刀不易锉削。

锉刀只在推进时加力进行切削，返回时，不加力、不切削，把锉刀返回即可，否则易造成锉刀过早磨损；锉削时利用锉刀的有效长度进行切削加工，不能只用局部某一段，否则局部磨损过重，造成寿命降低。锉削速度不宜过快，一般为每分钟 30 ~ 40 次。

锉削平面的方法有三种（图 8 - 23），分别为顺向锉；交叉锉；推锉。其中交叉锉法适用于较大平面的粗加工，顺向锉和推锉适用于最后的修光。

3. 检验工具及其使用

检验工具（或称量具）有刀口尺、直角尺、游标角度尺等。刀口尺、直角

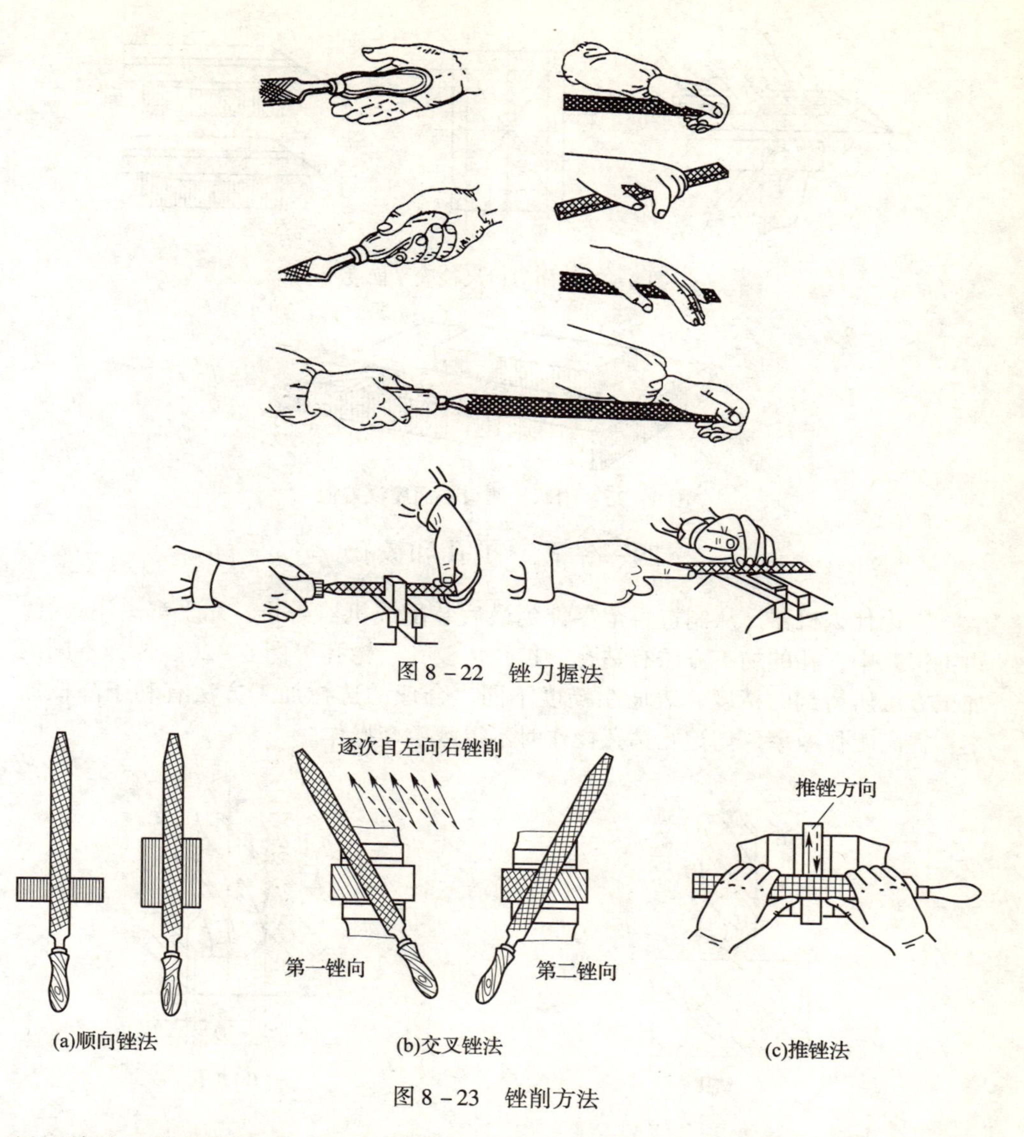

图 8－22　锉刀握法

(a)顺向锉法　(b)交叉锉法　(c)推锉法

图 8－23　锉削方法

尺可检验工件的直线度、平面度及垂直度。下面介绍用刀口尺检验工件平面度的方法。

将刀口尺垂直紧靠在工件表面，并在纵向、横向和对角线方向逐次检查（图 8－24）；

检验时，如果刀口尺与工件平面透光微弱而均匀，则该工件平面度合格；如果进光强弱不一，则说明该工件平面凹凸不平。可在刀口尺与工件紧靠处用塞尺插入，根据塞尺的厚度即可确定平面度的误差（图 8－25）。

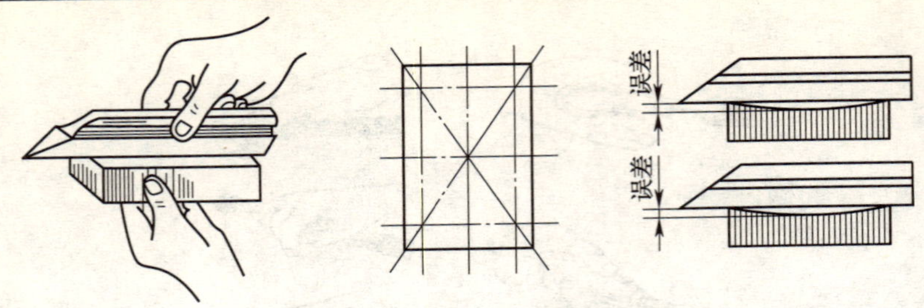

图 8-24　用刀口尺检验平面度

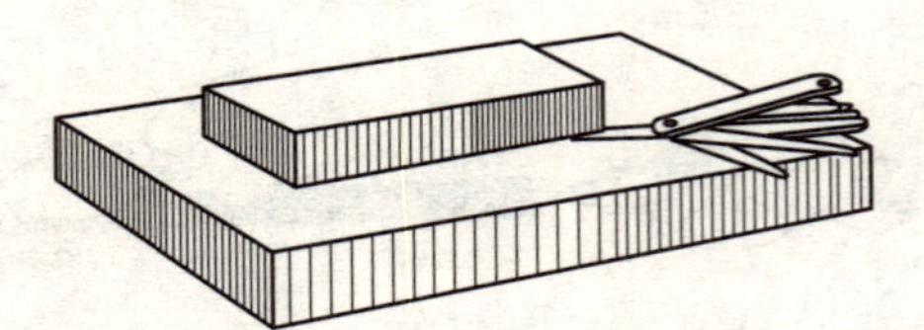

图 8-25　用塞尺测量平面度误差值

四、钻孔、扩孔和铰孔

无论什么机器，从制造每个零件到最后装配成机器为止，几乎都离不开孔。钳工工艺中，孔的加工方法有钻孔、扩孔、铰孔、锪孔等图 8-26。选择不同的加工方法所得到的精度、表面粗糙度不同。合理的选择加工方法有利于降低成本，提高工作效率。切记：钻孔操作时不得戴手套操作。

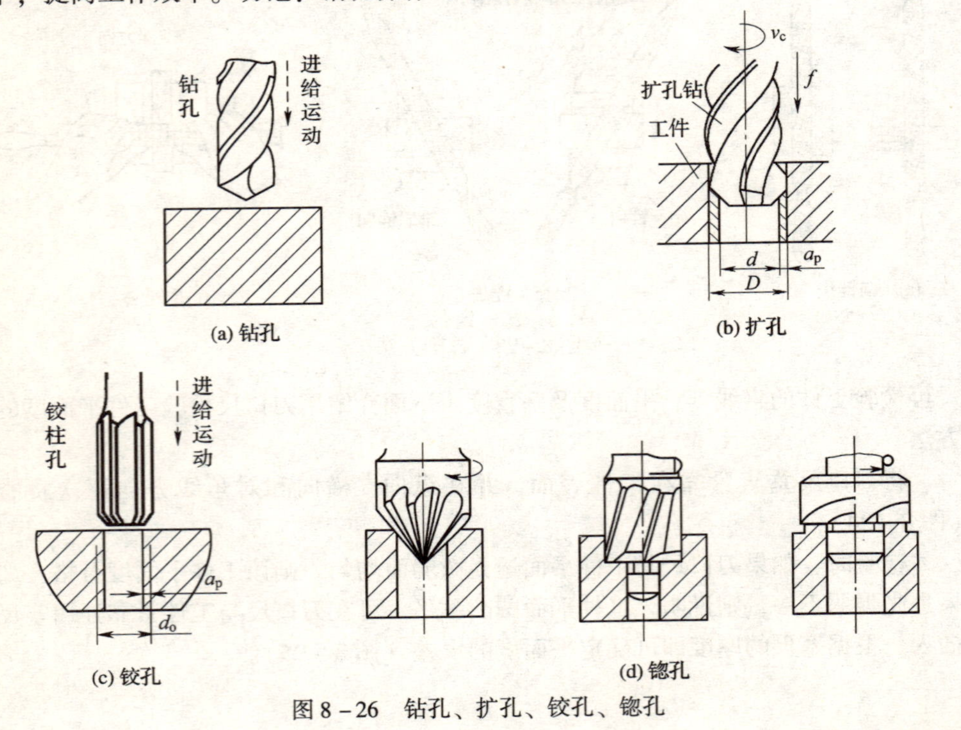

图 8-26　钻孔、扩孔、铰孔、锪孔

1. 钻孔

用钻头在实心工件上加工孔叫钻孔。由于钻头结构上存在着一些缺点，如刚性差、切削条件差，故钻孔精度低，只能进行孔的粗加工。

（1）钻孔的设备

1）台式钻床（图8－27）：钻孔直径一般为13mm以下，特点小巧灵活，主要用于加工小型零件上的小孔。

2）立式钻床（图8－28）：主要由主轴、主轴变速箱、进给变速箱、床身、工作台和底座组成。立式钻床可以完成钻孔、扩孔、铰孔、锪孔、攻丝等加工，立式钻床适于加工中小型零件上的孔。

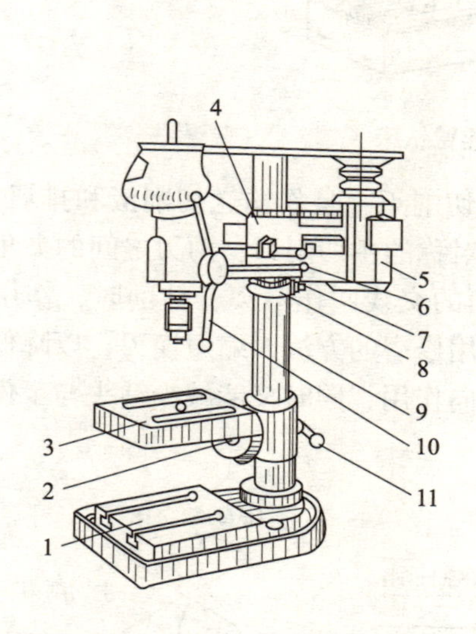

图8－27　台式钻床

1—底座面　2—锁紧螺钉　3—工作台
4—头架　5—电动机　6—手柄　7—螺钉
8—保险环　9—立柱　10—进给手柄　11—锁紧手柄

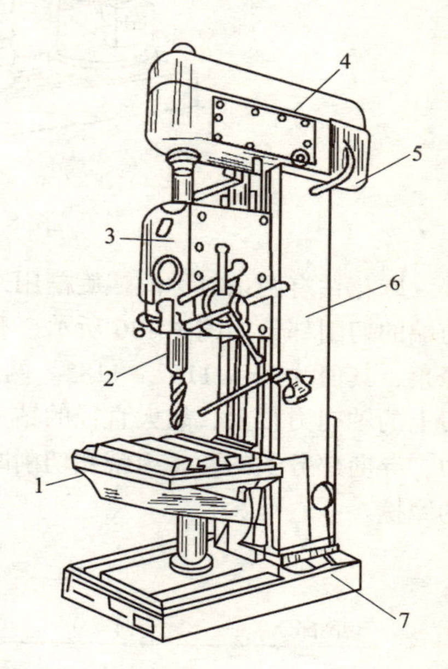

图8－28　立式钻床

1—工作台　2—主轴　3—进给变速箱
4—主轴变速箱　5—电动机
6—床身　7—底座

3）摇臂钻床（图8－29）：它有一个能绕立柱旋转的摇臂，摇臂带着主轴箱可沿立柱垂直移动，同时主轴箱等还能在摇臂上作横向移动，适用于加工大型笨重零件及多孔零件上的孔。

4）手电钻：在其他钻床不方便钻孔时，可用手电钻钻孔。

另外，现在机械加工行业中还有许多先进的钻孔设备，如数控钻床减少了钻孔划线及钻孔偏移的烦恼，还有磁力钻床、深孔钻床等。

（2）钻头　麻花钻是最常用的一种钻孔刃具，有直柄和锥柄两种。直柄钻头通常直径小于13mm，而直径大于13mm时一般做成锥柄钻头。

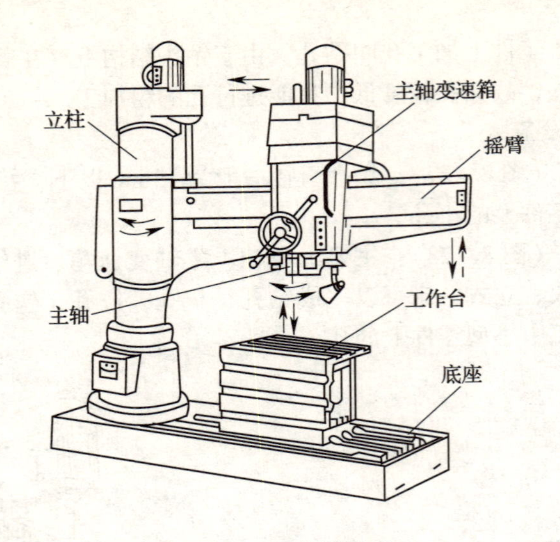

图 8－29　摇臂钻床

麻花钻有两条对称的螺旋槽用来形成切削刃，且作输送切削液和排屑之用。前端的切削部分如图 8－30 所示，有两条对称的主切削刃，两刃之间的夹角称为锋角，其值为 $2\varphi = 116° \sim 118°$。两个顶面的交线叫作横刃，钻削时，作用在横刃上的轴向力很大，故大直径的钻头常采用修磨的方法，缩短横刃，以降低轴向力，导向部分上的两条刃带在切削时起导向作用，同时又能减少钻头与工件孔壁的摩擦。

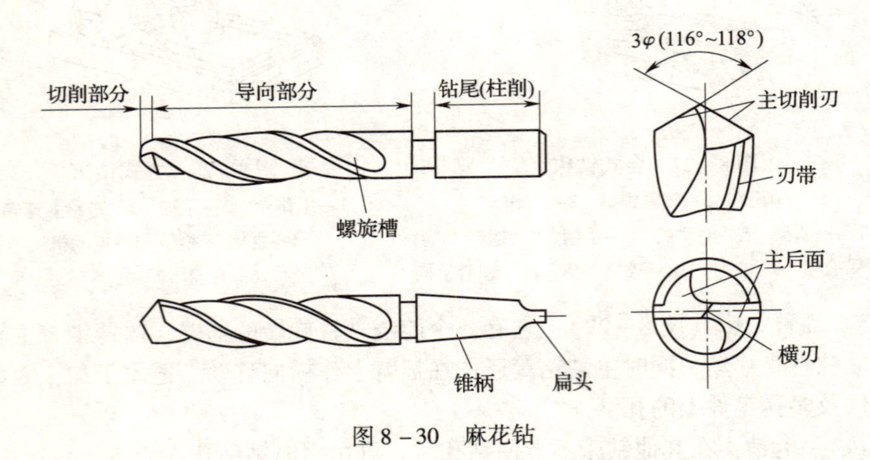

图 8－30　麻花钻

(3) 钻孔方法

1) 钻头和工件的装夹　钻头的装夹方法需根据柄部形状来确定（图 8－31)。直柄钻头一般通过钻夹头安装到钻床上，锥柄钻头则通常直接装入钻床主轴孔内，较小的锥柄钻可用过度套筒安装。

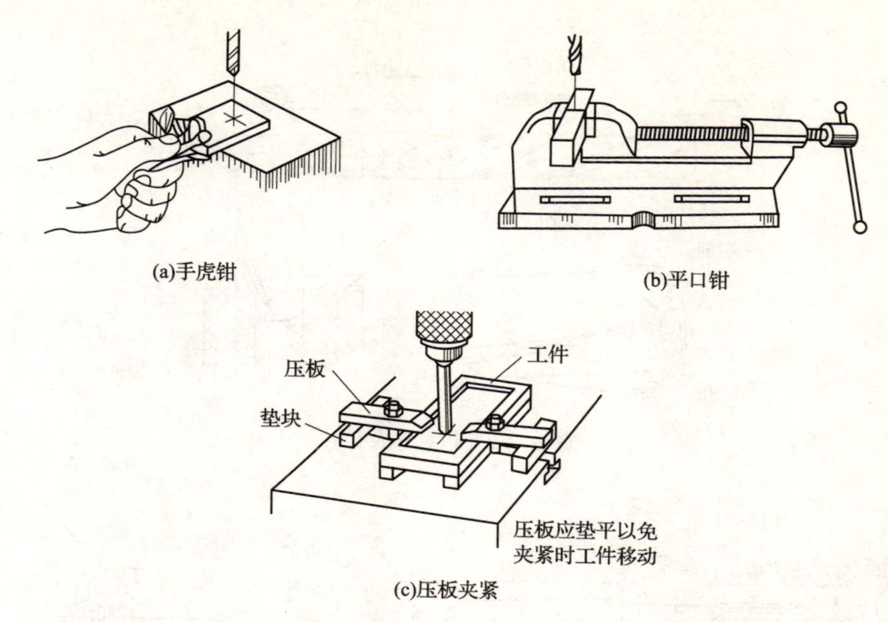

图 8－31　钻孔时工件的安装

工件装夹需要根据大小、形状的不同而采用不同的方法。小件和薄壁零件钻孔，可用手虎钳夹持工件。中等零件，多用平口钳夹紧，但一般需加工出平行装夹面。大型和其他不适合用虎钳夹紧的工件，则直接用压板螺钉固定在钻床工作台上。在圆轴或套筒上钻孔，须把工件压在 V 形铁上钻孔。

2）钻孔过程　第一步在一个工件上钻孔前应划线、打样冲眼，第二步试钻一个约孔径 1/4 的浅坑，来判断是否对中，偏得较多要纠正，当对中后方可钻孔。第三步钻孔，钻孔时进给力不要太大，要时常抬起钻头排屑，同时加冷却润滑液，钻孔将要钻透时，要减少进给量防止切削突然增大，折断钻头。

2. 扩孔

扩孔用于扩大已加工出的孔，它常作为孔的半精加工。

扩孔钻基本上和钻头相同，不同的是，它有 3～4 个切削刃，无横刃，刚度、导向性好，切削平稳，所以加工孔的精度、表面粗糙度较好（图 8－32）。

3. 铰孔

铰孔是用铰刀对孔进行最后精加工的一种方法，铰孔可分粗铰和精铰。精铰加工余量较小，只有 0.05～0.15mm，尺寸公差等级可达 IT8～7，表面粗糙度 Ra 值可达 0.8μm。铰孔前，工件应经过钻孔—扩孔（或镗孔）等加工。铰孔所用刀具是铰刀，如图 8－33 所示。

铰刀有手用铰刀和机用铰刀两种。手用铰刀为直柄，工作部分较长。机用铰刀多为锥柄，可装在钻床、车床或镗床上铰孔。铰刀的工作部分由切削部分和修

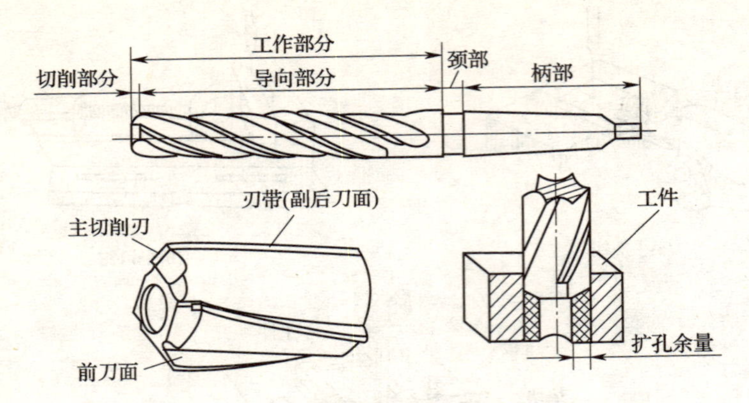

图 8－32　扩孔钻及扩孔

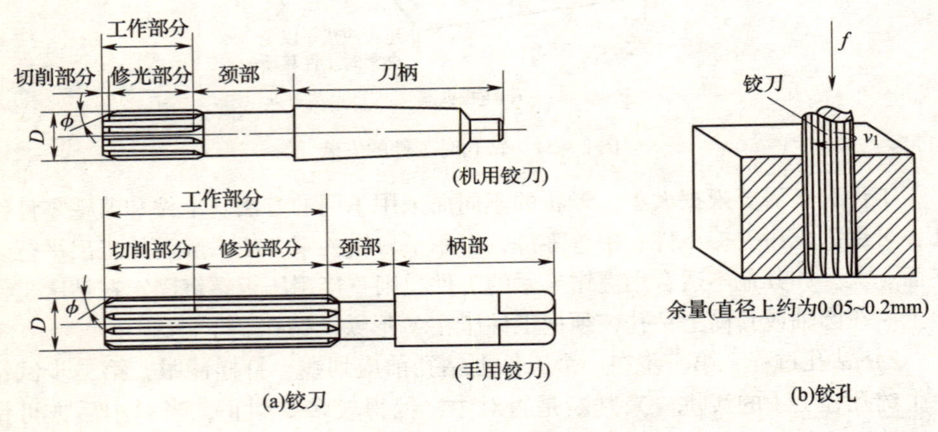

图 8－33　铰刀及铰孔

光部分组成，切削部分呈锥形，担负着切削工作，修光部分起着导向和修光作用。铰刀有 6 ~ 12 个切削刃，每个刀刃的切削负荷较轻。铰孔时，选用的切削速度较低，进给量较大，并要使用切削液，铰铸铁件用煤油，铰钢件用乳化液。

铰孔时应注意的事项：

(1) 铰刀在孔中绝对不可倒转，即使在退出铰刀时，也不可倒转。否则，铰刀和孔壁之间易于挤住切屑，造成孔壁划伤或刀刃崩裂。

(2) 机铰时，要在铰刀退出孔后再停车。否则，孔壁有拉毛痕迹。铰通孔时，铰刀修光部分不可全部露出孔外，否则，出口处会划坏。

(3) 铰钢制工件时，切屑易粘在刀齿上，故应经常注意清除，并用油石修光刀刃，否则，孔壁要拉毛。

五、螺纹加工

钳工加工螺纹的方法有攻螺纹和套螺纹两种。攻螺纹是用丝锥加工内螺纹的操作。套螺纹是用板牙在圆柱件上加工外螺纹的操作。

1. 攻螺纹

（1）丝锥和铰杠　丝锥的结构如图8－34所示。其工作部分是一段开槽的外螺纹，还包括切削部分和校准部分。切削部分是圆锥形。切削负荷被各刀齿分担。修正部分具有完整的齿形，用以校准和修光切出的螺纹。丝锥有3～4条窄槽，以形成切削刃和排除切屑。丝锥的柄部有方头，攻丝时用其传递力矩。

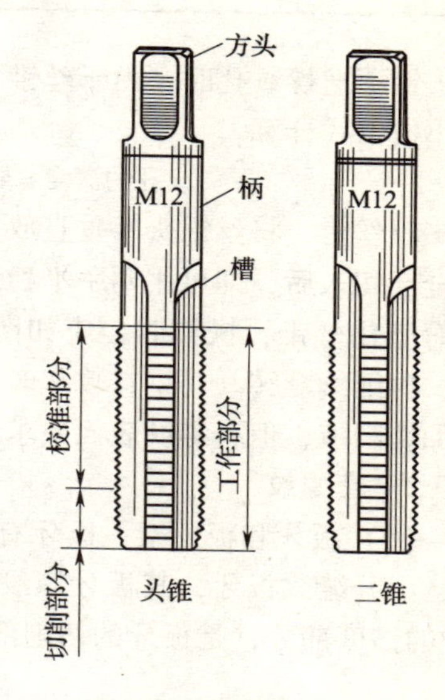

图8－34　丝锥的结构

手用丝锥一般由两支组成一套，分为头锥和二锥。两支丝锥的外径、中径和内径均相等，只是切削部分的长短和锥角不同。头锥较长，锥角较小，约有6个不完整的齿，以便切入。二锥短些，锥角大些，不完整的齿约为2个。切不通孔时，两支丝锥交替使用，以便攻丝接近根部。切通孔时，头锥能一次完成。螺距大于2.5mm的丝锥常制成3支一套。

铰杠是板转丝锥的工具，如图8－35所示，常用的是可调节式，转动右边的手柄或螺钉，即可调节方孔大小，以便夹持各种不同尺寸的丝锥。铰杠的规格要与丝锥的大小相适应。小丝锥不宜用大铰杠，否则，易折断丝锥。

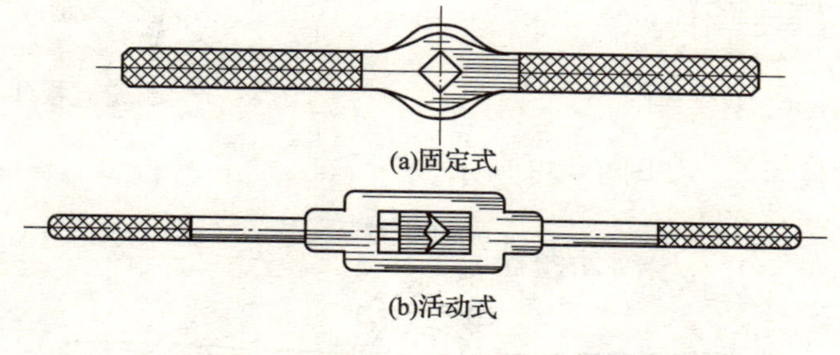
(a)固定式

(b)活动式

图8－35　铰杠

（2）攻丝方法　攻丝前必先钻孔。由于丝锥工作时除了切削金属以外，还有挤压作用，因此，钻孔的孔径应略大于螺纹的内径。可选用相应的标准钻头。部分普通螺纹攻丝前钻孔用的钻头直径见表8－2。

表 8-2　　钢材上钻螺纹底孔的钻头直径　　单位：mm

螺纹直径 d	2	3	4	5	6	8	10	12	14	16	20	24
螺距 z	0.4	0.5	0.7	0.8	1	1.25	1.5	1.75	2	2	2.5	3
钻头直径 d_2	1.6	2.5	3.3	4.2	5	6.7	8.5	10.2	11.9	13.9	17.4	20.9

钻不通螺纹孔时，由于丝锥不能切到底，所以钻孔深度要大于螺纹长度，其大小按下式计算：

$$孔的深度 = 要求的螺纹长度 + 0.7\ 螺纹外径$$

攻丝时，将丝锥头部垂直放入孔内，转动铰杠，适当加些压力，直至切削部分全部切入后，即可用两手平稳地转动铰杠，不加压力旋到底。为了避免切屑过长而缠住丝锥，操作时，应如图 8-36 所示，每顺转 1 圈转后，轻轻倒转 1/4 圈，再继续顺转。对钢料攻丝时，要加乳化液或机油润滑；对铸铁攻丝时，一般不加切削液，但若螺纹表面要求光滑时，可加些煤油。

2. 套螺纹

（1）板牙和板牙架　板牙有固定的和开缝的（可调的）两种。图 8-37 所示，为开缝式板牙，其板牙螺纹孔的大小可作微量的调节。板牙孔的两端带有 60°的锥度部分，是板牙的切削部分。

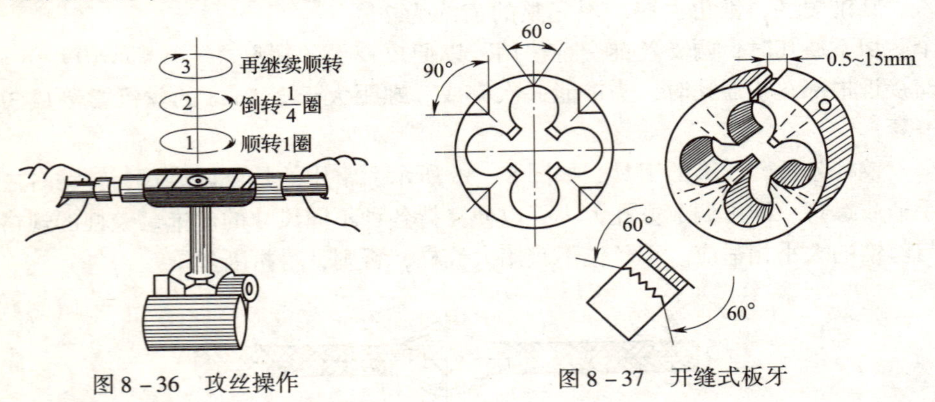

图 8-36　攻丝操作　　　图 8-37　开缝式板牙

套扣用的板牙架，如图 8-38 所示。

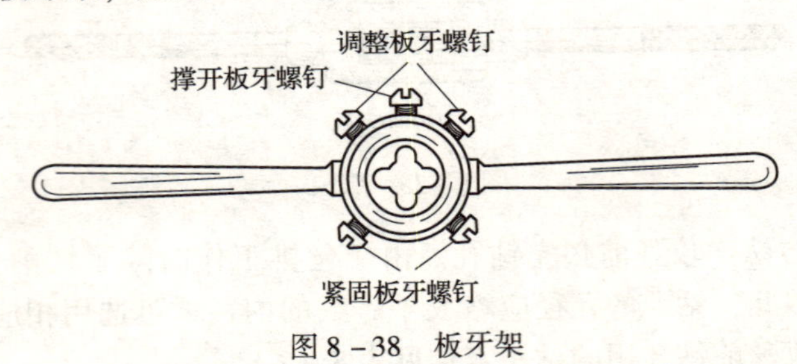

图 8-38　板牙架

（2）套螺纹方法　套螺纹前应检查圆杆直径，太大难以套入，太小则套出螺纹不完整。套螺纹的圆杆必须倒角，如图 8－39（a）所示。套螺纹时板牙端面与圆杆垂直。开始转动板牙架时，要稍加压力，套入几圈后，即可转动，不再加压。套扣过程中要时常反转，以便断屑，如图 8－39（b）。在钢件上套螺纹时，亦应加机油润滑。

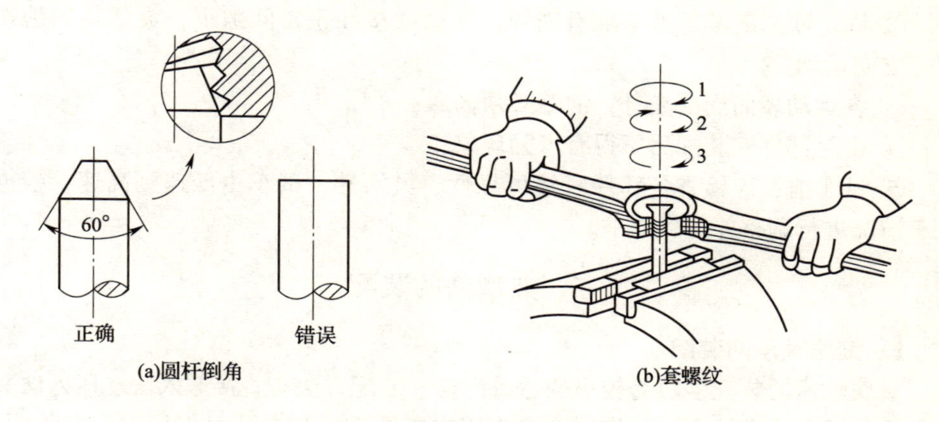

图 8－39　套螺纹

第三节　装配知识简介

一、装配概述

按照规定的技术要求，将零件组装成机构或机器，并经过调整、试验，使之成为合格产品的工艺过程称为装配。装配过程一般可分为组件装配、部件装配、总装配。

常用装配工具有拉出器、拔销器、压力机、铜棒、手锤（铁锤、铜锤）、改锥（一字、十字）、扳手（呆扳手、梅花扳手、套筒扳手、活动扳手、测力扳手）、克丝钳。

二、装配过程

1. 装配前的准备工作

装配是机械制造的重要阶段。装配质量的好坏对机器的性能和使用寿命影响很大。装配不良的机器，将会使其性能降低，消耗的功率增加，使用寿命减短。因此，装配前必须认真做好以下准备工作：

① 研究和熟悉装配图的技术条件，了解产品的结构和零件的作用，以及相互联接关系，掌握其技术要求。

② 确定装配的方法程序和所需工具。

③ 清理和洗涤零件上的毛刺、铁屑、锈蚀、油污等脏物。

2. 装配要求

按组件装配—部件装配—总装配的次序进行，并经调整、试验、喷漆、装箱等步骤，具体执行过程应按照以下要求进行。

① 装配时应检查，零件是否合格，检查有无变形、损坏等；

② 固定联结的零部件不准有间隙，活动联接在正常间隙下，灵活均匀地按规定方向运动；

③ 各运动表面润滑充分，油路必须畅通；

④ 密封部件，装配后不得有渗漏现象；

⑤ 试车前，应检查各部件联接可靠性、灵活性，试车由低速到高速，根据试车情况进行调整并达到要求。

三、典型件的装配

1. 滚珠轴承的装配

滚珠轴承的装配多数为较小的过盈配合。装配方法有直接敲入法、压入法和热套法。轴承装在轴上时，作用力应作用在内圈上，装在孔里作用力应在外圈，同时装在轴上和孔内时作用力应在内外圈上（图 8－40）。

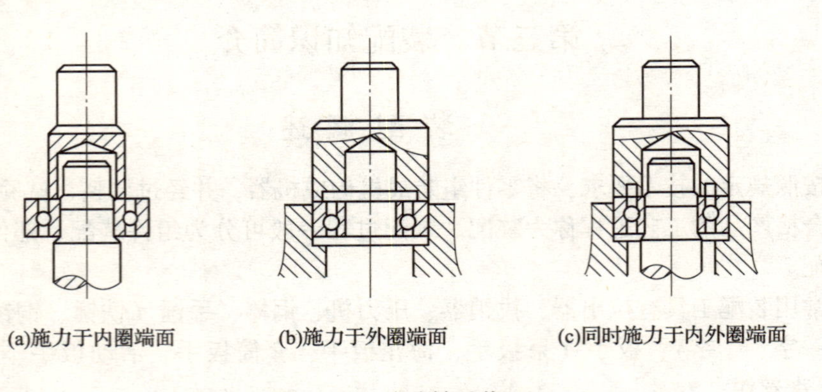

图 8－40　滚珠轴承装配

2. 螺钉、螺母的装配

螺纹配合应做到用手自由旋入，过紧咬坏螺纹，过松螺纹易断裂。螺帽、螺母端面应与螺纹轴线垂直以便受力均匀。零件与螺帽、螺母的贴合面应平整光洁，否则螺纹容易松动，为了提高贴合质量可加垫圈。装配成组螺钉、螺母时，为了保证零件贴合面受力均匀应按一定顺序来旋紧，并且不要一次旋紧，要分两次或三次完成。

常见螺纹连接类型如图 8－41 所示。

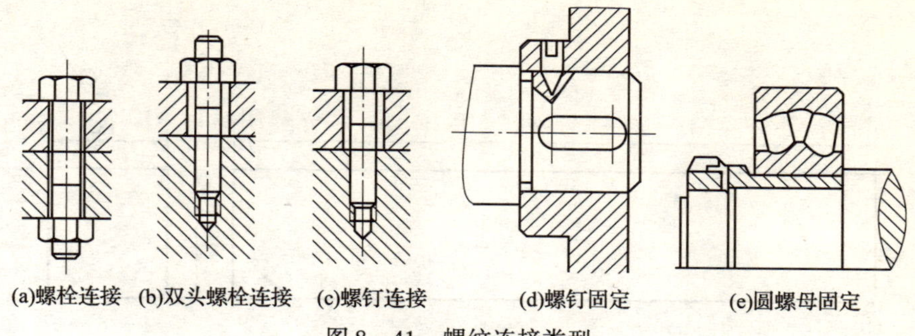

图 8-41　螺纹连接类型

四、组件装配举例

齿轮轴组件的装配（图 8-42），具体工艺流程如下：

（1）将键配好轻打装在轴上；

（2）压装齿轮；

（3）放上垫套，压装右轴承；

（4）压装左轴承；

（5）在透盖槽中放入毡圈。

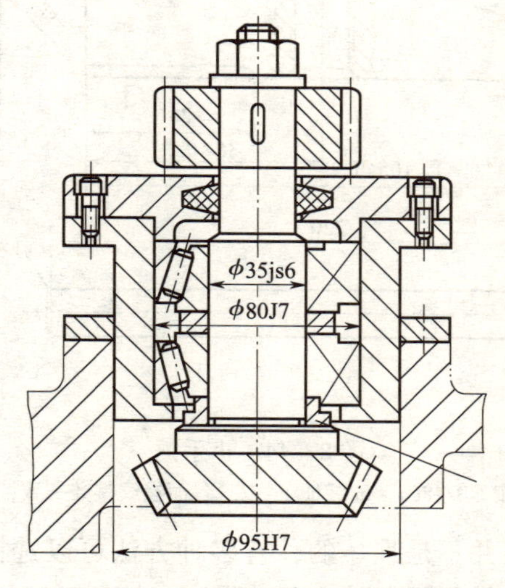

图 8-42　齿轮轴组件的装配

第四节　钳工实训：小手锤制作

1．加工前的准备：

（1）使用材料：45 号钢、毛坯大小（见图 8-43）；

（2）使用设备：台虎钳、台钻；

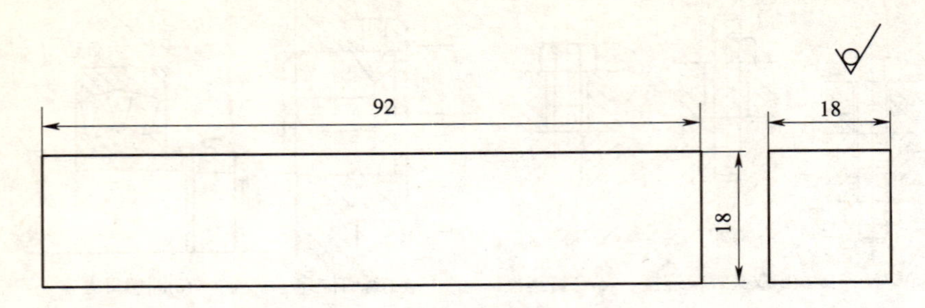

图 8－43　手插毛坯件

（3）使用工、量具：钳工锉、整形锉、高度尺、钢板尺、划针、钻头、丝锥、绞杠、锯弓、手用锯条、样冲、游标卡尺、直角尺、刀口尺等。

2．加工图纸及加工思路（图 8－44）：

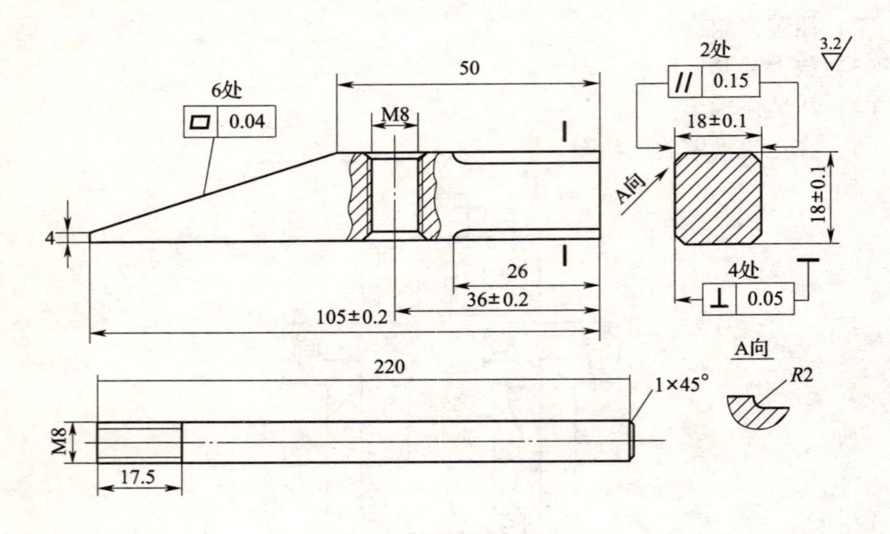

图 8－44　小手锤

技术要求：1．未注公差按 GB/1804－m 级加工；2．各面锉纹整齐一致；3．各棱角清晰

任何零件加工方法并不是唯一的，有多种方法可以选择。但为了便于加工，方便测量，保证加工质量，同时减少劳动强度，缩短时间周期，可考虑以下加工路线：

检查毛坯→分别加工第一、二、三面→加工端面→锯斜面→加工第四面→加工总长→加工斜面→加工倒角→钻孔、攻丝→精度复检→锐角倒钝并去毛刺（图 8－45）。

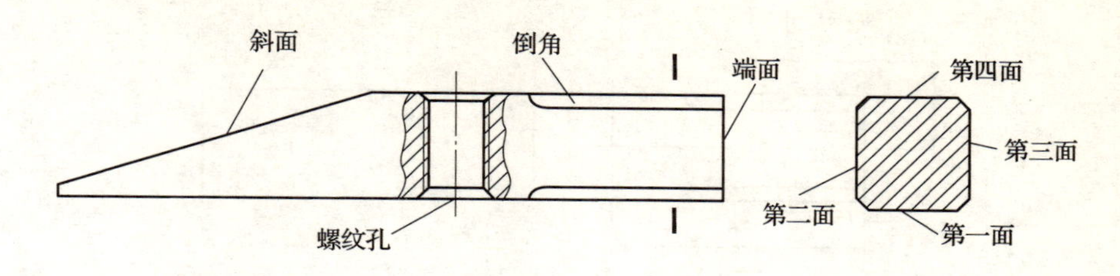

图 8－45　锤头结构分解

3. 具体加工步骤

1）检查毛坯尺寸大小、形状误差，确定加工余量。

2）加工第一面，达到平面度 0.04mm、粗糙度 *R*a3.2 要求。

3）加工第二面，达到垂直度 0.05mm、平面度 0.04mm、粗糙度 *R*a3.2 要求。

4）加工第三面，并保证尺寸 18mm ±0.1mm、平行度 0.15mm，同时达到垂直度 0.05mm、平面度 0.04mm、粗糙度 *R*a3.2 要求。

5）加工端面并与第一、二面垂直，且垂直度 <0.05mm、平面度 <0.04mm。

6）以端面和第一面为基准划出锤头外型的加工界线，并用锯削方法去除多余余量（图 8－46）。

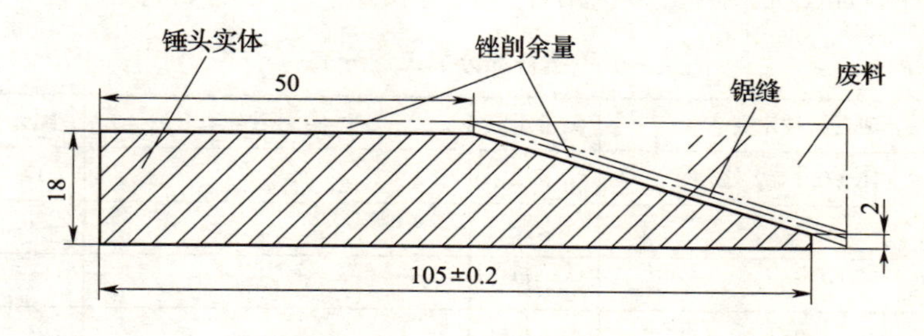

图 8－46　锤头加工图解

7）加工第四面，并保证尺寸 18mm ±0.1mm、平行度 0.15mm，同时达到垂直度 0.05mm、平面度 0.04mm、粗糙度 *R*a3.2 要求。

8）加工总长保证尺寸 105mm ±0.2mm。

9）加工斜面，并达到尺寸 55mm、2mm、还要保证垂直度、平面度 0.04mm 及粗糙度 3.2 要求。

10）按图纸要求划出 4－2×45°倒角和 4－R2 的加工界线，先用圆锉加工出 *R*2，后用板锉加工出 2×45°倒角，并连接圆滑。

11）按图样要求划出螺纹孔的加工位置线（图 8－47），钻孔 *Φ*8.5、孔口倒角 1.5×45°，再攻丝 M10。

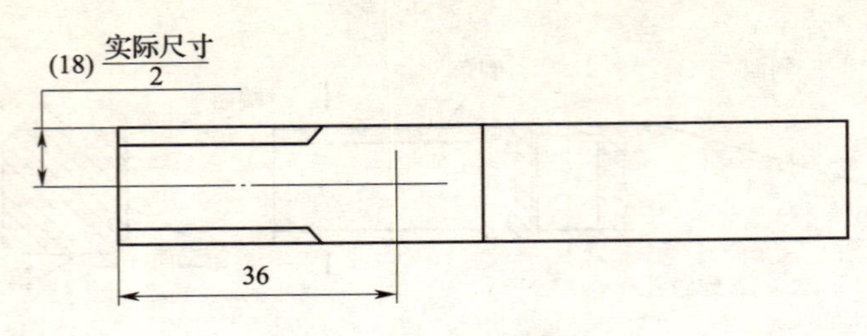

图 8－47　螺纹孔位置

具体操作方法如下步骤：

① 划线敲样冲，检查样冲眼是否敲正。

② 钻 Φ3 深 2 的定位孔，检查孔距是否达到要求。

③ 钻孔 Φ8. 5、孔口倒角 1. 5 ×45°。

④ 攻丝 M8 螺纹孔，为了保证丝锥中心线与孔中心线重合，攻丝前可在钻床上先起丝，再攻丝。

12）全部精度复检，作必要的修整锉削，并去毛刺锐角倒钝。

工件在加工过程中每一个加工面的要求不同，导致出现的问题也不同。因此工件加工时应注意，一面加工完毕后，再加工下一面，并及时检测，综合判断误差情况，准确修整，积累经验。同时做到脚踏实地、克服心理急躁，并具有吃苦耐劳的精神。加工完成后，可根据评分表（表 8－3）进行自评。

表 8－3　　小手锤各部分加工评分表

序号	项目与技术要求	测量工具	实测记录	配分	得分
1	18 ±0. 1（2 处）	卡尺		12	
2	88 ±0. 2	卡尺		4	
3	50	卡尺		3	
4	26	卡尺		3	
5	36 ±0. 2	卡尺		5	
6	4	卡尺		2	
7	K8 正确			4	
8	⏥ 0.04 （6 处）	刀口尺		18	
9	⊥ 0.05 （4 处）	直角尺		16	
10	// 0.15 （2 处）	卡尺		10	
11	锉纹整齐一致（6 处）	目测		6	
12	R2 连接圆滑、无球角（4 处）	目测		12	
13	安全文明生产			5	

第五节　钳工实习安全技术

1. 安全须知

1）实训时应穿工作服和合适的鞋，女同学应戴工作帽，头发应塞入工作帽内；

2）握锤时不得戴手套，否则，锤子很容易飞出，锤头、锤柄、錾尖不得有油，挥锤前要环视四周，以防伤人；

3）锯条不能装得太松或太紧，否则容易折断伤人；

4）清理加工中产生的铁屑与粉尘不能用嘴吹；

5）禁止用工具、卡具、量具敲击工件和其他物体，以防损坏其使用精度；

6）台钻上钻孔时，不准戴手套，铁屑不准用手清理或用口去吹；

7）钳工室内台钻未经老师同意，不得擅自使用；

8）不得穿拖鞋进钳工室，以防铁块掉落砸伤和铁屑刺伤；

9）在实习期间不得用工具、工件当“武器”玩；

10）锯条、铁块等与实习有关的物品不能带出钳工室。

2. 实训纪律

1）在实习期间不准在钳工室内大声喧哗，吃零食，看报纸小说，不准随意走动，实习室也是第一课堂，违者按学校有关规定进行处罚。

2）不得制作与实习无关的东西。

3）爱护公物，如有损坏，根据情节轻重进行赔偿或扣罚学分，实习成绩。

4）按时上下课，坚守岗位，否则作早退、迟到处理。

3. 文明与卫生

1）中午、下午结束时，每位同学必须清刷台虎钳、钳桌。

2）值日生一天一次搞卫生，中午下课前和下午下课时，值日生做到地不留扫帚痕，钳台不留铁屑，对黑板上的无用内容应及时擦除。

3）钳桌上工具、量具必须做到整齐有序摆放，不准混摆。量具使用时要放在量具盒上，不准敞盖使用。

思考与练习

1. 什么叫钳工？钳工基本操作有哪些？
2. 划线的作用是什么？
3. 如何起锯，在锯削将要完成时要注意什么？
4. 錾子的种类有哪些？其应用范围如何？
5. 什么叫锉削，其加工范围有哪些？
6. 钻头有哪几个主要角度？标准顶角是多少度？

7. 什么叫攻螺纹？什么叫套螺纹？

8. 攻螺纹前的底孔直径如何计算？

9. 攻螺纹、套螺纹操作中要注意些什么问题？

10. 什么叫装配？常见装配分为几种？

第九章　模　　具

模具是成型制品或零部件生产的重要工艺设备。模具可以保证产品的尺寸精度，使产品质量稳定，而且在加工中不破坏产品表面质量，达到批量生产的目的。模具生产的发展水平是机械制造水平的重要标志之一。模具种类很多，按所成型的材料的不同，模具可分为金属模具和非金属模具。金属模具有：铸造模、锻造模、冲压模、压铸模、蜡模等。非金属模具有：注射成型模、吹塑模、压塑模、热成型模、橡胶模等。

第一节　冲　压　模

一、概　　述

冲压是在常温下，利用冲压模在压力机上对材料施加压力，使其产生塑性变形或分离从而获得所需形状和尺寸的零件的一种压力加工方法。这种加工方法通常称为冷冲压。

冲压模具是冲压加工中将材料加工成工件或半成品的一种工艺装备，是工业生产的主要工艺装备。用冲压模具生产零部件可以采用冶金厂大量生产的轧钢板或钢带为坯料，且在生产中不需加热，具有生产效率高、质量好、重量轻、成本低的优点。在飞机、汽车、拖拉机、电机、电器、仪器、仪表以及日用品中随处可见到冷冲压产品。如：不锈钢饭盒、餐盘、易拉罐、汽车覆盖件、子弹壳、飞机蒙皮等。据不完全统计，冲压件在汽车、拖拉机行业中约占60%，在电子工业中约占85%，而在日用五金产品中占到约90%。

压力机是用来对放置于模具中的材料实现压力加工的机械。冲压加工常用的压力机有机械压力机和液压压力机。

一个冲压件往往需要经过多道冲压工序才能完成。由于冲压件形状、尺寸精度、生产批量、原材料等不同，其冲压工序也是多样的，但大致可分为分离工序和成型工序两大类。

（1）分离工序　使冲压件与板料沿一定的轮廓线相互分离的工序。例如：切断、冲孔、落料、切口、切边等。

（2）成型工序　材料在不破裂的条件下产生塑性变形，从而获得一定形状、尺寸和精度要求零件的工序。例如：弯曲、拉深、翻边、胀形、整形等。

二、冲压模的组成

尽管各类冲压模的结构形式和复杂程度不同，组成模具的零件又多种多样，但总是分为上模和下模。上模一般通过模柄固定在压力机的滑块上，并随滑块一起沿压力机导轨上下运动，下模固定在压力机的工作台上。典型的冲模如图9－1所示，冲压模的组成零件分类及作用如下：

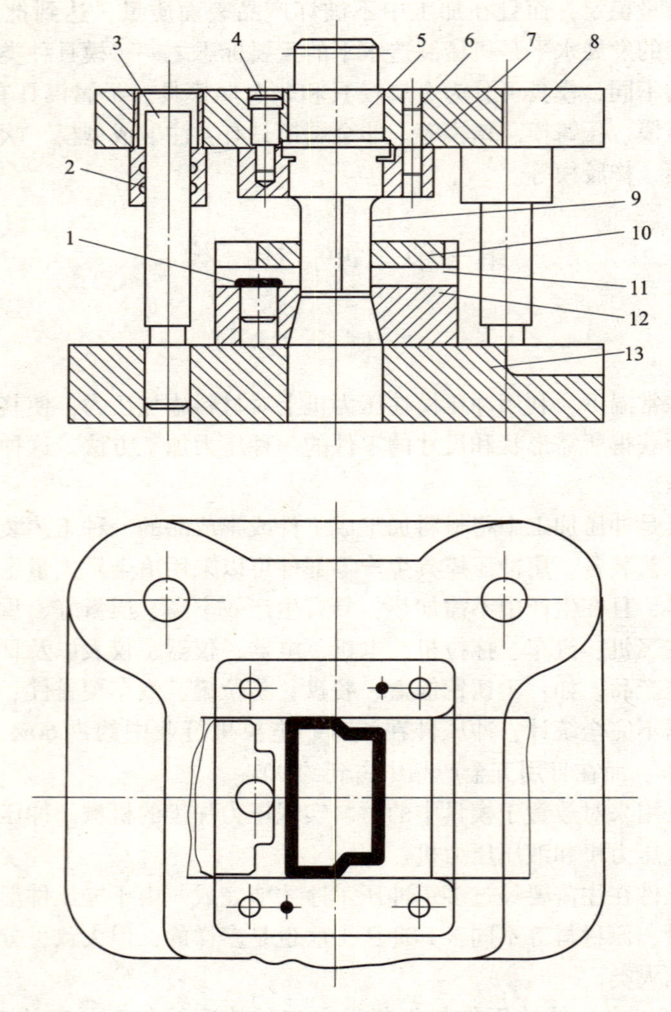

图9－1　简单冲压模

1—挡料销　2—导套　3—导柱　4—螺钉　5—模柄　6—销钉　7—凸模固定板　8—上模座板　9—凸模　10—卸料板　11—导板　12—凹模　13—下模座板

1. 工作零件

它是直接与冲压材料接触，对其施加压力以完成冲压工序的零件。冲模的工作零件包括凸模、凹模及凸凹模，又称为成型零件，它是冲模中最重要的零件。

2. 定位零件

它是确定材料或工序件在冲模中的正确位置，使冲压件获得合格质量要求的零件。属于送进导向的定位零件有导料销、导料板、侧压板等；属于送料定距的定位零件有始用挡料销、挡料销、导正销、侧刃等；属于块料或工序件的定位零件有定位销、定位板等。

3. 压料、卸料零件

这类零件起压料作用，并保证把卡在凸模上和凹模孔内的废料或冲压件卸掉或推（顶）出，以保证冲压工作能继续进行。

压料板的作用是防止坯料移动和弹跳。卸料板的作用是便于出件和清理废料。通常，卸料装置是指把冲压件或废料从凸模上卸下来；推件和顶件装置是指把冲压件或废料从凹模中卸下来。一般把装在上模内的称为推件；装在下模内的称为顶件。

4. 导向零件

它的主要作用是保证凸模和凹模之间相互位置的准确性，保证模具各部分保持良好的运动状态，由导柱、导套、导板等组成。

5. 支撑零件

它将上述各类零件连接和固定于一定的部位上，或将冲模与压力机连接，它是冲模的基础零件。主要包括上模座、下模座、固定板、垫板、模柄等。

6. 紧固零件

主要用来紧固、连接各冲模零件，如各种螺栓、螺钉、圆销等。

上述导向零件和支撑零件组装后称为模架。模架是整副模具的骨架，模具的全部零件都固定在它上面，并且承受冲压过程中的全部载荷。模架的上模座通过模柄与压力机滑块相连，下模座用螺钉压板固定在压力机工作台面上。上、下模之间靠模架的导向装置来保持其精确位置，以引导凸模的运动，保证冲压过程中间隙均匀。

模架及其组成零件已经标准化，并对其规定了一定的技术条件。

模架分为导柱模模架和导板模模架。应用最广的是用导柱、导套作为导向装置的模架。根据送料方式的不同，这种标准模架有后侧导柱模架、中间导柱模架、对角导柱模架和四导柱模架。设计模具时，按照凸、凹模的设计需要正确选用即可。模架的大小规格可直接由凹模的周界尺寸从标准中选取。

三、冲压模的类型及其结构

冲压模的形式很多，若按照工序组合程度分类，可分成以下三种模具：

1. 单工序模（俗称简单模）

压力机的一次行程中只完成一种工序的冲模称为简单模，如落料模、冲孔模、切边模等。

图 9 - 1 是简单冲压模。该模工作时，条料靠导板 11 和挡料销 1 实现正确定位。凸模向下冲压，冲出的工件在凹模孔内自然落下，条料由于包紧力的作用包紧凸模一起回程向上运动，当条料碰到固定在凹模上的刚性卸料板 10 时被卸下。然后再将条料向前送进，执行第二次冲压。

2. 级进模（俗称连续模）

压力机的一次行程中，在模具的不同位置上同时完成数道冲压工序的冲模称为连续模。连续模所完成的同一零件的不同冲压工序（级进模中称为工位）是按一定顺序、相隔一定步距排列在模具的送料方向上的，是一种工位多、加工精度较高的模具。

如图 9 - 2 所示，工作时，定位销 2 对准预先冲好的定位孔进行导正，上模向下运动，凸模 1 进行落料，凸模 3 进行冲孔。当上模回程向上运动时，卸料板 4 将条料从凸模上刮下。这时再将条料 5 继续向前送进，执行第二次冲压。

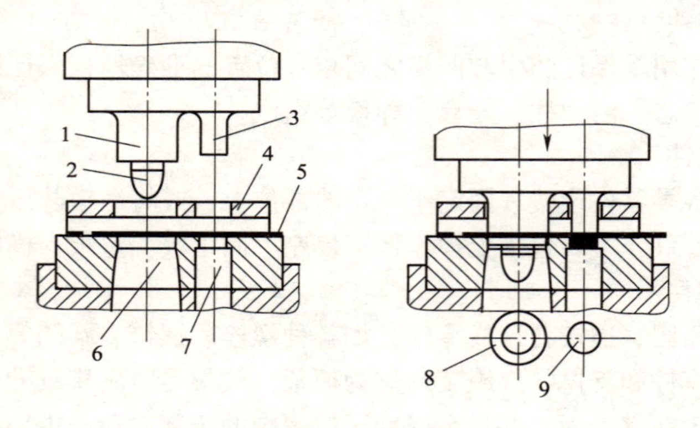

图 9 - 2　级进冲模

1—落料凸模　2—定位销　3—冲孔凸模　4—卸料板　5—条料
6—落料凹模　7—冲孔凹模　8—成品　9—废料

采用级进模比单工序模生产率高，减少了模具和设备的数量，工件精度高，便于操作和实现自动化。例如特别复杂或孔边距较小的冲压件，用简单模或复合模冲制有困难时，则可采用级进模逐步冲出。但级进模轮廓尺寸较大，制造相对复杂，成本较高，故一般只适用于大批量生产的小型冲压件。

3. 复合模

压力机的一次行程中，在模具的同一位置上完成数道冲压工序的冲模称为复合模。压力机一次行程一般得到一个冲压件。

复合模和级进模一样也是多工序模，但与级进模不同的是，复合模是在冲床滑块一次行程中，在冲模的同一工位上能完成两种以上的冲压工序。在完成这些工序过程中不需要移动冲压材料。它在结构上的主要特征是有一个既是凸模又是凹模的凸凹模。如图 9－3 所示的复合模。凸凹模 2 装在下模，落料凹模 3 和冲孔凸模 4、6 装在上模。

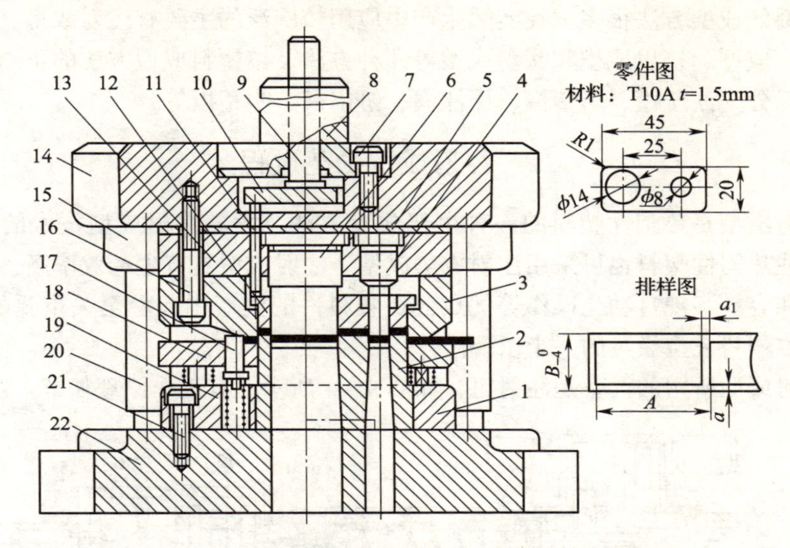

图 9－3　冲孔落料复合模

1—固定板　2—凸凹模　3—落料凹模　4、6—冲孔凸模　5—垫板　7、16、21—螺钉　8—模柄　9—打杆　10—推板　11—连接推杆　12—推件块　13—凸模固定板　14—上模座　15—导套　17—活动挡料销　18—卸料板　19—弹簧　20—导柱　22—下模座

此复合模采用推件装置把卡在落料凹模 3 中的冲件推下，刚性推件装置由打杆 9、推板 10、连接推杆 11 和推件块 12 组成。冲孔废料直接由冲孔凸模从凸凹模内推下，无顶件装置，结构简单，操作方便。

板料的定位靠弹簧弹顶的活动挡料销 17 来完成。非工作行程时，活动挡料销 17 由弹簧 19 顶起，可供定位；工作时，挡料销被压下，上端面与板料平。

由于复合模具有生产率较高，冲压件的内孔与外缘的相对位置精度较高，而板料的定位精度要求比级进模低，模具轮廓尺寸较小等优点，故主要用于生产批量大、精度要求高的冲压件。不足之处是结构复杂，制造精度要求高导致模具成本高。

第二节　注　塑　模

一、概　　述

塑料模具的发展是随着塑料工业的发展而发展的。近年来，人们对各种设备和用品轻量化要求越来越高，这就为塑料制品提供了更为广阔的市场。塑料制品要发展，必然要求塑料模具随之发展。汽车、家电、办公用品、工业电器、建筑材料、电子通信等塑料制品主要用户行业近年来发展迅速，塑料模具也随之快速发展。

塑料的成型方法很多，在实际生产中应用较广泛的主要有注射成型、压塑成型、压注成型、挤出成型和吹塑成型等几种方法。按塑料成型方法的不同，塑料模具可以分为注塑模、压塑模、压注模、挤出模、吹塑模等。

二、注射成型工艺过程

注射成型是热塑性塑料的一种主要成型方法。随着注射成型技术的不断发展，某些热固性塑料也可采用注射方法成型。注射成型具有生产效率高、生产适应性强和容易实现自动化操作等优点，在塑料件的生产中起着至关重要的作用，目前约占塑料成型模具的一半以上。

注射成型所用的设备是注射机，如图 9－4 所示。其工作原理如下：

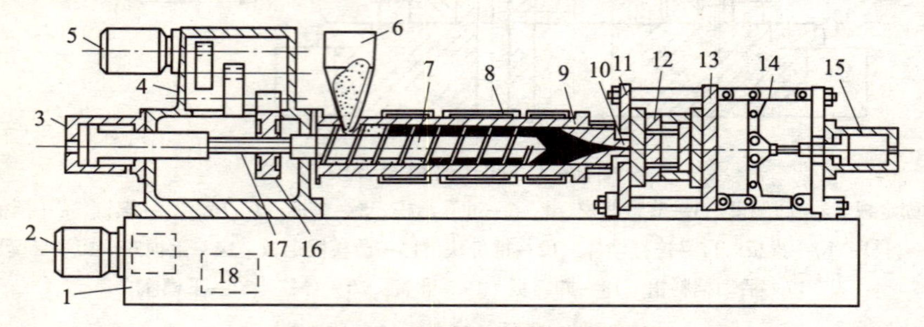

图 9－4　注射机结构示意图

1—机座　2—电动机及油泵　3—注射油缸　4—齿轮箱　5—齿轮传动电动机　6—料斗　7—螺杆　8—加热器　9—料筒　10—喷嘴　11—定模板　12—模具　13—动模板　14—锁模机构　15—锁模用油缸　16—螺杆传动齿轮　17—螺杆花键槽　18—油箱

注射成型是将颗粒状或粉状的塑料原料从注射机的料斗送入到高温的料筒内加热熔融，使其呈黏流态熔体，然后在柱塞或螺杆的高压推动下，以很大的流速通过喷嘴，注入闭合的模具型腔，经一定时间的保压、冷却定型后，打开模具即可获得具有一定形状和尺寸的塑料制件。如此完成一次注射工作循环。注射成型工作循环见图 9－5 所示。

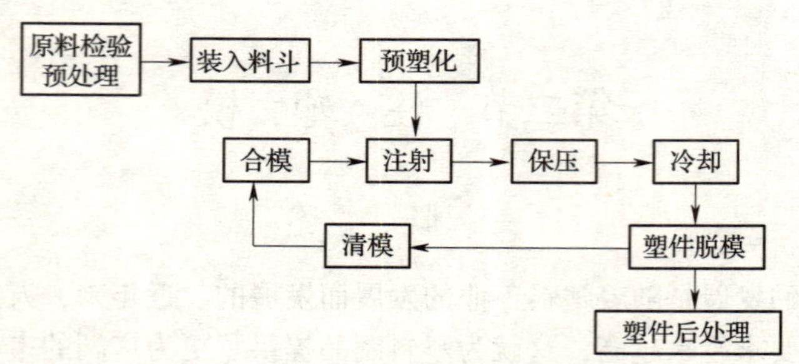

图 9－5　注射成型工作循环

完整的注射过程包括加料、加热塑化、充模、保压、倒流、冷却定型和脱模等几个阶段。实质可分为塑化、注射充模和冷却定型等基本过程。

（1）加料　将粉状或颗粒状的塑料加入注射机料斗，由柱塞或螺杆带入料筒进行加热。

（2）塑化　所谓塑化是指粉状或颗粒状的塑料在料筒内经加热熔融转变为黏流态熔体的过程。

（3）充模　在注射机柱塞或螺杆的作用下，塑化好的塑料熔体以一定的压力和速度经过喷嘴和模具的浇注系统进入并充满模具型腔。

（4）保压　充模结束后，塑料熔体因冷却而收缩，但在注射机的柱塞或螺杆的推动下，料筒中的塑料熔体继续注入型腔，以补充收缩需要。保压结束后，柱塞或螺杆后退，型腔中的塑料熔体压力解除。如果此时浇口尚未冻结，就会出现型腔中的熔体经浇注系统倒流的现象。如果注射压力解除时，浇口已经冻结，则倒流现象就不会存在。

（5）浇口冻结后的冷却　塑件在模内的冷却过程是指从浇口处的塑料熔体完全冻结起到塑件从型腔内推出为止的全部过程。在这一阶段，补缩和倒流均不再继续进行，型腔内的塑料继续冷却、凝固、定型。当脱模时，塑件具有足够的刚度，不致产生翘曲或变形。

（6）脱模　塑件冷却定型后开模，推出机构将塑件推出模外。

三、注射成型模具

注射模分为定模和动模两大部分。定模部分安装在注射机的固定模板上，动模部分安装在注射机的移动模板上。注射成型时，定模和动模闭合构成型腔和浇注系统，塑料熔体从注射机喷嘴经过模具浇注系统高速进入型腔，冷却成型后，定模和动模分开，塑件通常留在动模上，模具的推出机构将塑件推出模外。

1. 典型注射模具结构

图9-6为一典型注射模具，根据模具上各部分的作用不同，注射模可细分为以下几个部分：

（1）成型零部件　它是直接与塑料接触，决定塑件形状和尺寸精度的零件，包括型芯和凹模。如图9-6中的动模板1、定模板2和型芯6组成型腔。

（2）浇注系统　将塑料熔体由注射机喷嘴引向模具型腔的通道即为浇注系统。它由主浇道、分浇道、浇口及冷料穴组成。如图9-6所示的浇口套5中的孔为主浇道，其形状为圆锥形，目的是便于塑料熔体的顺利流入及开模时顺利拔出主浇道的凝料。主浇道圆锥大端的上、下通道为分浇道，它是主浇道和浇口之间的通道，使塑料的流向得到平稳的转换，对多腔模起到向各型腔分配塑料的作用。

（3）导向机构　它是用于确保动模与定模合模时准确对合，有些注射模为了避免推出过程中推出板歪斜，在推出机构上也设置导向机构。如图 9－6 中的导柱 8 和导套 7、推板导柱 16 和推板导套 17。

（4）温度调节系统　在模具中设置冷却加热装置，对模具进行温度调节，以满足注射工艺对模具温度的要求。冷却系统一般在模腔周围开设如图 9－6 中的冷却水道 3 组成的冷却水循环回路。加热装置则在模腔周围设置加热元件。

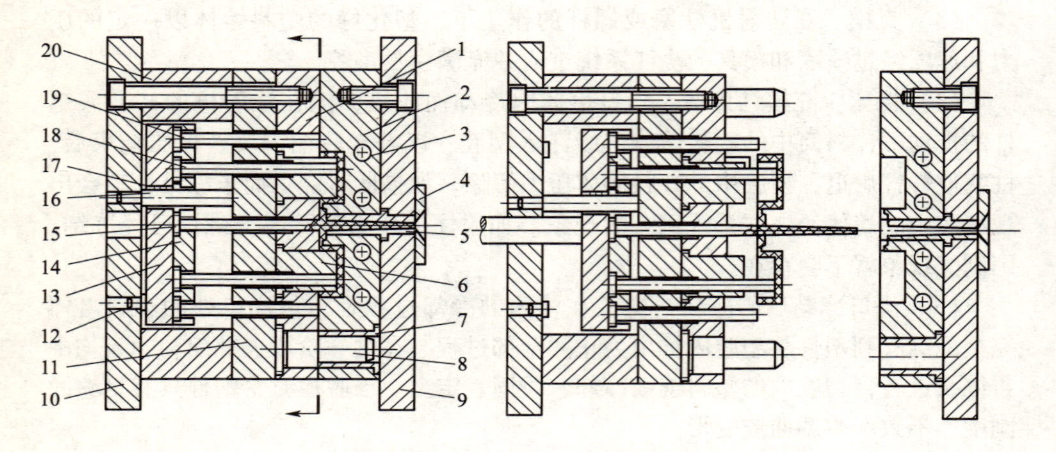

图 9－6　单分型面注射模

1—动模板　2—定模板　3—冷却水道　4—定位圈　5—浇口套　6—型芯　7—导套　8—导柱　9—定模座板　10—动模座板　11—支承板　12—限位钉　13—推板　14—推杆固定板　15—拉料杆　16—推板导柱　17—推板导套　18—推杆　19—复位杆　20—垫块

（5）排气系统　为了在注射成型过程中将型腔中的空气和塑料本身挥发出的各种气体排出模外，可在分型面上开设排气槽，或利用推杆或活动型芯与模板之间的间隙排气。

（6）推出机构　推出机构是用来在开模过程中，将塑件及浇注系统凝料推出模外。其常见的结构形式有推杆推出机构、推板推出机构、推管推出机构等。图 9－6 由推板 13、推杆固定板 14、拉料杆 15、推板导柱 16、推板导套 17、推杆 18、复位杆 19 组成推杆推出机构。

（7）抽芯机构　当塑件带有侧凹或侧孔时，在开模后，必须先将成型侧凹或侧孔的侧型芯脱离塑件，方能顺利推出塑件，所以要设置侧向分型与抽芯机构（图 9－8）。

（8）支撑零件　支撑零件的作用是将上述七类零件组装在一起，构成模具的基本骨架，如图 9－6 中的动模板 1、定模板 2、定模座板 9、动模座板 10、支承板 11、垫块 20。

（9）紧固零件　用来紧固和连接各模具零件，如各种螺栓、螺钉、圆销等。

2. 几种典型模具

按注射模的总体结构特征可分为单分型面注射模、双分型面注射模、侧向分型与抽芯注射模、带有活动镶件的注射模、自动卸螺纹注射模、热流道注射模、定模设推出机构的注射模。这种分类方法并不严格，因为影响注射模结构的因素很多，不可能简单地把所有注射模按其总体结构统统划归为某几个类型。下面介绍几种典型的模具结构：

（1）单分型面注射模

单分型面注射模又称二板一开式注射模，这种模具只有一个分型面，主流道设在定模，分流道设在分型面上，开模时，动模和定模分开，塑件和浇注系统凝料一起留在动模上，再由动模的推出机构推出塑件和浇注系统凝料，其典型结构见图 9－6 所示。

（2）双分型面注射模

双分型面注射模也叫三板二开式注射模，这种模具有两个分型面，与单分型面注射模相比，增加了一块可以移动的中间板（又名浇口板）。如图 9－7，开模时，在弹簧 2 的作用下，中间板 13 与定模座板 14 在 A－A 处定距分型，其分型

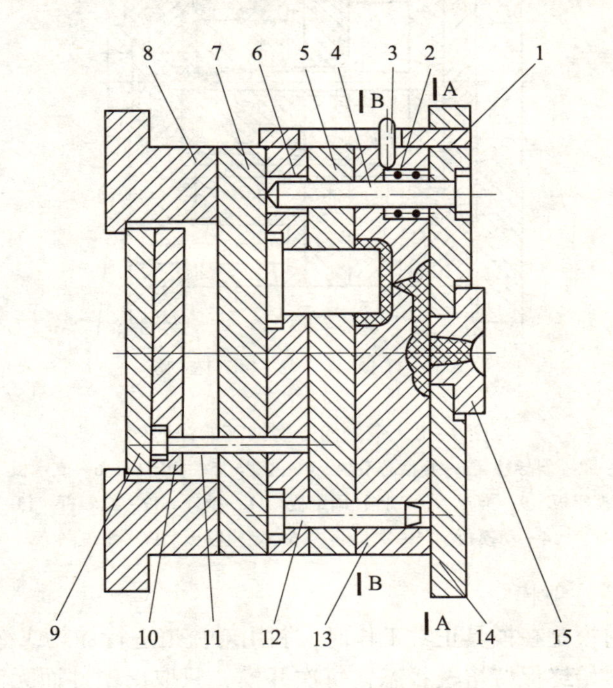

图 9－7　双分型面注射模具

1—定距拉板　2—弹簧　3—限位钉　4、12—导柱　5—推件板　6—型芯固定板
7—支承板　8—支架　9—推板　10—推杆固定板　11—推杆
13—中间板　14—定模座板　15—浇口套

距离由定距拉板 1 和限位钉 3 联合控制，以便取出这两板间的浇注系统凝料。继续开模，模具便在 B－B 分型面分型，塑件与浇注系统凝料拉断并留在型芯上到动模一侧，最后在注射机的顶杆的作用下，推动模具的推出机构，将型芯上的塑件推出。

（3）侧向分型与抽芯注射模

对于带有侧孔或侧凹的塑件，需在模具中设计可侧向移动的侧向分型抽芯机构，如图 9－8 所示。开模时，动模和定模打开，定模上的斜导柱 2 迫使侧型芯 3 做垂直于开模方向的运动，从而使侧型芯脱离塑件侧孔，然后再由推出机构将塑件推出至模外。

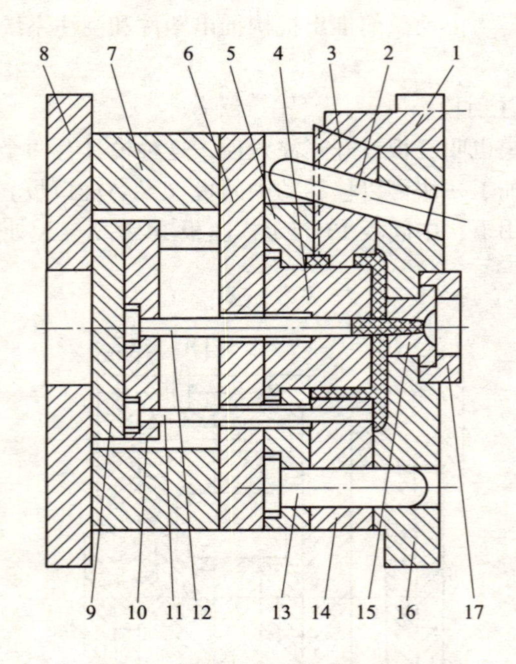

图 9－8　带侧向分型抽芯的注射模

1—楔紧块　2—斜导柱　3—侧型芯滑块　4—型芯　5—固定板　6—支承板　7—垫块
8—动模座板　9—推板　10—推杆固定板　11—推杆　12—拉料杆　13—导柱
14—动模板　15—浇口套　16—定模座板　17—定位圈

（4）热流道注射模

热流道注射模是在模具正常工作时，利用对流道进行加热或绝热的方法使浇注系统内的塑料始终保持熔融状态，每次开模，只取出塑件而无浇注系统凝料，如图 9－9 所示。这样就大大地节约了人力物力，提高了生产率，保证了塑件质量，更容易实现自动化生产。但这种模具结构复杂，温度控制要求严格，模具成本高，故适合于大批量生产。

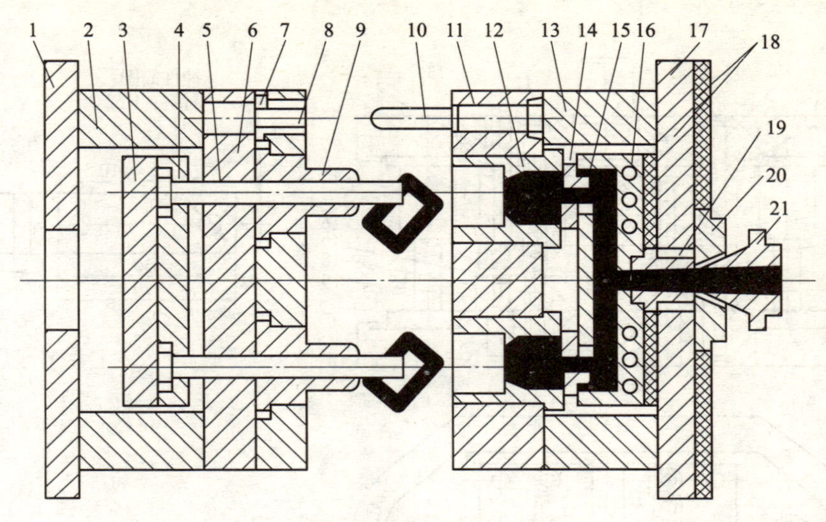

图9-9　热流道注射模

1—动模座板　2—垫块　3—推板　4—推杆固定板　5—推杆　6—支承板　7—导套　8—动模板　9—型芯　10—导柱　11—定模板　12—凹模　13—垫块　14—喷嘴　15—热流道板　16—加热器孔　17—定模座板　18—绝热层　19—浇口套　20—定位圈　21—二级喷嘴

第三节　模具拆装实训

一、冲压模拆装实训

通过拆装冲压模，对其结构进行分析，目的在于了解实际生产中各种冲压模具的结构、组成及模具各部分零部件的作用，掌握正确的拆卸及装配冲压模的方法，培养实践动手能力。

1. 工具、量具及模具的准备

拆装用工具：内六角扳手、橡胶锤等

量具：直钢尺、游标卡尺等

模具：简单模、复合模和级进模若干套

2. 拆装内容及步骤

（1）将冲压模上模和下模打开，认真观察模具结构，观察并分析冲压产品图形。

（2）按所拟拆装方案拆卸模具。注意过盈配合的组件不要拆卸。

（3）对照实物画出模具装配图，标出各零件名称，如图9-10所示。

（4）画出所冲压的工件图，如图9-10中的“冲件简图”。

（5）观察完毕，将模具各零件擦拭干净、涂上机油，按正确装配顺序装配好。

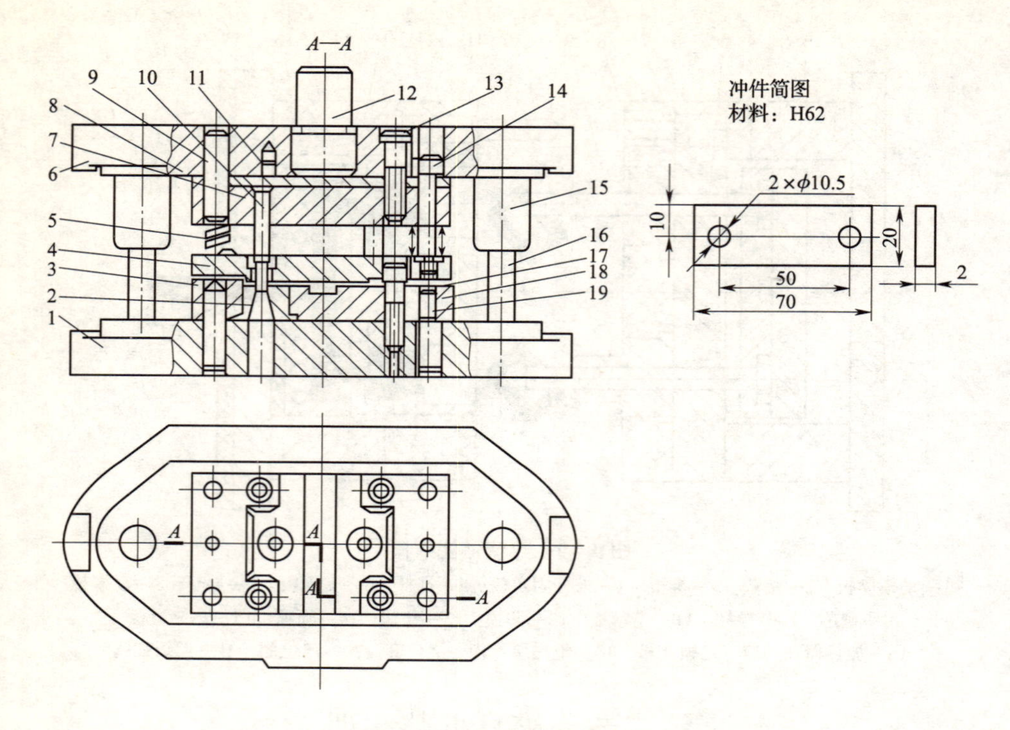

图 9－10　冲孔模

1—下模座　2—凹模　3—定位板　4—弹压卸料板　5—弹簧　6—上模座　7、18—固定板　8—垫板　9、11、19—定位销　10—凸模　12—模柄　13、14、17—螺钉　15—导套　16—导柱

3. 实验报告要求

（1）画出一副模具装配图中的主视图，并标出各零件名称。

（2）模具结构分析：说明模具的冲压过程并画出工件图。

二、注塑模拆装实训

通过拆装注塑模，对其结构进行分析，目的在于熟悉注塑模结构及其各部分零部件的作用，掌握正确的拆卸及装配注塑模的方法，培养实践动手能力。

1. 工具、量具及模具的准备

拆装用工具：内六角扳手、橡胶锤、铜棒等

量具：直钢尺、游标卡尺等

模具：二板式注塑模，三板式注塑模若干套

2. 拆装内容及步骤

（1）拆装前准备　对已准备好的模具仔细观察分析，将注塑模的定模和动模打开。

（2）注意模具上的标记，按所拟拆装顺序拆卸模具，再按顺序分解成单个零件。注意过盈配合的组件不要拆卸。拆卸过程中，要记住各零部件在模具中的连接位置及连接方法。

（3）对照型芯和凹模结构分析产品结构，并找出浇注系统、冷却系统、排气系统、抽芯机构、推出机构、导向系统等。

（4）观察完毕，将模具各零件擦拭干净、涂上机油，按正确装配顺序装配好。

3. 实验报告要求

（1）简述模具拆卸和装配的工艺过程。

（2）说明模具的注塑过程并口头描述其产品结构。

第四节　模具拆装实习安全技术

（1）拆装模具时，应佩戴手套，防止拆装过程手打滑，伤到自己。

（2）严禁使用铜棒直接敲击模具表面，防止模具产生损伤。

（3）拆装模具时，应先了解模具的工作性能，基本结构及各部分的重要性，按次序拆装。

（4）拆装过程中，不可为了省事而对模具猛拆猛敲，如此极易造成零件损伤或变形，严重时将导致模具无法装配。

（5）拆卸零部件应按顺序摆放好，不可乱丢乱放。工作地点要保持清洁，通道不准放置零部件和工具。

（6）传递物件时不得随意投掷，以免伤及他人。

（7）工作结束后，将工具退还，清理场地。

思考与练习

1. 冲压工序可分为哪两大类？并举例说明。
2. 冲压模具主要由哪几部分组成？
3. 冲压模具根据工序组合的程度如何分类？
4. 什么是复合模？其主要结构特征是什么？
5. 请简述注塑机的组成和注塑成型的工艺过程。
6. 注塑模主要由哪几部分结构组成？
7. 塑件结构具有什么特点的情况下需要设计抽芯机构？
8. 二板一开式注射模和三板二开式注射模的区别在哪里？

第十章 数控加工基础知识

第一节 数控加工概述

随着科学技术的迅速发展，产品结构越来越复杂，而且随着新产品开发的速度越来越快，产品的寿命周期也越来越短，更新换代越来越快！现实中，人们对个性化的需求与日俱增，大批量生产的产品的数量越来越少，单件与小批量生产的零件越来越多。尤其是航空航天、造船、机床、重型机械以及国防工业中使用的零件，精度要求高、形状复杂、加工批量小，用普通机床加工这些零件效率低、劳动强度大，有时甚至不能满足或达到产品设计要求。为了解决这些问题，一种具有高精度、高效率、灵活、通用性强的自动化加工设备——数控机床/数控技术应运而生，它为多品种、小批量，特别是结构复杂、精度要求高的零件提供了自动化加工手段。现代的 CAD/CAM、机器人技术、FMS 和 CIMS、敏捷制造等，都是建立在数控技术之上！

一、数控加工技术的优点

（1）加工精度高，产品质量稳定；

（2）对加工对象的适应性强；

（3）自动化程度高，劳动强度少；

（4）生产效率高；

（5）良好的经济效益；

（6）有利于现代化管理。

二、数控机床的产生与发展

数控机床诞生于美国。1952 年，美国帕森斯公司与麻省理工学院共同研制成功了世界上第一台数控机床，用来加工直升机叶片轮廓检查用样板。半个世纪以来，数控技术得到了迅猛的发展，其加工精度和加工效率不断提高，数控机床发展至今已经历了两个阶段。

1. 硬件数控阶段（NC）

早期的计算机运算速度低，不能适应机床实时控制的要求，人们只好用数字逻辑电路搭成一台机床专用计算机作为数控系统，这就是硬件连接数控，简称数控（NC—Numerical Control）。

2. 计算机数控阶段（CNC）

以小型/微型计算机取代硬件控制计算机作为核心部件，数控机床的许多控制功能由专用软件实现，其数控系统被称为软件控制系统，又称 CNC 系统。

三、数控加工的基本原理

1. 数控机床的工作原理、组成（图 10－1）

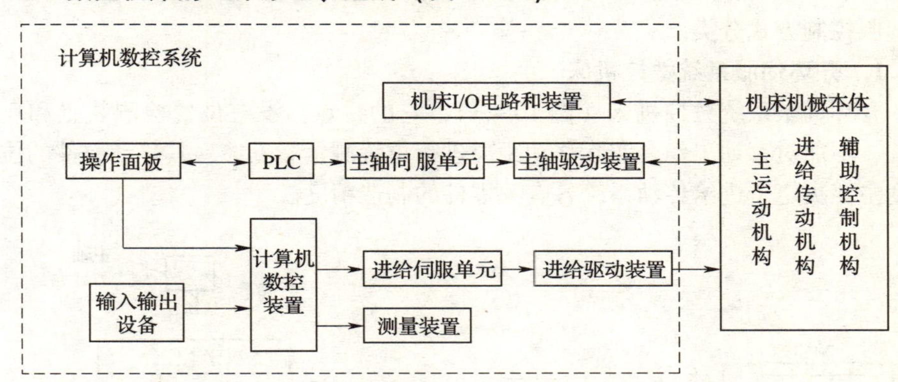

图 10－1　数控机床工作原理、组成图

2. 数控机床的主要组成

（1）输入输出装置　它是数控装置（CNC）系统与外部设备进行交互的装置。交互的信息通常是零件加工程序（NC 代码），坐标数据，刀具补偿数据等，主要是指数控系统的操作面板。

（2）数控装置　（CNC）数控装置是数控机床的核心，由硬件部分（是一台专用的计算机）及控制软件部分组成。其作用是根据输入的零件加工程序进行相应的处理（如运动轨迹处理、机床输入输出处理等），然后输出控制命令到相应的执行部件（伺服单元、驱动装置和 PLC 等），需要系统有条不紊地进行工作。

（3）伺服系统　伺服系统是数控机床的执行机构，由驱动装置、执行部件（如伺服电动机）以及位置检测反馈装置组成，如图 10－2 所示。

图 10－2　伺服机构的部分器件

（4）机床本体

机床本体指的是数控机床机械机构实体，包括床身、主轴、进给机构等机械部件。

四、数控机床的分类

数控机床的种类很多，可以按不同的方法对数控机床进行分类，一般主要是按伺服控制方式分类。

1. 开环伺服系统数控机床

开环伺服系统数控机床（图 10－3），它的特点：没有位置检测装置和反馈装置，不能对移动工作台实际移动距离进行位置测量和反馈，其移动部件的位移精度主要决定于进给传动系统各有关零件的制造精度。

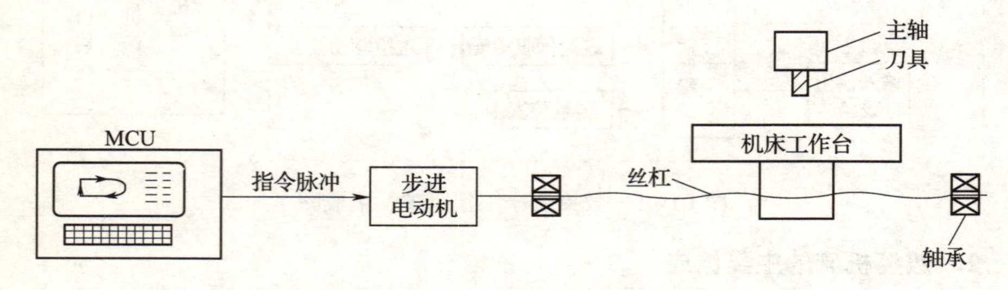

图 10－3　开环伺服系统数控机床控制系统

2. 闭环伺服系统数控机床

闭环伺服系统数控机床（图 10－4），它的特点：有位置测量和反馈装置，加工中将工作台实际位移量的检测结果反馈给数控装置，并与输入的指令进行比较、校正，直至误差值为零，其特点是加工精度高，但结构复杂，设计和调试较困难。

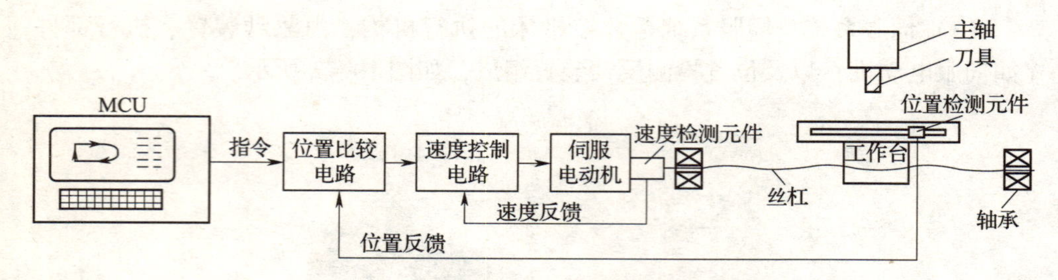

图 10－4　闭环伺服系统数控机床控制系统

3. 半闭环伺服系统数控机床

半闭环伺服系统数控机床（图 10－5），它的特点：其位置检测装置不直接测量机床工作台的位移量，而是通过检测丝杆转角，间接地测量工作台的位移量，并反馈给数控装置进行位置校正。在精度要求适中的中小型数控机床上，半闭环控制得到了广泛的应用。

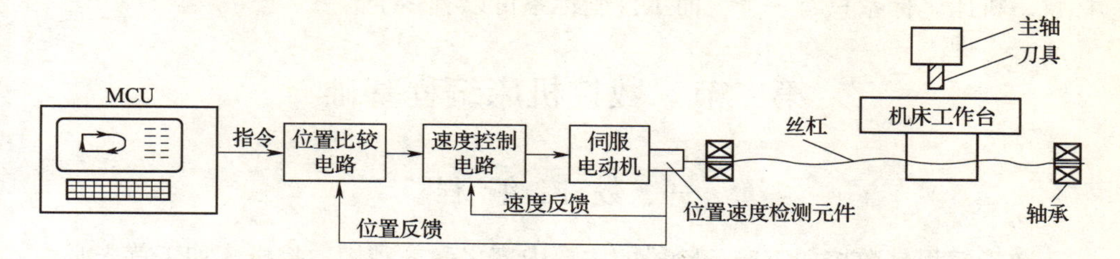

图 10－5　半闭环伺服系统数控机床控制系统

五、数控机床的坐标系统

1. 机床坐标系

为了确定数控机床的运动方向和移动距离，机床需要一个坐标系，数控机床坐标系采用右手笛卡尔直角坐标系。x、y、z。对应每个轴的旋转运动坐标为 A、B、C，各坐标轴正方向按右手法则确定，如图 10－6 所示。

（1）坐标轴及其运动方向　不论机床的具体结构是工件静止、刀具运动，还是工件运动、刀具静止，数控机床的坐标运动都要理解为刀具运动，而工件为静止的。

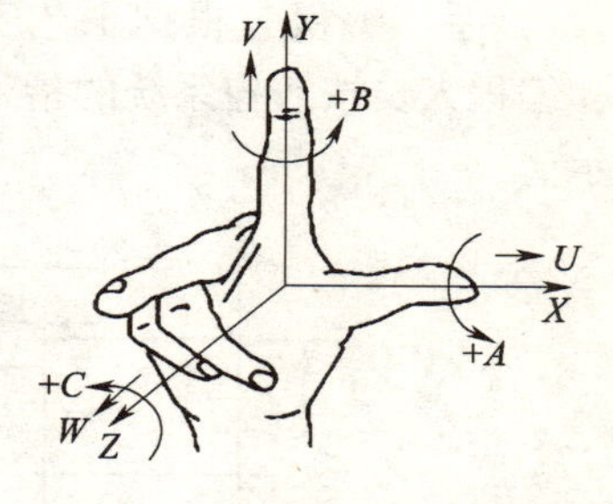

图 10－6　右手笛卡尔坐标系判断示意图

Z 轴——按规定平行与机床主轴轴线的坐标轴定为 Z 轴，Z 轴的正方向是使刀具离开工件的运动方向。

X 轴——X 轴是水平的，平行工件装夹面的坐标轴，X 轴的正方向视具体机床而定。

Y 轴——Y 轴及其正方向应根据 X 轴和 Z 轴坐标，按右手直角坐标系确定。

A、B、C 轴——此三轴坐标为回转进给运动坐标。根据已确定的 X、Y、Z 轴，用右手螺旋定则确定 A、B、C 三轴坐标。

（2）机床坐标系原点　数控机床都有一个基准位置，称为机床原点，是指机床坐标系的原点，即 $X=0$，$Y=0$，$Z=0$ 的点。机床原点固定在机床的一个物理位置，一般在各轴的行程范围的终点。

2. 工件坐标系

工件坐标系：是由程序员设置在工件表面上的一个坐标系。是加工和编程时用的坐标系，也是编程坐标系。

坐标原点：就是程序原点。通常是工件的中心点或工件的端点，应尽量选择在零件的设计或工艺基准上，使编程计算方便。

3. 机床坐标系与工件坐标系关系

因为工件是装夹在机床中，所以工件坐标系是机床坐标系的子（局部）坐标系。机床坐标系只有一个，而工件坐标系可以有多个。

第二节　数控机床编程基础

一、数 控 编 程

数控编程是数控加工准备阶段的主要内容之一，利用数控机床加工首先必须生成数控程序（NC）代码，再用数字化的信号代码对机床运动控制，从而加工工件。

数控编程过程

（1）分析零件图样和工艺处理　主要对零件图样进行工艺分析，以确定加工内容及其要求，确定加工方案，即采用什么设备（数车床还是数铣床还是……）、怎么样装夹固定加工、选用刀具、确定合理的走刀路线以及切削用量等。

（2）编写数控加工程序

1）手工编程　根据工艺安排的加工路线，确定加工坐标系、计算加工轨迹，编程人员按数控系统的指令代码和格式要求，逐段编写程序单。如图 10－7 所示。

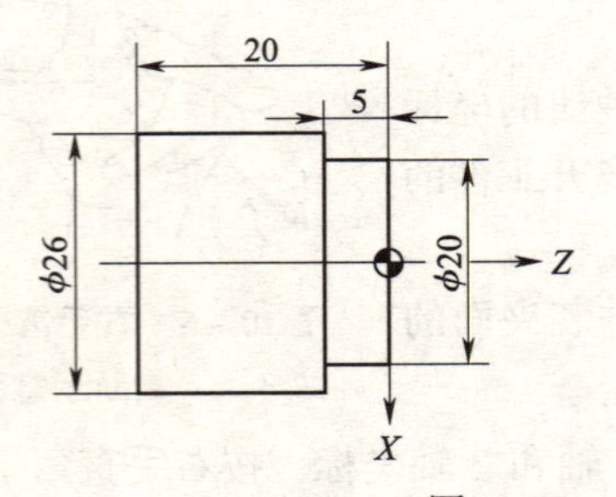


```
O0001
N1 G0 X0 Z3 S600 M3
N2 G1 Z0 F100
N3 G1 X20
N4 Z-5
N5 X26
N6 Z-20
N7 G0 X100 Z100 M5
N8 M30
```

图 10－7　编程

2）计算机辅助编程　手工编程只适合简单零件，当碰到复杂零件如图 10－8 所示，要编程人员手工编程就劳动强度大，而且不一定能解决。计算机辅助编程（CAM）就是利用计算机（CAM）编程软件实现零件的数控程序自动编制。

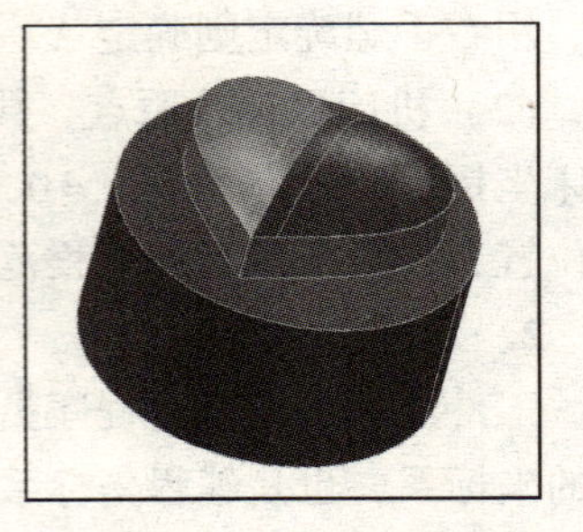

图 10－8　用于计算机辅助编程的零件

计算机辅助编程操作步骤：

① 工艺分析。主要包括分析加工表面，确定编程原点，确定刀具等。

② 几何造型或模型输入。CAM 计算机编程软件有很多，例如 UG、Mastercam、Powermill 等。

③ 生成刀具路径轨迹。根据工艺路线安排，加工参数（安全高度、主轴转速、进给速度、公差余量、切削深度等）要求，选择不同的加工方式策略，软件将自动生成所需要的刀具路径轨迹。

④ 刀具轨迹验证。为减少机床事故的发生、材料的浪费，可采用软件的模拟仿真功能进行检验。

⑤ 后置处理。软件生成的刀具路径轨迹需要转换成数控代码。

二、数控编程实例

以图 10－4 所示零件加工为例，详细介绍 Powermill 软件的自动编程方法。

1. 输入模型

在文件下拉菜单栏里选择输入模型，再选择已建好的零件模型的存放路径，打开就可载入到软件显示区，如图 10－9 所示。

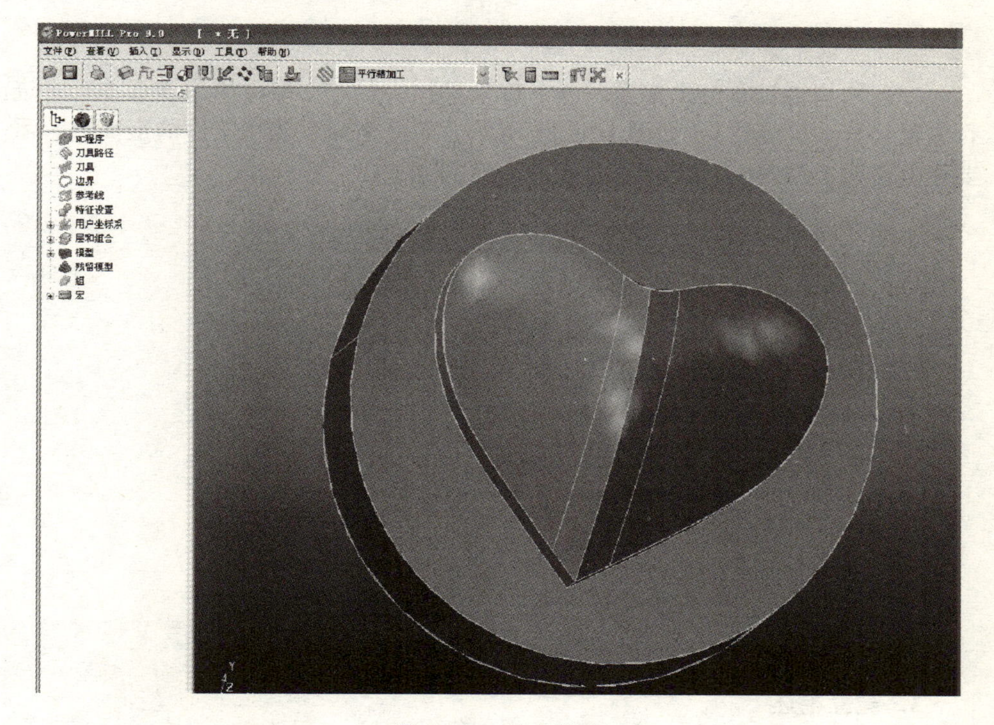

图 10－9　输入模型

2. 建立坐标

（1）坐标系需要 X、Y 放置在工件的正中心，Z 轴在工件的最高表面，且垂直与工件才可以，以便机床上找正。

（2）坐标系是否在中心（所要的原点位置）可以通过右击模型，查看下拉菜单栏的属性得到。如图 10－10 所示。

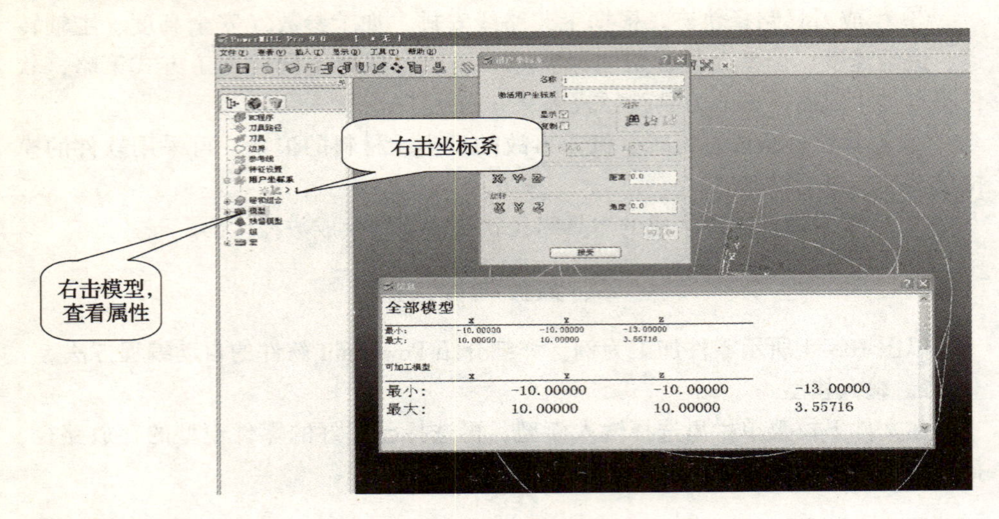

图 10－10　建立坐标

（3）可以通过右击坐标系——下拉菜单栏中的——编辑用户坐标系——进行编辑（移动、旋转），如图 10－11 所示。如把坐标系放在工件的最高点，需要往上移动 3.55716，给数值后，点 Z 轴，即可。

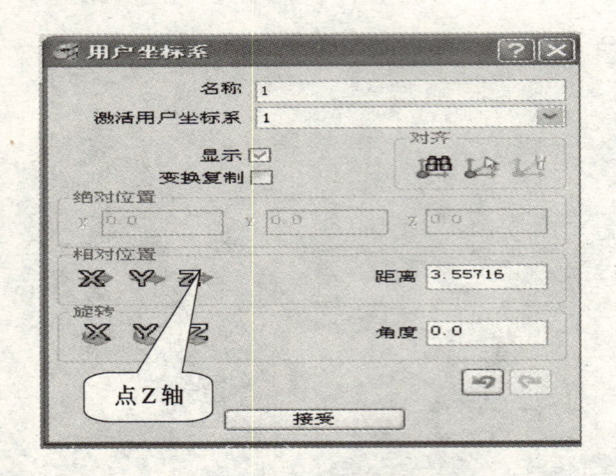

图 10－11　查看菜单

3. 建立毛坯

如图 10－12 所示。

4. 刀具创建

分析模型，确定所要的刀具类型，根据模型选择刀具规格大小。

端铣刀——加工平面

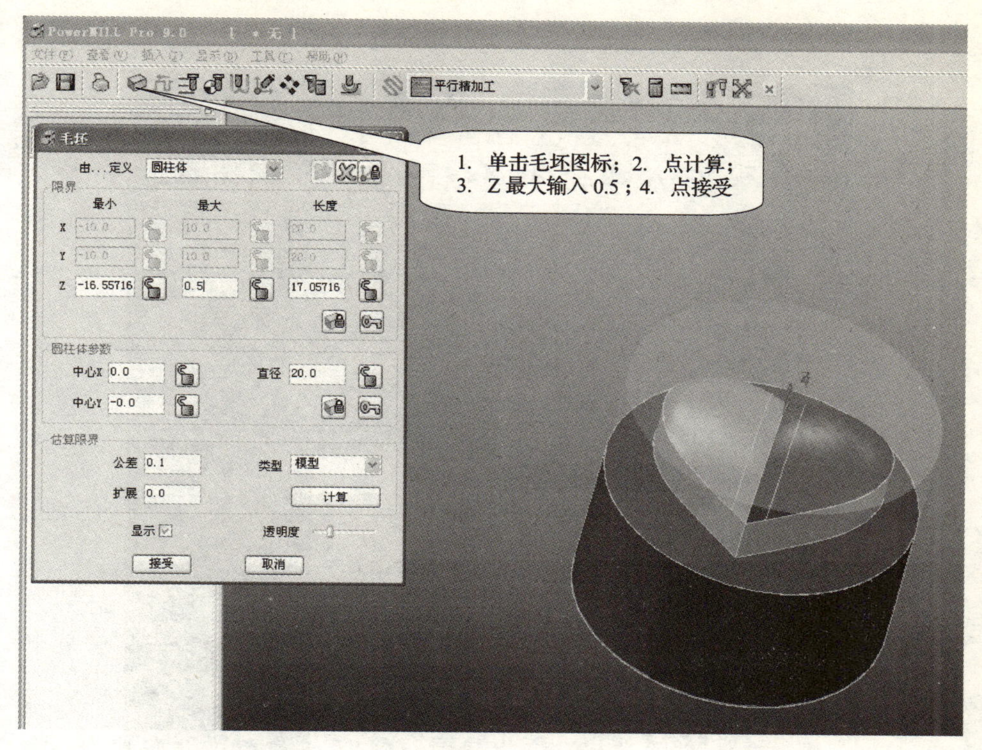

图 10－12　创建毛坯

棒铣刀——轮廓、挖槽

球刀——精修曲面

按图 10－13 产生棒铣刀 D6（直径为 6 的），球头刀 R3（直径为 6 的）各一把。

5. 刀具路径策略产生

（1）单击策略图标（如图 10－14）

（2）选择粗加工策略“偏置区域清除策略”

1）Powermill 策略方式非常丰富，根据需要选择相对应的策略（如图 10－15），粗加工 95% 的情况下是选择“三维区域清除中的偏置区域清除策略”

2）在弹出的参数设置对话表中，按工艺要求设置好相关参数，点击应用计算好刀具路径（如图 10－16）。

（3）平面、侧面轮廓精加工

1）选择“平行平坦面精加工策略”（如图 10－17）

2）设置相关参数，点击“应用”，计算刀具路径轨迹（如图 10－18）。

（4）精加工曲面

1）选择“平行精加工策略”（如图 10－19）。

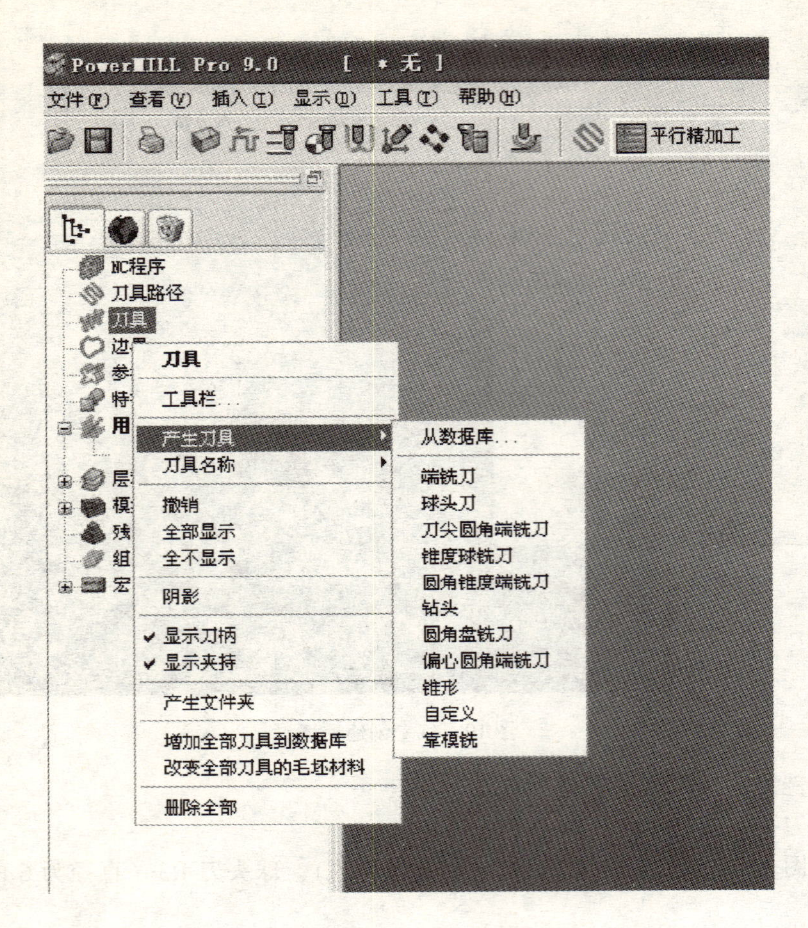

图 10－13　刀具创建

图 10－14　策略图标

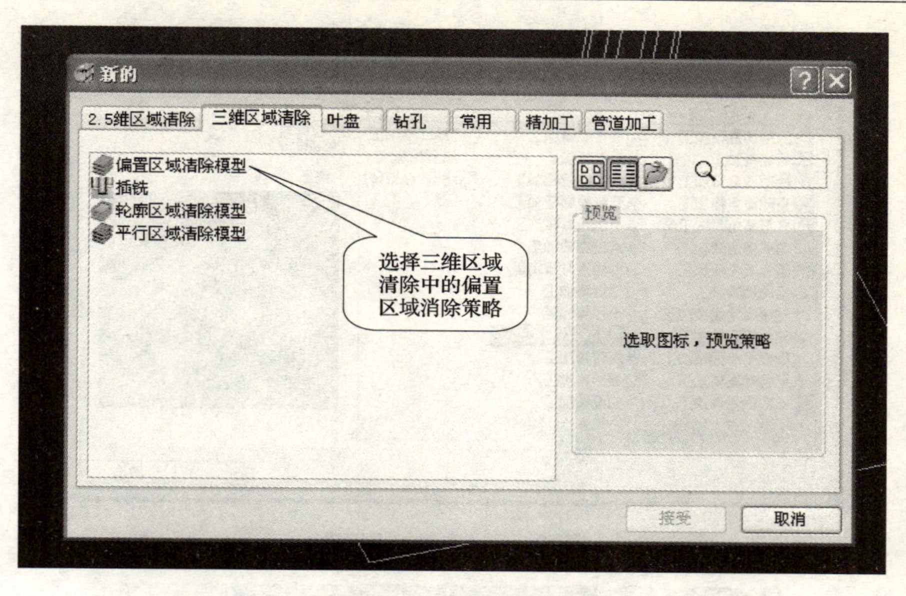

图 10－15　选择策略图标

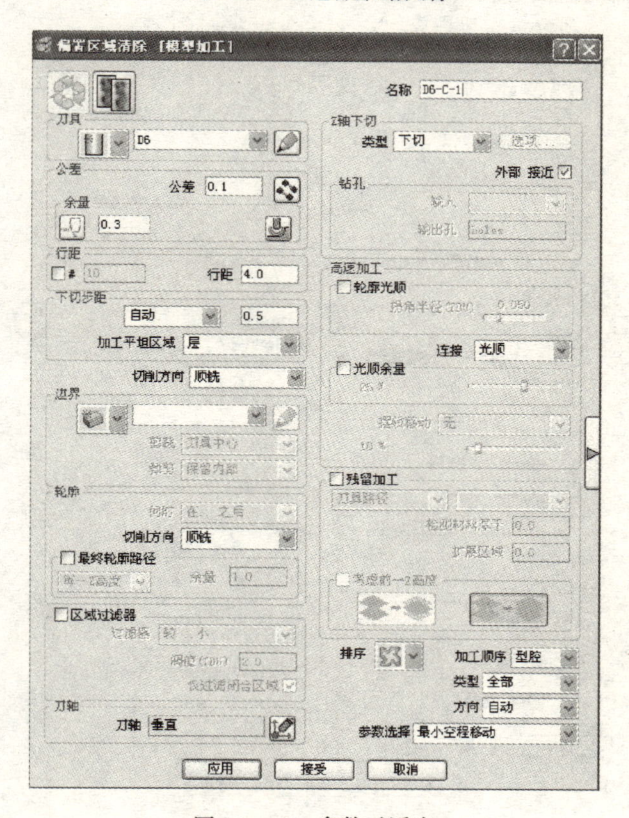

图 10－16　参数对话表

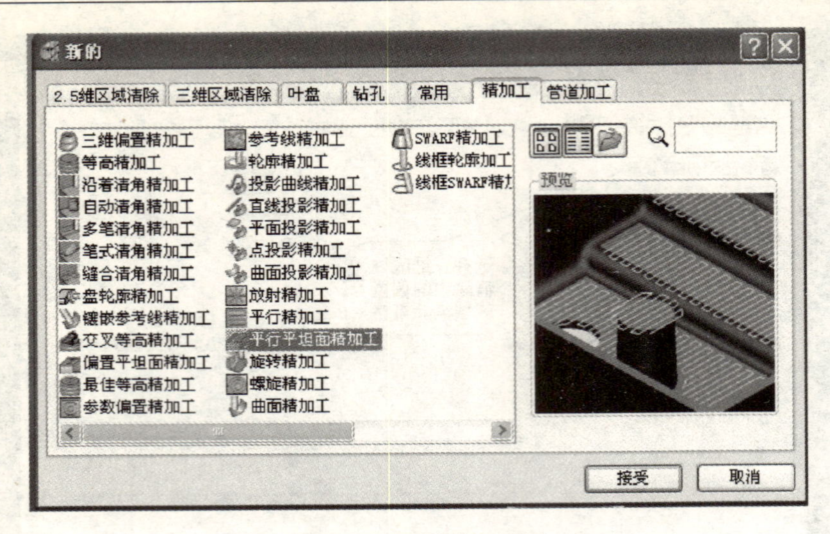

图 10－17　选择加工策略

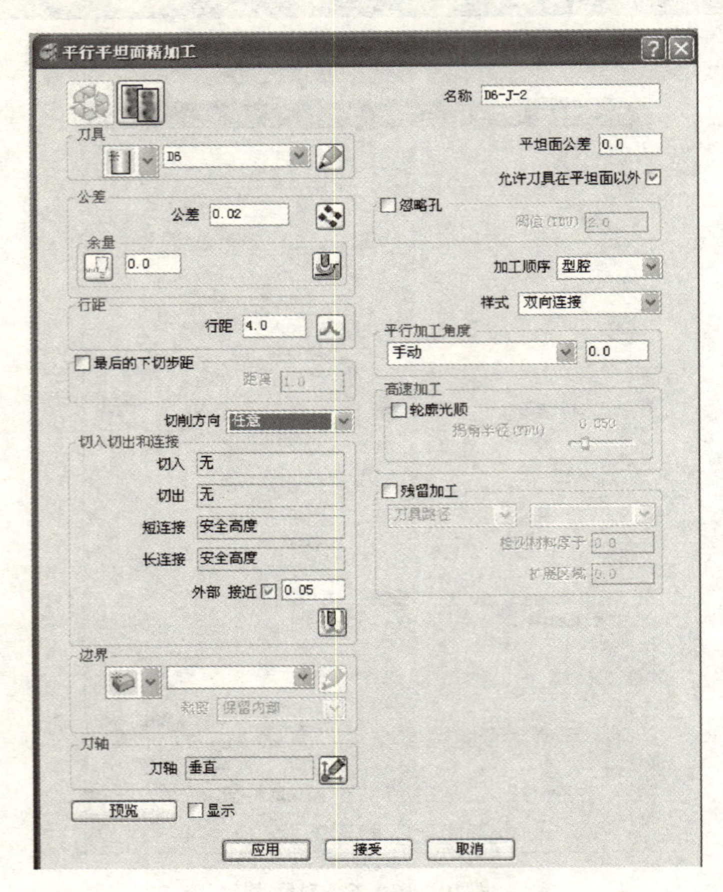

图 10－18　点击选择刀具路径

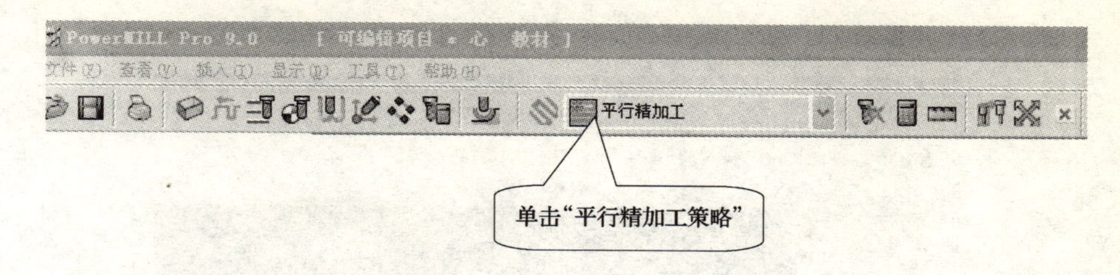

图 10－19　平行精加工策略

2）设置相关参数，点击“应用”，计算刀具路径轨迹（图 10－20）。

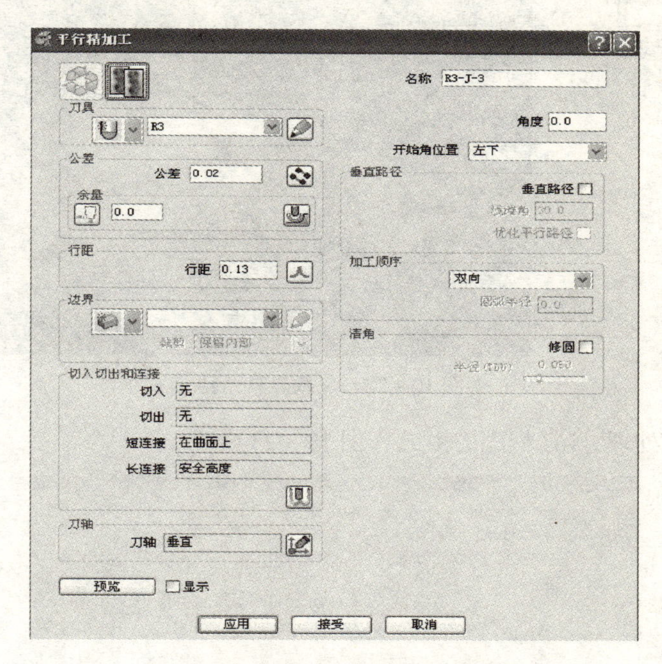

图 10－20　点击应用计算刀具路径

3）模拟仿真（工具栏空白地方右键，选择两条工具条，图 10－21）

图 10－21　模拟仿真

4）装载刀具路径，开启效果模式，得到仿真结果如图10－22所示。

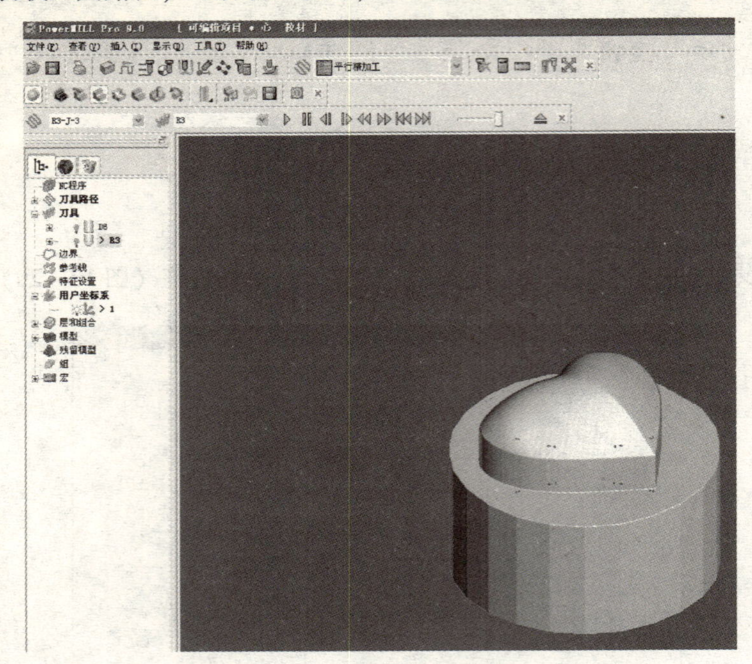

图10－22 装载刀具路径

5）后置处理，NC程序的生成（图10－23）。

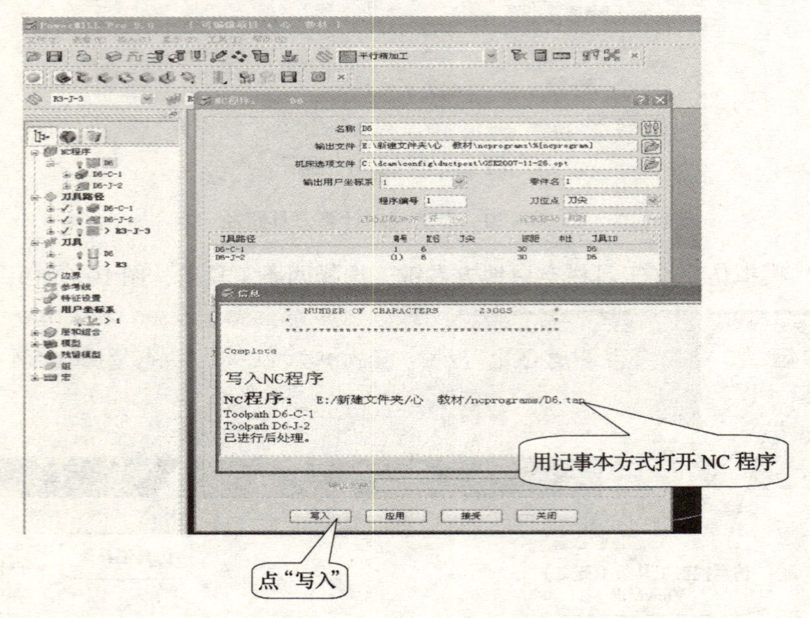

（a）

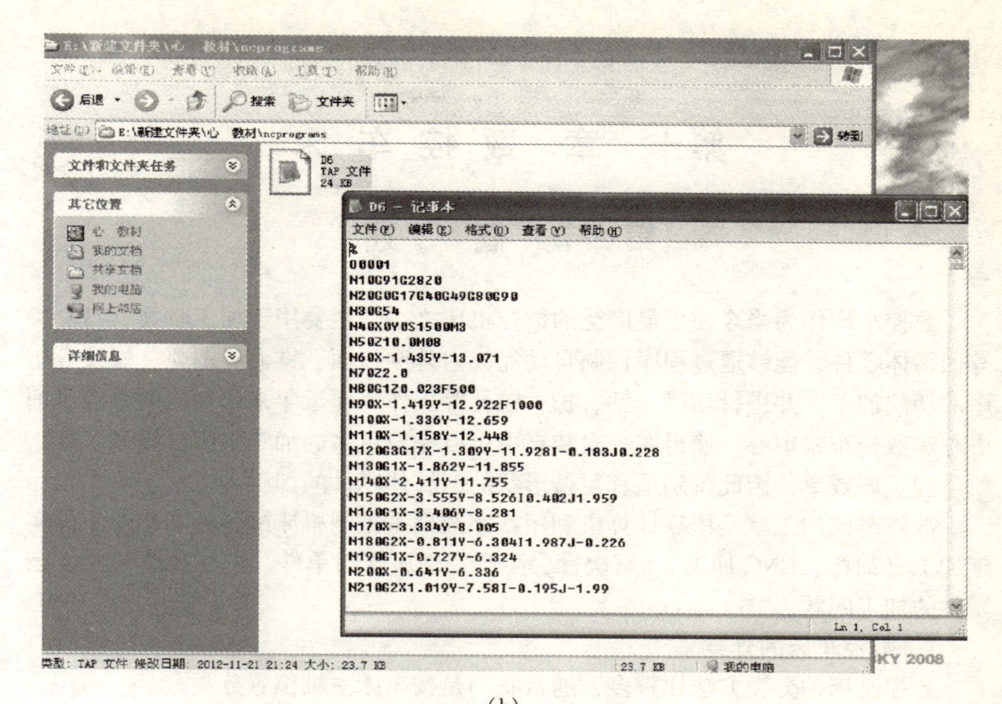
E:\新建文件夹\心　教材\ncprograms
文件(F)　编辑(E)　查看(V)　收藏(A)　工具(T)　帮助(H)
后退　搜索　文件夹
地址(D)　E:\新建文件夹\心　教材\ncprograms　转到
文件和文件夹任务
其它位置
心　教材
我的文档
共享文档
我的电脑
网上邻居
详细信息
D6
TAP 文件
24 KB
D6 - 记事本
文件(F)　编辑(E)　格式(O)　查看(V)　帮助(H)
%
O0001
N10G91G28Z0
N20G0G17G40G49G80G90
N30G54
N40X0Y0S1500M3
N50Z10.0M08
N60X-1.435Y-13.071
N70Z2.0
N80G1Z0.023F500
N90X-1.419Y-12.922F1000
N100X-1.336Y-12.659
N110X-1.158Y-12.448
N120G3G17X-1.309Y-11.928I-0.183J0.228
N130G1X-1.862Y-11.855
N140X-2.411Y-11.755
N150G2X-3.555Y-8.526I0.402J1.959
N160G1X-3.406Y-8.281
N170X-3.334Y-8.005
N180G2X-0.811Y-6.304I1.987J-0.226
N190G1X-0.727Y-6.324
N200X-0.641Y-6.336
N210G2X1.019Y-7.58I-0.195J-1.99
Ln 1, Col 1
类型: TAP 文件 修改日期: 2012-11-21 21:24 大小: 23.7 KB
23.7 KB
我的电脑
KY 2008

(b)

图 10－23　后置处理

第十一章 数 控 车 床

第一节 概 述

数控车床作为当今使用最广泛的数控机床之一，主要用于加工轴类、盘套类等回转体零件，能够通过程序控制自动完成内外圆柱面、锥面、圆弧、螺纹等工序的切削加工，并进行切槽、钻、扩、铰孔等工作。而近年来研制出的数控车削中心和数控车铣中心，使得在一次装夹中可以完成更多的加工工序，提高了加工质量和生产效率，因此特别适宜复杂形状的回转体零件的加工。

数控车床加工就是依靠计算机利用数字数据来控制机床的各种动作对工件实施加工（简称：CNC 加工）。解决社会生产发展所需的单件、中小批量精密复杂零件的加工问题。

1. 数控车床的分类

数控车床的分类方法比较多，通常我们是按车床主轴位置分类。

（1）立式数控车床　立式车床简称数控立床，其车床主轴垂直于水平面，具有一个直径很大的圆形工作台，用来装夹工件，如图 11 – 1 所示。

图 11 – 1　立式数控车床

（2）卧式数控机床　卧式数控机床又分为数控水平导轨卧式车床和数控倾斜导轨卧式车床，其倾斜导轨结构可以使车床具有更大的刚性，并易于排出切屑。如配有普通尾座或数控尾座，适合车削较长的零件及直径不太大的盘式类零件。如图 11 －2、图 11 －3 所示。

图 11 －2　卧式数控车床

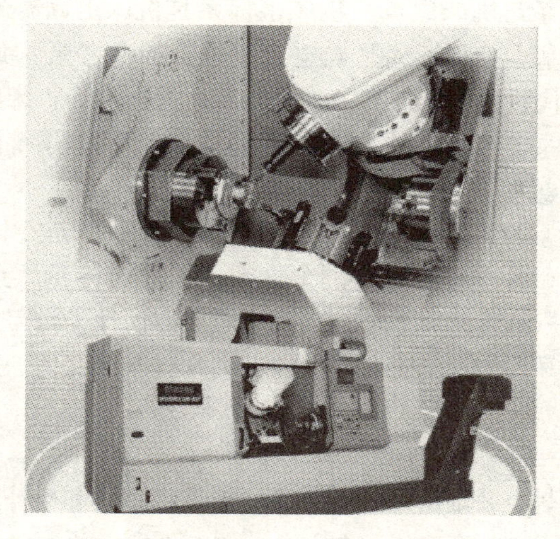

图 11 －3　双刀式、双主轴数控车床

2. 数控车床的主要加工特点

（1）对加工对象改型的适应性强　不同于传统机床在改型时，需制造或更换许多工、夹具等，而数控机床只需重新编制新的程序就能实践对零件的加工。

（2）加工精度高　数控机床的传动系统与机床结构都具有很高的刚度和热稳定性、制造精度，再加上数字控制装置（数控装置）控制精度也较高，所以在数控机床上加工零件的尺寸一致性较好。

(3) 加工效率高　工序集中，在一次安装后，通过自动换刀，高速、高效、高精度连续地对工件进行多种工序加工。

一、数控车削加工

数控车床操作流程，当用数控车床加工零件时，首先要编写程序，然后用程序操作数控车床。

1）首先，根据零件图编写 CNC 程序。

2）程序被读进 CNC 系统中。然后，在机床上安装工件和刀具，并且根据程序运行刀具。最后，实际进行加工。

在实际编程前，还应制定如何加工零件的加工计划：① 确定工件加工的范围；② 确定在机床上安装工件的方法；③ 制定整个加工过程的加工顺序；④ 选定刀具和实施加工。

二、数控车床的坐标系

1. 机床坐标系与工件坐标系

(1) 机床坐标系与机床原点　机床坐标系是机床上固有的坐标系，是用来确定工件坐标系的基本坐标系，是确定刀架位置的参考系，并建立在机床原点上。机床原点是现代数控车床都有的一个基准位置，称为机床原点，是机床制造商设置在机床上的一个物理位置，其作用是使机床与控制系统同步，建立测量机床运动坐标的起始点。

(2) 工件坐标系与工件坐标系原点　工件坐标系，是在机床坐标系内，确定工件轮廓的编程和各点计算设定的坐标系。工件坐标系原点，也称为工件原点，由编程人员根据编程计算方便性、机床调整方便性、对刀方便性、在毛坯上位置确定的方便性等具体情况定义在工件上的几何基准点，一般为零件上最重要的设计基准点。

2. 轴定义

本系统使用 *X* 轴，*Z* 轴组成的直角坐标系进行定位和插补运动。*X* 轴为水平面的前后方向，*Z* 轴为水平面的左右方向。向工件靠近的方向为负方向，离开工件的方向为正方向。

3. 编程坐标

本教程的数控车床 CNC 系统可用绝对坐标（*X*，*Z*），相对坐标（U，W）或混合坐标（*X*，*Z* 和 U，W 同时混合使用）进行编写程序。

三、数控车削加工编程技术

数控车床的基本功能

1. 准备功能（G 功能）

准备功能也称为 G 功能，（或称为 G 代码），它是用来指令车床工作方式或控制系统工作方式的一种命令。G 代码有非模态 G 代码和模态 G 代码之分，非模态 G 代码只限于被指令的程序段中有效，而模态 G 代码在同组 G 代码出现之前，其代码一直有效（表 11－1）。

表 11－1　常用 G 功能指令介绍

指令名	功能	指令名	功能
G00	快速定位	G71 *	轴向粗车循环
G01	直线插补	G72 *	径向粗车循环
G02	顺时针圆弧插补	G73 *	封闭切削循环
G03	逆时针圆弧插补	G74 *	轴向切槽循环
G04 *	暂停、准停	G75 *	径向切槽循环
G28 *	自动返回机械零点	G76 *	多重螺纹切削循环
G32	等螺距螺纹切削	G90	轴向切削循环
G33	Z 轴攻丝循环	G92	螺纹切削循环
G34	变螺距螺纹切削	G94	径向切削循环
G40	取消刀尖半径补偿	G96	恒线速控制
G41	刀尖半径左补偿	G97	取消恒线速控制
G42	刀尖半径右补偿	G98	每分进给
G50 *	设置工件坐标系	G99	每转进给
G70 *	精加工循环	G65	宏指令

注：带“*”代码为非模态代码，其他为模态代码。

插补基本概念：插补指根据给定的数学函数，在理想的轨迹和轮廓上的已知点之间进行数据密化处理的过程。其任务就是根据进给速度的要求，在轮廓起点与终点之间计算出若干个中间点的坐标值。（根据给定的信息，在理想轮廓上的已知两点之间，确定一些中间点的一种方法）。插补精度是以脉冲当量来衡量的，脉冲当量是数控机床的一个基本参数。

G 代码详细说明

1）G00 快速定位

格式：G00 X30 Z50

■ 其中，X30 Z50 指终点坐标值

■ 表示快速地从当前点以直线方式移动到终点坐标；

■ G00 指令的运动轨迹是按快速定位进给速度运行（移动速度由系统的参数设定），先两轴同量同步进给作斜线运动，走完较短的轴，再走完较长的另一轴。

2）G01 直线插补（图 11－4）

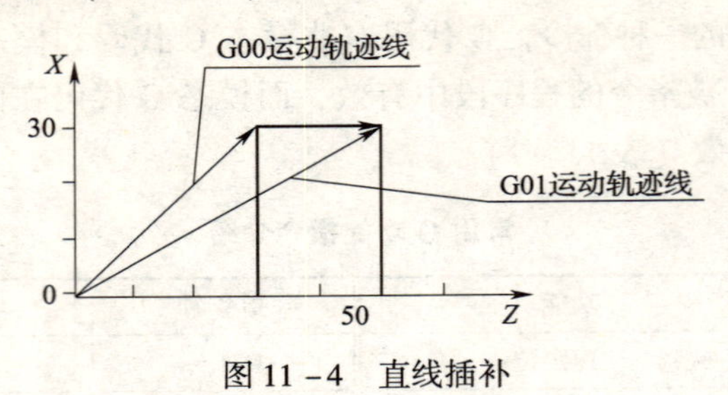

图 11－4　直线插补

格式：G01 X30 Z50 F100

■ 其中，X30 Z50 指终点坐标值

■ F100 指进给速度

■ 表示在当前点以直线方式和设定的进给速度移动到终点坐标

3）G02、G03 顺逆时针圆弧插补（图 11－5）

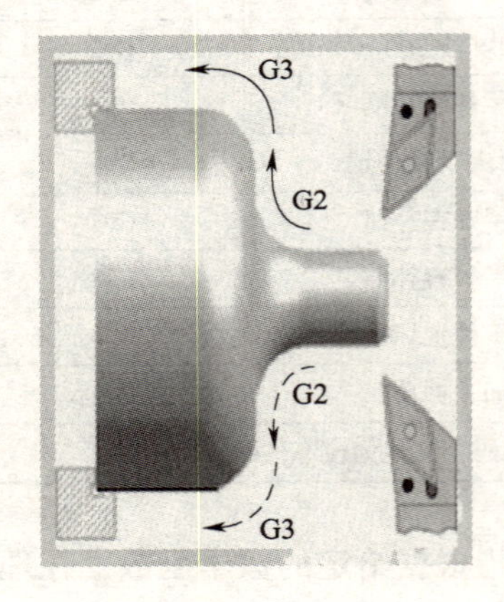

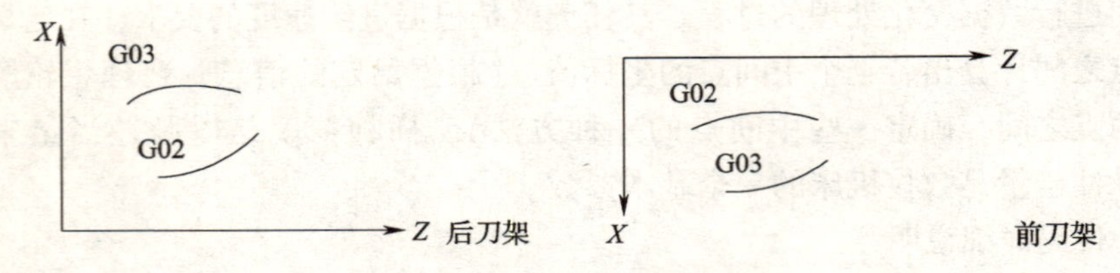

图 11－5　圆弧插补

用前刀架时：G03 顺时针圆弧插补、G02 逆时针圆弧插补

格式 1：G02/G03　X－Z－R－F－

其中，X－Z －圆弧终点坐标；

R－圆弧半径；

F－指进给速度；

格式2：G02/G03 X－Z－I－K－F－

其中，X－Z－圆弧终点坐标；

I－以圆弧起始点作坐标，圆弧起点至圆心X轴方向的距离（mm）；

K－以圆弧起始点作坐标，圆弧起点至圆心Z轴方向的距离（mm）；

F－4位数字的进给功能代码；

4）G50坐标系统的设定（图11－6）

格式：G50 X __ Z __；

根据此指令，建立一个坐标系，使刀具上的某一点，例如刀尖，在坐标系的坐标为（X、Z）。

此坐标系称为零件坐标系。坐标系一旦建立，后面指令中绝对值指令的位置都是用此坐标系中该点位置的坐标值来表示的。

当直径指定时，X值是直径值，半径指定时是半径值。

直径指定时的坐标系设定：

G50 X 2a Zb

5）G90轴向切削循环（外圆、内圆车削循环）

格式：G90 X __ Z __ F __；

其中：X __ Z __切削终点坐标值

F __切削速度

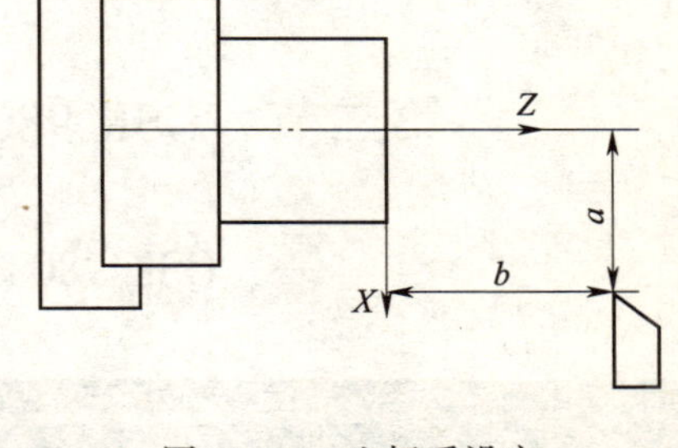

图11－6 坐标系设定

2．辅助功能（M功能，表11－2）

表11－2 **常用M功能表**

代码	功能	代码	功能
M00	程序停止	M09	冷却液关
M03	主轴正转	M30	程序结束
M04	主轴反转	M98	调用子程序
M05	主轴停止	M99	子程序结束
M08	冷却液开		

3．进给功能（F功能）

在切削零件时，用指定的速度来控制刀具运动和切削时的进给速度称为进给，决定进给速度的功能称为进给功能（也称F功能）。对于数控车床，其进给的方式可以分为：每分钟进给（即刀具每分钟走的毫米距离，单位为mm/min）和每转进给（即车床主轴每转一圈，刀具向进给方向移动的距离，单位为毫米/转）两种。

4. 刀具功能（T 功能）

刀具功能也称为 T 功能，用于指令加工中所用刀具号及自动补偿编组号的地址字，其自动补偿内容主要指刀具的刀位偏差及刀具半径补偿。

例：

T 02 02 表示将 2 号刀转到切削位置，并执行第 2 组刀具补偿值。

T 01 00 表示将 1 号转到切削位置，不执行刀补，补偿量为零。

5. 主轴功能（S 功能）

主轴转速指令功能，它是由地址 S 及其后面的数字表示，目前有 S2（两位数）、S4（四位数）的表示法，即 SXX 和 SXXXX，一般的经济型数控车床一般用一位或两位约定的代码来控制主轴某一挡位的高速和低速，对具有无级调速功能的数控车床，则可由后续数字直接指令其主轴的转速（r/min）。

本文介绍的 GSK980TD 数控系统，对应机床具有无级调速功能。如：想要指定车床每分钟 560 转，编程时只需在程序段中指令 S560 即可实现转速要求（其余转速可类推）。

第二节　GSK 980TD 数控车床加工实训

一、GSK 980TD 数控系统控制面板

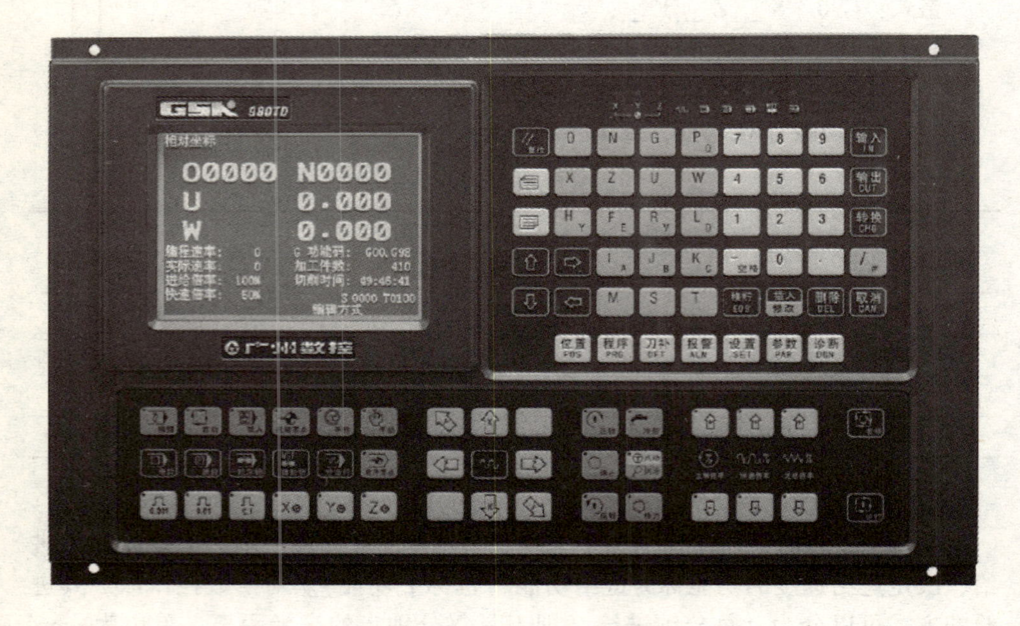

图 11-7　数控系统控制面板

机床操作控制面板各按钮的说明（表11－3）

表11－3　　控制按钮的说明

按　钮	名　称	用　途
自动	自动方式选择按钮	选择自动操作方式
运行	循环启动按钮	自动运行的启动。在自动运行中，自动运行的指示灯亮
暂停	进给保持按钮	在自动运转中，按操作面板上的进给保持键可以使自动运转暂时停止
编辑	程序编辑按钮	编辑、修改、存储文件
机床锁	机床锁住按钮	机床不移动，但位置坐标的显示和机床运动时一样，并且M、S、T都能执行。此功能用于程序校验
MST 辅助锁	辅助功能锁住按钮	辅助功能锁住开关置于ON位置，M、S、T代码指令不执行，与机床锁住功能一起用于程序校验
复位	复位按钮	用LCD/MDI上的复位键，使自动运转结束，变成复位状态。在运动中如果进行复位，则机械减速后停止
单段	单程序段按钮	当单程序段开关置于ON时，单程序段灯亮，执行程序的一个程序段后，停止。如果再按循环启动按钮，则执行完下个程序段后，停止
空运行	空运转键按钮	快速检查程序是否正确
手轮	单步方式选择按钮	选择单步进给方式

续表

按　钮	名 称	用　途
手动	手动方式选择按钮	选择手动操作方式
	手动轴向运动按钮	手动连续进给，单步进给，轴方向运动
程序零点	返回程序起点	返回程序起点开关为 ON 时，为回程序零点方式
	快速进给倍率	选择快速进给倍率
0.001　0.01　0.1　1	单步/手轮移动量	选择单步一次的移动量（单步方式）
进给倍率	进给速度倍率	在自动运行中，对进给速率进行倍率
正转	主轴正转	主轴按顺时针方向转动
反转	主轴反转	主轴按逆时针方向转动

续表

按　　钮	名　称	用　　途
 停止	主轴停止	主轴停止转动
  主轴倍率 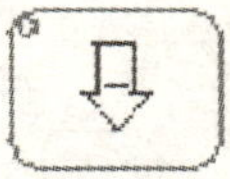	主轴倍率	主轴倍率选择（含主轴模拟输出时）
 冷却	冷却液开关按钮	冷却液起动（详见机床厂发行的说明书）
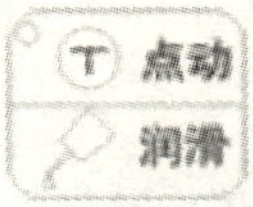 点动 润滑	主轴点动、润滑液开关按钮	主轴点动，润滑液起动
 换刀	手动换刀	手动换刀（详见机床厂发行的说明书）
 X Y Z	手轮控制轴选择键	手轮操作方式 X、Y、Z 轴选择
  快速倍率 	快速倍率键	快速移动速度的调整

二、GSK 980TD 数控车床基本操作

（一）手动方式

1. 手动返回参考点

（1）按参考点方式键，选择回参考点操作方式，这时液晶屏幕右下角显示［机械回零］

（2）按手动轴向运动开关，按一下就可松开，不需长按。机床向选择的轴向运动。

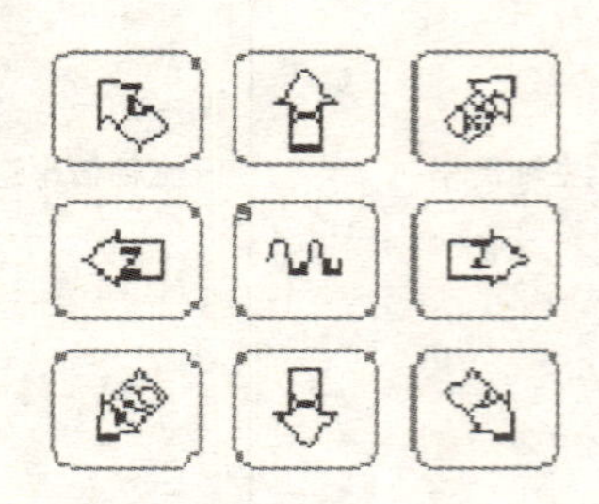

在减速点以前，机床快速移动，碰到减速开关后以 FL（参数 032 号）的速度移动到参考点。在快速进给期间，快速进给倍率有效。FL 速度由参数设定。(回零方式不选择时)

（3）返回参考点后，返回参考点指示灯亮（图 11－8）。

2. 手动返回程序起点

按下返回程序起点键，选择返回程序起点方式，这时液晶屏幕右下角显示［程序回零］。

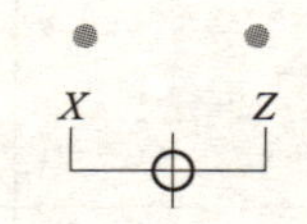

图 11－8 返回参考点结束指示灯

3. 坐标轴移动

按下手动方式键，选择手动操作方式，这时液晶屏幕右下角显示［手动方式］。

（1）手动连续进给 选择移动轴，机床沿着选择轴方向移动。也可同时按住 X、Z 轴的方向选择键实现 2 个轴的同时运动。

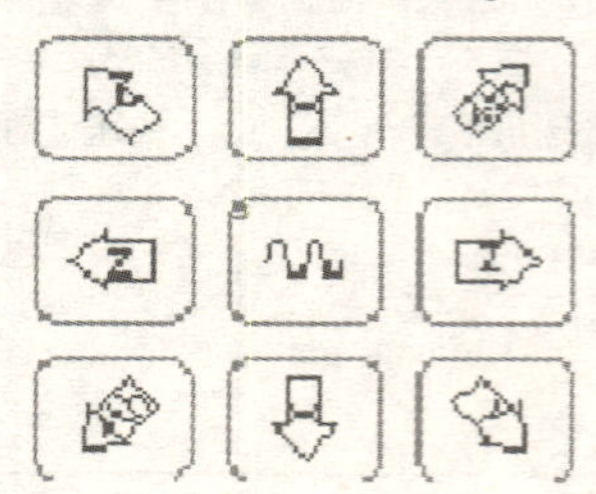

可按 中的 或 修改手动进给倍率，共16级。

（2）手动快速移动　当进行手动进给时，按下 键，使状态指示区的指示灯 亮则进入手动快速移动状态。

按下 或 键可使X轴向负向或正向快速移动，松开按键时轴运动停止；按下 或 键可使Z轴向负向或正向快速移动，松开按键时轴运动停止；

也可同时按住X、Z轴的方向选择键实现2个轴的同时移动。再按下 键，使状态指示区的指示灯 亮则进入手动快速移动状态。

按 中的 或 修改手动快速移动的倍率（也可按 、 、 键修改快速倍率，其对应的快速倍率分别是Fo，50%，100%。），快速倍率有Fo，25% 50%，100%四挡。

4. 手轮进给

转动手摇脉冲发生器，可以使机床微量进给。

（1）按下手轮方式键，选择手轮操作方式，这时液晶屏幕右下角显示［手轮方式］。

（2）选择手轮运动轴：在手轮方式下，按下相应的键，则选择其轴，所选手轮轴的地址［U］或［W］闪烁。

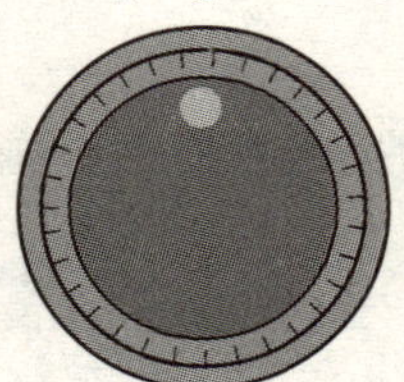

手摇脉冲发生器
顺时针：+方向
逆时针：–方向

轴选择键

（3）转动手轮。

（4）选择移动量：按下增量选择键，选择移动增量，相应在屏幕左下角显示移动增量。

移动量选择开关

（二）编辑方式

1. 程序存储、编辑操作前的准备

（1）把程序保护开关置于ON上。

（2）操作方式设定为编辑方式

（3）按［程序］键后，显示程序。后方可编辑程序。

注：为了保护零件程序，在【设置】页面上设有程序保护开关，只有该开关ON时，才可编辑程序。

2. 程序输入

（a）方式选择为编辑方式；

（b）按［程序］键；

（c）用键输入地址O；

（d）用键输入程序号；

（e）按EOB键；

通过这个操作，存入程序号，之后把程序中的每个字用键输入，然后按INSRT键便将键入程序存储起来。

3. 程序号的检索

当存储器存入多个程序时，按［程序］键时，总是显示指针指向的一个程序，即使断电，该程序指针也不会丢失。可以通过检索的方法调出需要的程序（改变指针），而对其进行编辑或执行，此操作称为程序检索。

（1）检索方法

（a）选择方式（编辑或自动方式）

（b）按［程序］键，显示程序画面；

（c）按地址O；

（d）键入要检索的程序号

（e）按↓键；

（f）检索结束时，在LCD画面显示检索出的程序并在画面的右上部显示已检索的程序号。

（2）扫描法

（a）选择方式（编辑或自动方式）

（b）按［程序］键

（c）按地址O

（d）按↓键。编辑方式时，反复按O，↓键，可逐个显示存入的程序。

（3）光标确认法

（a）选择方式（编辑或自动方式）

（b）按［程序］键，进入程序目录显示页面；

（c）按或键将光标移动到待选择的程序名上（光标移动的同时，“程序大小”、“注释”内容也随之改变）；

（d）按 换行EOB 键。

```
程序目录                              O0008 N0000
    软件版本号：GSK-980TD  V05.10.20
    零件程序数：最多384；  已存：  20
    存储器容量：6144 KB；  已用：5310 KB
    程序目录：
    O0000 O0001 O0002 O0003 O0004 O0005
    O0006 O0007 O0008 O0009 O0010 O0011
    O0012 O0023 O0088 O0089 O1000 O0044
    O0100 O0101

  程序大小：32KB      注释：CNC PROGRAM.20051020
                              S 0000 T0100
                          录入方式
```

4. 程序删除

删除存储器中的程序。

（1）选择编辑方式；

（2）按［程序］键，显示程序画面；

（3）按地址 O；

（4）用键输入程序号；

（5）按 DEL 键，则对应键入程序号的存储器中程

删除存储器中的全部程序。

（1）选择编辑方式；

（2）按［程序］键，显示程序画面；

（3）按地址键 O；

（4）输入 -9999 并按 DEL 键。

5. 字的插入、修改、删除

存入存储器中程序的内容，可以改变。

（1）把方式选择为编辑方式；

（2）按［程序］键，显示程序画面；

（3）选择要编辑的程序；

（4）检索要编辑的字。

（5）进行字的修改、插入、删除等编辑操作

字符的检索

① 扫描法：光标逐个字符扫描

（a）按［编辑］键进入编辑操作方式，按［程序 PRG］键选择程序内容显示页面。

（b）按键盘的←/→/↑/↓方向键可以移动程序光标位置，按一次方向键光标按相应方向移动一个字符；

（c）按［翻页］键，向上翻页，光标移至上一页第一行第一列；若向上翻页到程

序内容首页，则光标移至第二行第一列；

(d) 按键，向下翻页，光标移至下一页第一行第一列；若已是程序内容最后一页，则光标移至程序最后一行的第一列。

② 查找法：从光标当前位置开始，向上或向下查找指定的字符

(a) 按选择编辑操作方式；

(b) 按键，显示程序内容页面；

(c) 按键进入查找状态，并输入欲查找的字符，最多可以输入10位；

(d) 按↑键或↓（根据欲查找字符与当前光标所在字符的位置关系确定按键）

(e) 查找完毕，CNC仍然处于查找状态，再次按↑键或↓键，可以查找下一位置的字符，也可按键退出查找状态。

(f) 如未查找到，则出现“检索失败”提示。

6. 回程序开头的方法

在编辑操作方式、程序显示页面中，按键光标回到程序开头；

7. 字符的插入

(1) 选择编辑操作方式；

(2) 按键进入插入状态（光标为一下划线）；

(3) 输入插入的内容。

8. 字符的删除

(1) 选择编辑操作方式；

(2) 按键删除光标处的前一字符；按键删除光标所在处的字符。

9. 字符的修改

插入修改法：先删除要修改的字符再插入要修改的字符。

直接修改法：(1) 选择编辑操作方式：

(2) 按键进入修改状态（光标为一矩形反显框）；

(3) 输入修改后的字符。

10. 单程序段的删除

此功能仅适用于有程序段号且程序段号在行首或程序段号前只有空格的程序段。

(1) 选择编辑操作方式；

(2) 移动光标移至删除的程序段的行首（第1列），按键即可。

注：如果该程序段没有程序段号，在该段行首输入N，光标前移至N上，按键即可

11. 程序的执行

1) 选择所需执行的程序；

2）选择自动方式；

3）按 键，程序自动运行。

（三）自动方式

自动运行

运转方式

1. 存储器运转

（1）首先把程序存入存储器中；

（2）选择要运行的程序；

（3）把方式选择于自动方式的位置；

（4）按循环启动按钮；

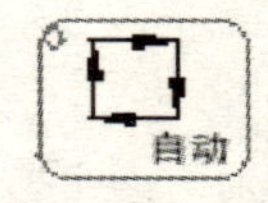

自动方式选择键

自动循环起动

（5）按循环启动按钮后，开始执行程序。

2. MDI 运转

从 LCD/MDI 面板上输入一个程序段的指令，并可以执行该程序段。

例：X10.5 Z200.5；

（1）把方式选择于 MDI 的位置（录入方式）；

（2）按［程序］键；

（3）按［翻页］按钮后，选择在左上方显示有‘程序段值’的画面；

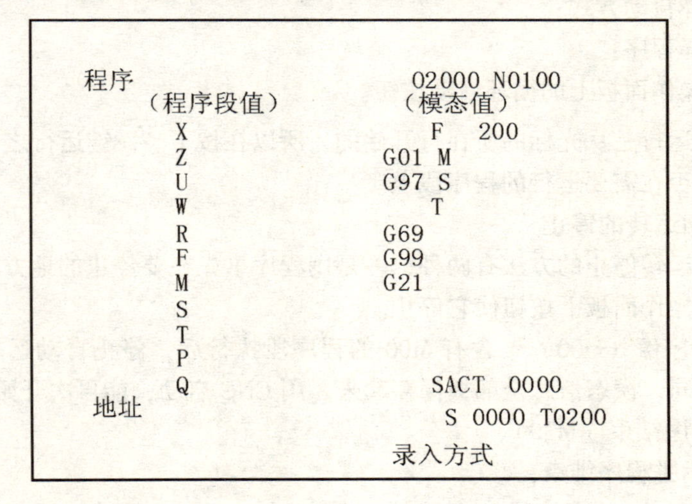

（4）键入 X10.5；

（5）按 IN 键。X10.5 输入后被显示出来。按 IN 键以前，发现输入错误，可按 CAN 键，然后再次输入 X 和正确的数值。如果按 IN 键后发现错误，再次输入正确的数值；

（6）输入 Z200.5；

（7）按 IN，Z200.5 被输入并显示出来；

```
程序                              02000 N0100
      （程序段值）               （模态值）
         X    10.500               F   200
         Z   200.500            G01 M
         U                      G97 S
         W                          T
         R                      G69
         F                      G99
         M                      G21
         S
         T
         P
         Q                          SACT  0000
 地址
                                    S000  T0200
                              录入方式
```

（8）按循环起动键。

按循环起动键前，取消部分操作内容。为了要取消 Z200.5，其方法如下：

1）依次按 Z、CAN、IN 键；

2）按循环启动按钮。

3. 自动运行的启动

1）选择自动方式；

2）选择程序；

3）按操作面板上的循环启动按钮。

程序的运行是从光标的所在行开始的，所以在按下 [键] 键运行之前应先检查一下光标是否在需要运行的程序段上。

4. 自动运转的停止

使自动运转停止的方法有两种，一是用程序事先在要停止的地方输入停止命令，二是按操作面板上按钮使它停止。

（1）程序停（M00）　含有 M00 的程序段执行后，停止自动运转，与单程序段停止相同，模态信息全部被保存起来。用 CNC 启动，能再次开始自动运转。

（2）程序结束（M30）

1）表示主程序结束；

2）停止自动运转，变成复位状态；

3）返回到程序的起点。

（3）进给保持 在自动运转中，按操作面板上的进给保持键可以使自动运转暂时停止。

按进给保持按钮后，机床呈下列状态。

1）机床在移动时，进给减速停止；

2）在执行暂停中，休止暂停；

3）执行 M、S、T 的动作后，停止。

按自动循环起动键后，程序继续执行。

（4）复位 用 LCD/MDI 上的复位键，使自动运转结束，变成复位状态。在运动中如果进行复位，则机械减速后停止。

（5）按急停按钮 机床运行过程中在危险或紧急情况下按急停按钮（外部急停信号有效时），CNC 即进入急停状态，此时机床移动立即停止，所有的输出（如主轴的转动、冷却液等）全部关闭。松开急停按钮解除急停报警，CNC 进入复位状态。

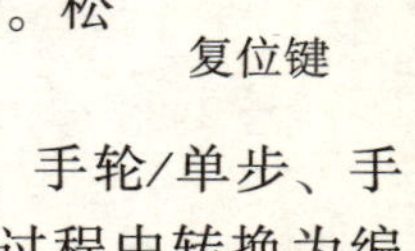

复位键

（6）转换操作方式 在自动运行过程中转换为机械回零、手轮/单步、手动、程序回零方式时，当前程序段立即“暂停”；在自动运行过程中转换为编辑、录入方式时，在运行完当前的程序段后才显示“暂停”。

（四）试运转

1. 全轴机床锁住

机床锁住开关为 ON 时，机床不移动，但位置坐标的显示和机床运动时一样并且 M、S、T 都能执行。此功能用于程序校验。

机床锁　　　　机床锁住灯

按一次此键，同带自锁的按钮，进行‘开→关→开…’切换，当为‘开’时，指示灯亮，关时指示灯灭。

2. 辅助功能锁住

如果机床操作面板上的辅助功能锁住开关置于 ON 位置，M、S、T 代码指令不执行，与机床锁住功能一起用于程序校验。

单段运行

首次执行程序时，为防止编程错误出现意外，可选择单段运行。

自动操作方式下，单段程序开关打开的方法如下：

按键使状态指示区中的单段运行指示灯亮，表示选择单段运行功能；单段运行时，执行完当前程序段后，CNC 停止运行；继续执行下一个程序段时，需再次按键，如此反复直至程序运行完毕。

三、GSK 980TD 数控车床编程

编程如图工件的程序，材料为 45#钢，毛坯尺寸为 $\phi25\times90$。

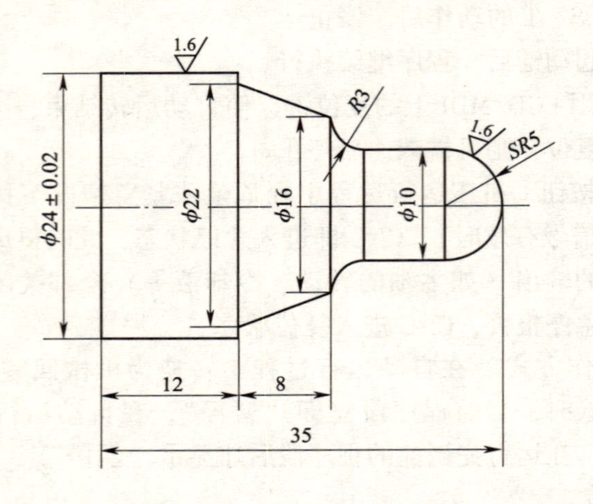

序号	程序内容	注解
	O0001	程序号
N10	G0 X100 Z100	加工原点
N20	T0101	粗车外圆刀
N30	M03 S1000	主轴每分钟 1000 转的速度正转
N40	G0 X25 Z2	快速定位到 X25 Z2 位置
N50	G90 X24.5 Z-38 F100	粗车外圆车削循环
N60	X22 Z-23	
N70	X18 Z-15	
N80	X14	
N90	X10.5	
N100	G0 X0 Z2	快速定位到 X0 Z2 位置
N110	G1 Z0 F100 S1500	精加工，主轴转速达到 1500 转

续表

序号	程序内容	注解
N120	G3 X10 Z-5 R5	精加工
N130	G1 Z-15	
N140	G2 X16 Z-18 R3	
N150	G1 X22 Z-23	
N160	X24	
N170	Z-38	
N180	G0 X100	刀具退回加工参考点
N190	Z100	
N200	T0303	换切槽刀
N210	M03 S600	主轴转速为600转
N220	G0 X25 Z-38	定位到X25 Z-38
N230	G94 X0 F20	切断工件
N240	G0 X100 Z100	刀具退回加工原点
N250	M05	停止主轴转动
N260	T0100	清除基准刀的刀偏
N270	M30	程序结束

第三节 数控车床加工实习安全技术

（1）工作前按规定润滑机床，检查各手柄是否到位，并开慢车试运转五分钟，确认一切正常方能操作。

（2）卡盘夹头要上牢，开机时扳手不能留在卡盘或夹头上。

（3）工件和刀具装夹要牢固，刀杆不应伸出过长（镗孔除外）。

（4）高速切削时，应使用断屑器和挡护屏。

（5）清除铁屑，应用刷子或专用钩。

（6）一切在用工、量、刃具应放于附近的安全位置，做到整齐有序。

（7）车床未停稳，禁止在车头上取工件或测量工件。

（8）车床工作时，禁止打开或卸下防护装置。

（9）临近下班，应清扫和擦试车床，并将机床电源关闭。

思考与练习

1．数控车床的主要特点是什么？

2．对下列零件先进行编程，后加工。

（1）阶梯轴。材料为45#钢，毛坯尺寸为 $\phi45\times90$。要求采用两把左偏刀分别进行粗、精车加工。

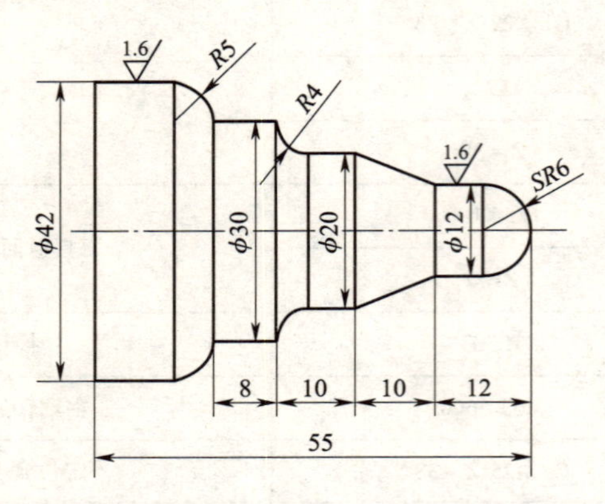

（2）葫芦。材料为 $\Phi20\times90$，45#钢。

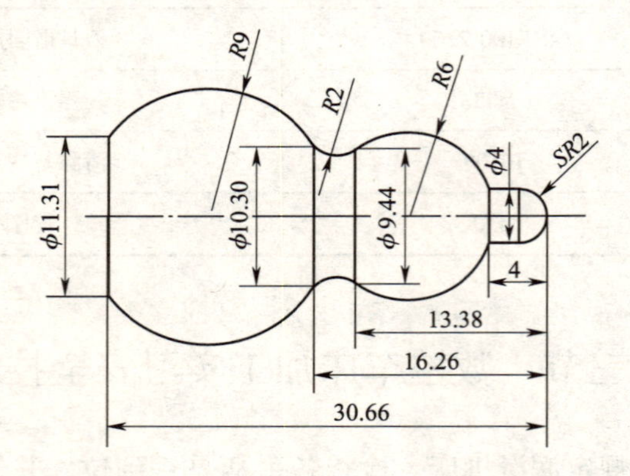

第十二章 数控铣床

第一节 概　　述

一、数控铣削加工概述

数控铣削加工是数控加工中最为常见的加工方法之一，广泛应用于机械设备制造、汽车、航空航天、模具加工等领域。

二、数控铣床的结构

数控铣床是一种应用很广的数控机床，按其主轴位置可分为数控立式铣床、数控卧式铣床和数控龙门铣床等。

数控铣床主要由床身、铣头部分、工作台、升降台、电气控制系统等组成。它能够完成基本的铣削、钻削、攻螺纹等自动加工工作，可加工轮廓形状特别复杂或难以控制尺寸的零件，如模具类零件、壳体类零件等。图 12－1 为立式数控铣床的布局图，床身用于安装和支撑机床各部件，控制装置有显示器、操作按钮及指示灯等。工作台和升降台通过伺服电机的驱动，完成各运动轴的进给。

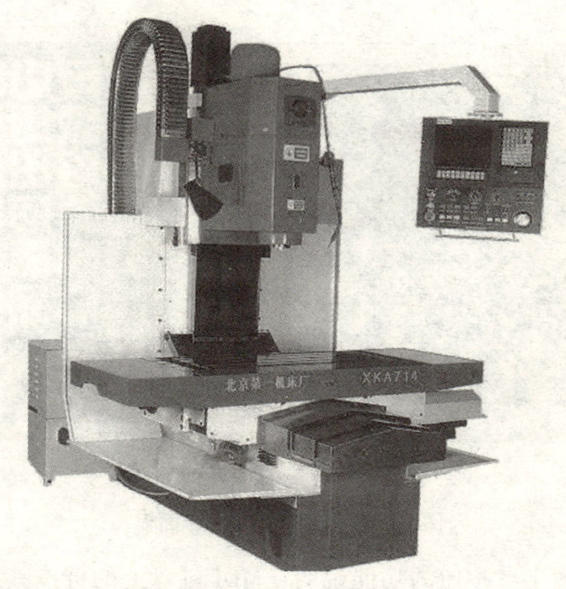

图 12－1　立式数控铣床布局图

三、数控铣床的主要加工对象

数控铣床可对零件进行平面轮廓铣削、空间曲面轮廓铣削加工，还可以进行钻、扩、绞、镗孔及螺纹加工等。

（1）平面轮廓零件。各种盖板、凸轮等。

（2）空间曲面零件。各类模具中常见的各种曲面，一般需要采用三轴坐标联动或多轴坐标联动进行加工，例如鼠标模具中的曲面等。

第二节　FANUC Oi Mate－MC 数控铣床加工实训

一、FANUC Oi Mate－MC 数控系统控制面板

FANUC 系统控制面板的形式虽有不同，但其各种开关、按键的功能及操作方法大同小异。FANUC Oi Mate－MC 数控系统控制面板也简称为 CRT/MDI 面板，该面板主要由显示屏、键盘等组成，图 12－2 为 FANUC Oi Mate－MC 系统 CRT/MDI 操作面板。操作面板左侧是 CRT（或 LCD）显示屏，显示各种参数、数据等。分布在显示屏下方的七个按钮称为软键，软键的功能是切换不同的显示界面。操作面板的右侧是 MDI 键盘，MDI 键盘上键的布局如图 12－2 所示。

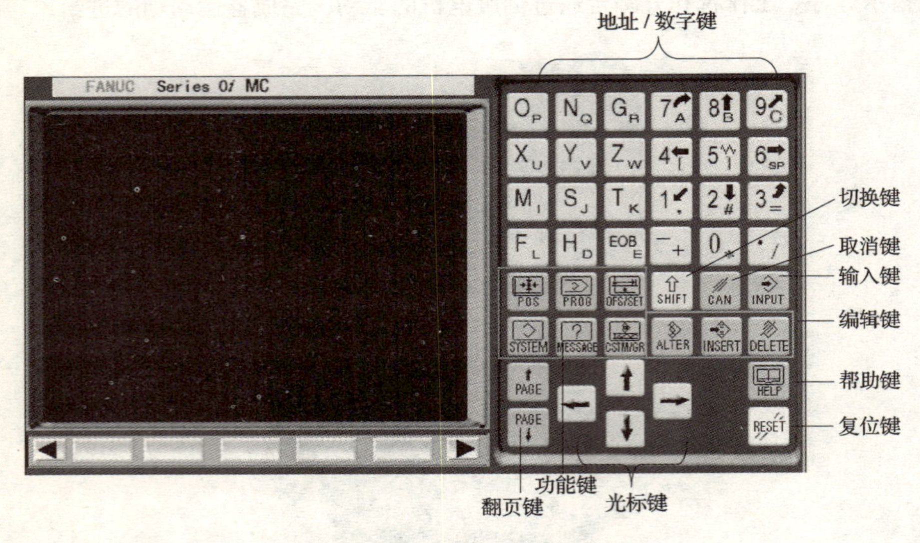

图 12－2　CRT/MDI 操作面板

（1）MDI 键盘上各按钮的功能说明　MDI 键盘上的键按其用途不同可分为功能键、数据输入键、程序编程键等。其详细说明见表 12－1。

表 12－1　　　　MDI 键盘按钮说明

序号	中英文标识	按键	功能说明
1	地址/数据键		这些键可输入字母、数字或其他字符
2	EOB 换行键		用于一段程序结束时，前一段程序与后一段程序之间的分隔符号
3	POS 位置键		用于显示位置界面。在屏幕（CRT）上显示刀具现在位置
4	PROG 程序键		用于显示程序界面。在编辑方式，可进行程序的编辑、修改等；在 MDI 方式，可输入和显示 MDI 数据，执行 MDI 输入的程序；在自动方式，可显示运行的程序和指令值
5	OFS/SET 刀偏/设置键		用于显示刀偏/设置（SETTING）界面。刀具偏置量设置和宏程序变量的设置与显示；工件坐标系设定页面；刀具磨损补偿值设定页面等
6	SHIFT 换挡键		在键盘上有些键具有两种字符时，可通过“SHIFT”换挡键进行切换输入
7	CAN 取消键		按下此键可删除已输入到缓冲器的最后一个字符或符号。例：当键入缓冲器数据为 S500M3_ 时，按下“CAN”取消键，则数字 3 被取消，并显示为 S500M
8	INPUT 输入键		当按下地址或数字键后，数据被输入到缓冲器，并在 CTR 屏幕上显示出来。若要将输入到缓存区的数据拷贝到偏置寄存器中，按下“INPUT”输入键，它与软键上的“INPUT”输入键是等效的
9	SYSTEM 系统键		用于显示系统界面。设定和显示运行参数表，这些参数供维修使用，一般禁止改动
10	MESSAGE 信息键		用于显示信息界面。按此键显示报警等信息
11	CUSTOM/GRAPH 图形显示键		用于显示宏程序界面和图形显示界面

续表

序号	中英文标识	按键	功能说明
12	ALTER 替换键	ALTER	编辑程序时，替换在程序中光标所指示的字符
13	INSERT 插入键	INSERT	编辑程序时，在程序光标指示位置插入字符
14	DELETE 删除键	DELETE	按下此键，将删除掉光标指示位置的后一个字符或字母
15	HELP 帮助键	HELP	按此键用来显示如何操作机床，如 MDI 键操作等。可在 CNC 发生报警时提供报警的详细信息（帮助功能）
16	RESET 复位键	RESET	按此键可使 CNC 复位，用以消除报警等
17	PAGE 翻页键	↑ PAGE / PAGE ↓	二个翻页键的说明如下： ↑ PAGE 这个键是用于在屏幕上显示当前屏幕界面的上一页界面 PAGE ↓ 这个键是用于在屏幕上显示当前屏幕界面的下一页界面
18	CURSOR 光标移动键	↑ ← → ↓	按下此键时，光标按所按键箭头所示方向移动

（2）屏幕软键　在显示屏的下方有一排按键，分别对应显示屏上显示的一个功能，被称为“屏幕软键”。按一下这些软键，显示屏上相应的功能便会显示出来。每一个功能又有一系列的下级功能屏幕软键，我们形象地把上一级屏幕软键称为“章”，下一级称为“节”。可由菜单返回键和菜单继续键进行切换。如图 12－3 所示。

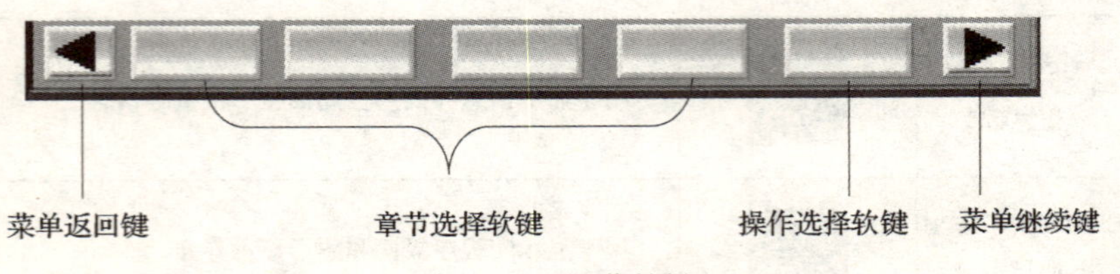

图 12－3　屏幕软键

二、FANUC Oi Mate－MC 数控铣床基本操作

1. 机床操作面板

机床的类型不同，其操作面板上的开关功能及排列顺序也有所差异，在实际操作时应以机床制造厂提供的说明书为准。本节以配置了 FANUC Oi Mate－MC 系统的大连数控铣床 XD－30A 为例，操作面板如图 12－4 所示。

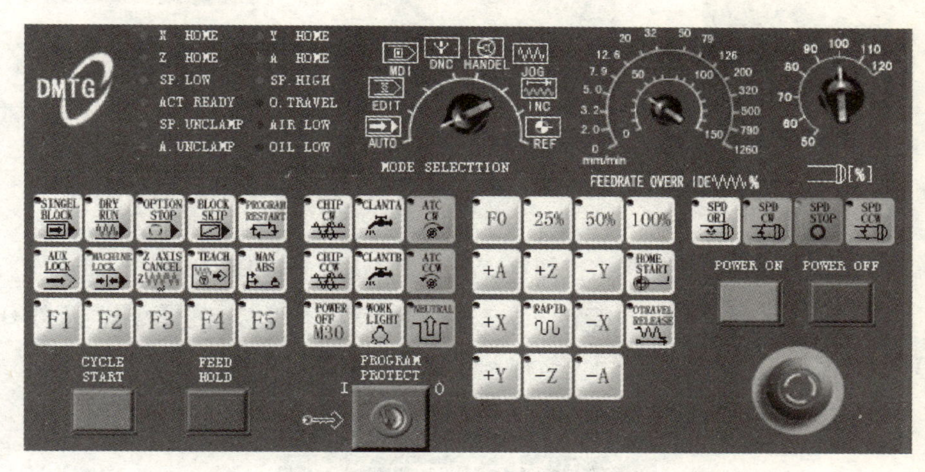

图 12－4 操作面板

2. 操作面板常用功能键简介

（1）紧急停止按钮（EMERGENCY BUTTON） 机床在运转中遇到有危险的情况，立即按下此按钮，机械将立即停止所有的动作，欲解除时，按箭头所指方向旋转，即可恢复待机状态。如下图所示。

（2）电源 ON/OFF 按钮开关（POWER ON/OFF）

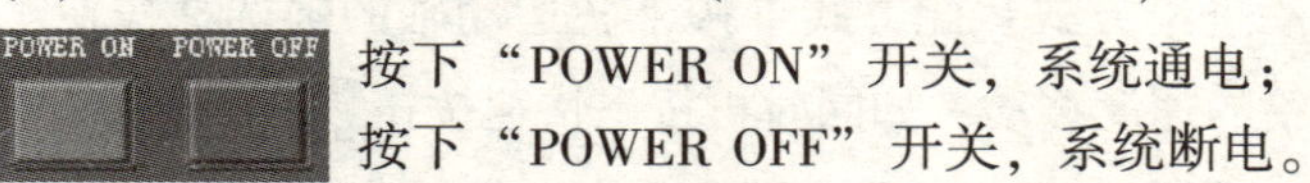

按下“POWER ON”开关，系统通电；
按下“POWER OFF”开关，系统断电。

（3）主轴倍率选择开关（SPINDLE OVERRIDE switch） 在机床自动运行或手动操作主轴旋转时，旋转此开关可调整主轴的转速，如图 12－5 所示。

（4）手动进给速度开关（FEED & JOG OVERRIDE switch）

以手动方式操作各个轴移动时或在自动方式运行时，可通过调整此开关来改变各轴的移动速率，如图 12－6 所示。

（5）手动进给轴选择开关（FEED AXIS SELECT switch）

在 JOG 方式下，按下所要运动的轴的按钮。被选择的轴会以 JOG 倍率进行移动，松开按钮则轴停止移动，如图 12－7 所示。

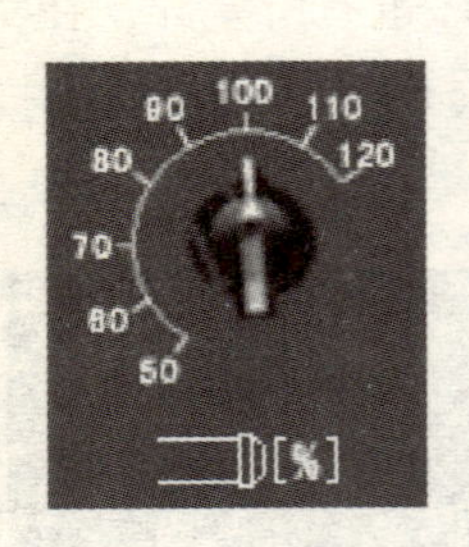

图 12－5　主轴倍率

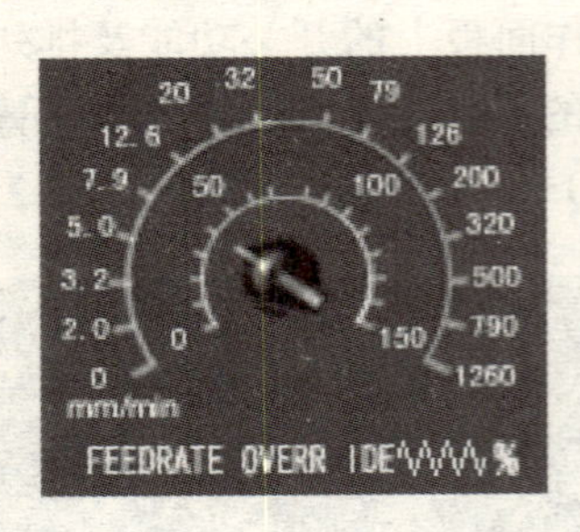

图 12－6　进给倍率

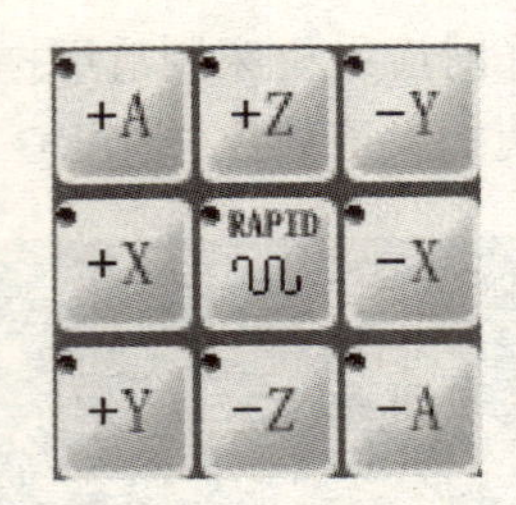

图 12－7　手动进给轴选择开关

（6）循环起始与进给保持按钮（CYCLE START & FEED HOLD button）

［循环起始］按钮开关在自动运转和 MDI 方式下使用，开关 ON 后可进行程序的自动运行；用［暂停］按钮开关可使其暂停。

（7）操作方式选择旋钮开关，如图 12－8 所示。

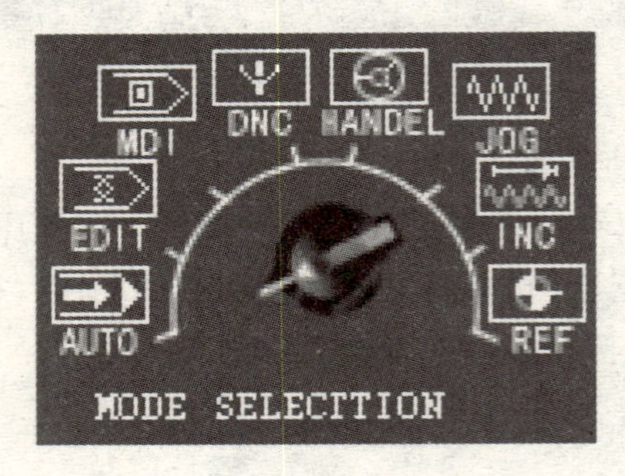

图 12－8　操作方式选择开关

1）REF：机床参考点返回方式，可进行各坐标轴的参考点返回。

2）INC：增量进给方式，可按设定的参数值进行位移。

3）JOG：手动进给方式：此方式下按下各运动轴的轴选择按钮，选定的轴将以 JOG 方式进给的速度移动，如同时再按下快速按钮，则速度叠加。

4）HANDLE：手轮方式，此方式下手摇脉冲发生器生效。

5）DNC：在线加工方式，可通过计算机控制机床进行零件加工。

6）MDI：手动数据输入方式，可在 MDI 页面进行简单操作、修改参数等。

7）EDIT：编辑方式，可进行零件加工程序的编辑，修改等。

8）AUTO：自动方式，可自动执行存储在NC里的加工程序。

（8）参考点复归开关（HOME START） 必须在机床参考点工作模式下使用此键。

3. 基本操作

说明：

（1）由于各型号数控机床的结构及数控系统有所差异，具体的实际操作应根据数控铣床的制造厂家提供的说明书进行操作。下方的基本操作只是作为示例。

（2）在本书中，操作过程中选择的机床操作功能键用【…】表示，选择屏幕软键用［…］表示。

4. 数控铣床通电及断电操作

（1）开机

① 检查设备是否正常。

② 接通机床电气控制柜上的机床电源开关；

③ 再按下机床操作面板上的电源开关【POWER ON】按钮；稍等片刻，显示屏会显示用户界面，若此时【急停】按钮是按下，显示屏会出现报警信号，同时机床上方的警示灯也会有红色灯闪烁；按照【急停】按钮上箭头指示的方向旋转便可松开【急停】按钮，稍等几秒钟，报警便会取消，机床开机完毕。

（2）关机

① 先使数控铣床的各移动部件及主轴停止下来；

② 按下【急停】按钮；

③ 再关闭机床操作面板上的电源开关【POWER ON】按钮；

④ 大约5s之后，再关闭机床电气控制柜上的电源开关。

5. 手动返回机床零点（参考点）

机床零点（参考点）是数控机床上的一个基准位置，是机床坐标系的原点称为机床零点。通常机床在断电之后，原来的位置没有记忆（有绝对编码器的系统能记忆），所以刚上电后位置数据是随机的，所以必须返回机床零点（参考点）就可以建立机床坐标系。

通常将数控铣床的参考点设在各坐标轴最大极限位置。手动返回参考点的操作步骤如下：

① 将【方式选择】旋钮开关置于“回零”【REF】方式；

② 调整好适当的轴进给速率，目的是减小快速移动速度；

③ 再分别按下+X、+Y、+Z三个【手动进给轴选择】按钮开关，回零指示灯闪烁，按下原点复归开关【Home START】按钮确认一下，机床开始执行“回零”操作。当回到机床零点时，回零指示灯亮，各轴不再运动。

注：回零过程中，不要进行其他操作。当回到机床零点之后，机床的坐标系的值都为0。

6. 手动进给操作（JOG）

手动进给是指手动按住所要移动轴按钮，刀具或工作台会连续不断地移动；主要用于刀具位置的调整，对刀和简单的直线切削加工等操作。

手动进给操作的步骤如下：

① 将【方式选择】旋钮开关置于“手动”【JOG】方式；

② 调整好适当的轴进给率；

③ 从进给轴选择开关（如图12－8所示）中，按下所需要移动轴按钮，机床沿相应的轴的相应方向移动，按钮释放，机床的移动部分则停止运动；

④ 手动连续进给速度可由进给速度倍率旋钮进行调整；如同时按下RT键，则快速叠加。

7. 手轮进给操作（HANDLE）

手轮也称手摇脉冲发生器，如图12－9所示。手轮操作主要是用于各轴的微量进给和精确定位，如对刀操作。

图12－9 手摇脉冲发生器

手轮进给的操作步骤如下：

① 将【方式选择】旋钮开关置于“手轮”【HANDLE】方式；

② 通过【手摇脉冲发生器】的轴选择旋钮选择要移动的轴；

③ 通过【手摇脉冲发生器】的倍率旋钮调整好适当的手轮进给率。旋转手摇脉冲发生器一个刻度时，刀具或工作台移动的距离等于最小位移单位（通常为0.001mm）与所选择的倍数的乘积；

④ 旋转手轮，以手轮转向对应的直线运动方向移动刀具，即顺时针旋转手轮时刀具沿运动轴的正方向运动，逆时针旋转手轮时刀具运动轴的负方向运动。手轮旋转360°，刀具移动的距离相当于100个刻度的对应值。

8. 主轴启动、停止及点动操作

主轴转动手动操作步骤如下：

① 将【方式选择】旋钮开关手动操作模式（含REF、INC、JOG，HANDLE）其中一个方式下；

② 可由下列三个按键控制主轴运转；

主轴正转按键：SPINDLE CLOCKWISE，主轴正转时按键内的灯会亮。

主轴反转按键：SPINDLE COUNTER CLOCKWISE，主轴反转按键内的灯会亮。

主轴停止按键：SPINDLE STOP，手动模式时按此按钮，主轴停止转动，任何时候只要主轴没有转动，这个按键内的灯就会亮，表示主轴在停止状态。

9. MDI（手动输入）方式加工的操作

在 MDI 方式下，操作者可在 MDI 页面进行简单操作、修改参数，编制一段简单零件程序并被执行等操作。程序格式与普通程序一样。例如设定主轴转速操作。

MDI 方式操作步骤如下：

① 将【方式选择】旋钮开关置于【MDI】方式；

② 按下“程序”【PROG】按钮，在显示 MDI 界面下编辑所需运行的程序，再按下“插入”【INSERT】按钮，完成程序的录入；

③ 调整好相应的参数之后按下【循环启动】按钮开始执行程序。

10. 工件坐标系设定

加工所需的工件坐标系应与编程时所设定的坐标系相同，下面举例工件坐标系放置在工件中心及最高表面位置上的操作方法。

① 先装夹好加工时所需的工件（毛坯）及刀具；

② 通过 MDI 方式设置适当的主轴转速（一般对刀时主轴转速选择在 300 ~ 500r/min）；

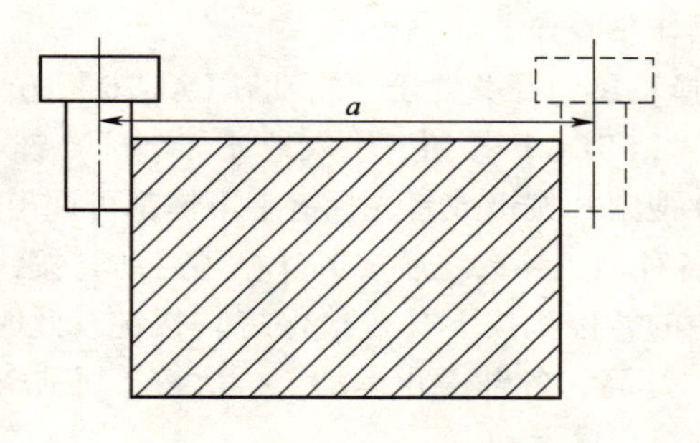

图 12 - 10 工件坐标系设定

③ 进行 X 轴找正时，用手轮方式先将刀具大概移动到工件 Y 轴的中间位置，使刀具缓慢靠近工件，如图 12 - 10 所示，当有少量铁屑出现时，在“位置”【POS】，相对坐标的界面下，点击［归零］先把 X 轴的值清零，将 Z 轴抬高到安全位置，用同样的方法进行工件另一边的找正，找正后，此时相对坐标界面上 X 轴会有数值（a）显示，将 Z 轴抬高到安全位置，采用手轮将 X 轴移到该值一半（$a/2$）的位置，那么当前这个位置就是 X 轴的中心。X 轴找正后进行 Y 轴找正，方法与 X 轴相同。Z 轴以刀具刀尖刚碰到工件最高处来确定 Z 轴的位置，即为 Z 轴的零点。在实际生产中，常使用刀具、百分表及寻边器等工具进行对刀。

④ 当刀具按上述方法把工件的坐标系找到之后，把当前刀具的位置储存到机床的默认的工件坐标系（G54）处；方法如下：

先点击“偏置”【OFS/SET】按钮，再点击［工件］，把光标移动到 G54 处，输入 X0，点击［测量］即测出刀具当前的位置与机床零点的距离并存储，其他二个轴的方法与 X 轴相同。当所有轴的位置存储好之后，可以查看存储后 G54 的值与“位置”【POS】，［总和］的界面下机床坐标系的值是否相同，相同即代表存储正确。

11. 编辑方式操作

在编辑（EDIT）方式下，操作者可创建新程序或删除已有的程序，以及对已有程序进行修改等操作。

在编辑（EDIT）方式调用已有程序的操作步骤如下：

① 将【方式选择】旋钮开关置于“编辑”【EDIT】方式；

② 按下“程序”【PROG】按钮，录入地址（字母）键 O，再输入由四位数字组成已有的程序名（例如 O　1111），再按下［O 搜索］、［搜索↑］、［搜索↓］或光标键任意一按键，即可调出所要的程序。

12. 自动方式加工操作

对于一些简单的零件，由于程序较短，可预先将程序存储在数控系统的存储器内，然后在自动方式下执行程序完成对零件的加工。

自动方式加工操作步骤如下：

① 将【方式选择】旋钮开关置于“自动”【AUTO】方式；

② 按下“程序”【PROG】按钮，录入地址（字母）键 O，输入所要加工的程序号，再按下［O 搜索］按键或者光标键上下键都可调出加工程序。

③ 调整好机床各种加工参数之后按下【循环启动】按钮，开始执行程序。

程序执行过程中的暂停：按下【进给保持】按键，此时“循环启动”灯熄灭，而“进给保持”灯亮，各轴停止运动。再次按下【循环启动】按钮，程序继续执行，各运动轴按程序运动。

终止程序执行：按下“复位”【RESET】按钮，程序停止执行，系统进入复位状态。

13. DNC 加工操作方式

DNC 是指在线加工；对于一些复杂零件，由于程序很长，而数控系统的存储容量有限，可以采用从外部计算机边传送程序，机床边对已传入部分程序的执行与加工，以完成对零件加工的方法，称为 DNC 加工。

DNC 加工操作步骤如下：

① 将【方式选择】旋钮开关置于【DNC】方式；

② 启动外部计算机的数据传送程序；

③ 调整好相应的参数之后按下【循环启动】按钮开始执行 DNC 加工。

第三节　GSK 983M 数控铣床加工实训

一、GSK 983M 数控系统控制面板

GSK 983M 数控系统控制面板如图 12－11 所示。

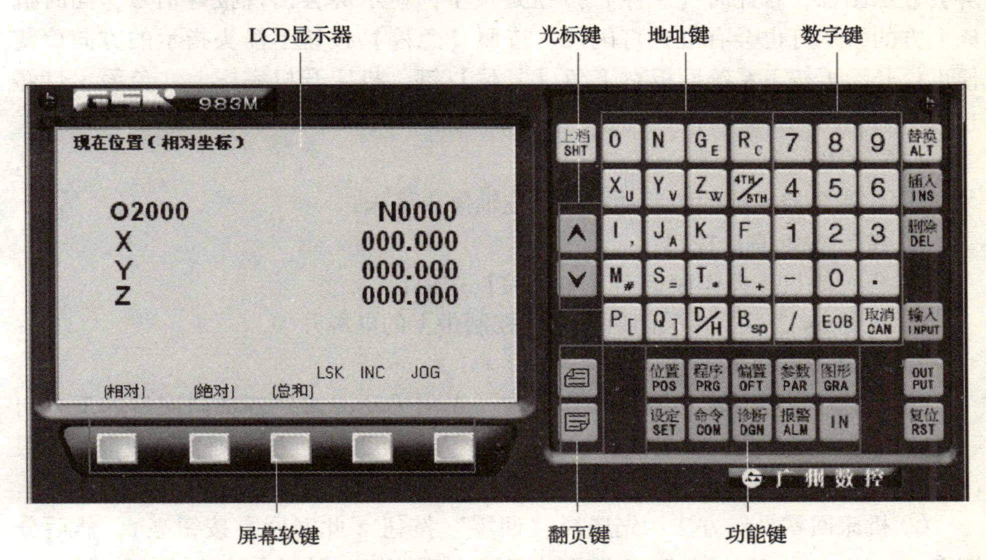

图 12－11　GSK 983M 数控系统控制面板

二、GSK 983M 数控铣床基本操作

机床的操作面板如图 12－12 所示：

图 12－12　GSK 983M 数控铣床操作面板

1. 数控铣床通电及断电操作

（1）开机

① 检查设备是否正常；

② 接通机床电气控制柜上的机床电源开关；

③ 再按下机床操作面板上【电源开】按钮；电源接通数秒钟后，LCD 显示屏会显示图像，若此时【急停】按钮是按下，显示屏会出现报警信号，同时机床上方的警示灯也会有红色灯闪烁；按照【急停】按钮上箭头指示的方向旋转便可松开，再按下系统面板右下角【复位】键，机床开机完毕，红色警示灯停止闪烁。

（2）关机

① 先使数控铣床的各移动部件及主轴停止下来；

② 按下【急停】按钮；

③ 再关闭机床操作面板上【电源关】按钮；

④ 大约 5s 之后，再关闭机床电气控制柜上的电源开关。

2. 手动返回机床零点（参考点）

① 进行手动返回机械零点操作之前，先用手动方式把各轴向回零的反方向移开，远离限位开关，如果太过于靠近限位开关，回零过程中则会出现报警象限（报警内容显示为 091 程序）。

② 机床回零操作方法：先选择“回零”按钮（此时回零按钮亮），然后分别按“+Z”、“+Y”和“-X”三个轴方向键按钮，对三个轴进行回零操作。

③ 回到零点时的特征：①：面板上 X、Y、Z 零点按钮灯亮。②：机床坐标三个轴的值都为零（查看方法：按【位置】键→［总和］即可查看到机床坐标）。

3. 工件坐标系设定

加工所需的工件坐标系应与编程时所设定的坐标系相同，下面举例工件坐标系放置在工件中心及最高表面位置上的操作方法。

① 先装夹好加工所需的工件（毛坯）及刀具；

② 通过录入方式设置适当的主轴转速。{如果在开机之后未通过录入方式设定机床主轴转速，通过手动操作主轴都不会转动。启动主轴转动的方法：先选择【录入】方式→再按【命令】键［此时操作界面左上角会显示为“当前程序段命令”的界面］→按【向下翻页】键［操作界面左上角会显示“下一程序段（命令数据输入）”］→在此界面下录入“M3 或 M03”→按【输入】键→录入“S（一般对刀时主轴转速选择在 300～500r/min）”→按【输入】键→按【循环启动】按钮，便可启动主轴，之后手动方式操作主轴都可以转动。}

③ 进行 X、Y、Z 轴找正时，如同本章第二节二、10 中工件坐标系设定中的找正方法。

④ 当刀具按上述方法把工件的坐标系找到之后，把当前刀具的位置储存到机床的默认的工件坐标系（G54）处；方法如下：

先点击【偏置】按钮，再点击［工件］，把光标移动到 G54 处对应的工件坐标系上，0 代表工件坐标系为整体偏移，1 代表 G54 坐标系，2 代表 G55 坐标系，依次类推到 G59，将机床坐标上的值（查找机床坐标值的方法：按【位置】键→再按［总和］即可找到）抄到 G54 坐标系上。当所有轴的位置存储好之后，可以查看存储后 G54 的值与“位置”【POS】，［总和］的界面下机床坐标系的值是否相同，相同即代表存储正确。

4. 自动方式加工操作

对于一些简单的零件，由于程序较短，可预先将程序存储在数控系统的存储器内，然后在自动方式下执行程序完成对零件的加工。

自动方式加工操作步骤如下：

① 先选择【自动】方式；

② 按下【程序】按钮，录入地址（字母）键 O，输入所要加工的程序号（例如 O1111），再按下光标键向下键都可调出加工程序；

③ 调整好机床各种加工参数之后按下【循环启动】按钮，开始执行程序。

程序执行过程中的暂停：按下【进给保持】按键，此时“循环启动”灯熄灭，而“进给保持”灯亮，各轴停止运动。再次按下【循环启动】按钮，程序继续执行，各运动轴按程序运动。

终止程序执行：按下“复位”【RESET】按钮，程序停止执行，系统进入复位状态。

思考与练习

1. 数控铣床与普通铣床有哪些主要的区别？
2. 按伺服的控制方式不同数控铣床可分为哪几种？
3. 数控铣床主要由哪几部分组成？各有什么作用？

第十三章　加 工 中 心

第一节　加工中心概述

随着计算机技术的高速发展，传统的制造业发生了根本的变革，对制造模式提出了全新的要求。在现代制造技术体系中，数控技术占据了重要的地位，它集微电子、计算机、信息处理、自动检测、自动控制等高新技术于一体。对制造业实现柔性自动化、集成化、智能化起着举足轻重的作用。

一、加工中心的分类和加工对象

加工中心是数控机床中功能较全、加工精度较高的工艺装备。它把铣削、镗削、钻削、螺纹加工等功能集中在一台设备上。它一次装夹可以完成多个加工要素的加工。加工中心有可容量几十甚至上百把刀具的刀库，通过 PLC 程序控制，在加工中能实现刀具的自动更换和加工要素的自动测量。加工中心具有多轴控制的能力。可以完成复杂型面的三维加工，具有刀具、螺距误差、丝杠间隙等自动补偿，还可有过载保护、故障诊断等功能。

加工中心是一种高性能加工设备，生产效率比普通机床高几倍，由于它装有刀库和自动换刀系统因而大大减少了工件装夹时间，以及工件测量和机床调整等辅助工序时间。对加工形状比较复杂，精度要求较高，品种更换频繁的零件具有良好的经济效益。

（一）加工中心的分类

根据加工中心的用途和功能，可分为以下几种形式。

1. 按加工方式分类

（1）车削加工中心　车削加工中心以车削为主，主体是数控车床，机床上配备有转塔式刀库或自动换刀机械手组成。机床数控系统多为二、三伺服轴配置，即 X、Z、C 轴，部分高性能车削中心还配置有铣削动力头。

（2）镗铣加工中心　镗铣加工中心是机械加工行业应用最多的一类数控设备，有立式、卧式、龙门式等几种。其工艺范围主要是铣削、钻削、镗削、攻丝等。坐标控制数多为 3 个，高性能的数控系统可达 5 个或更多。

（3）复合加工中心　在一台设备上可完成车、铣、镗、钻等多种加工的称为复合加工中心，可代替多台机床实现多工序的加工。这种方式既减少装卸时间，提高机床生产效率，减少半成品库存量，又能保证和提高形位精度。

2. 按主轴的位置不同分类

（1）立式镗铣加工中心　是指主轴轴线与工作台垂直设置的加工中心，主要适用于加工板类、盘类、模具及小型壳体类复杂零件。其市场占有量较高，如图 13－1 所示。

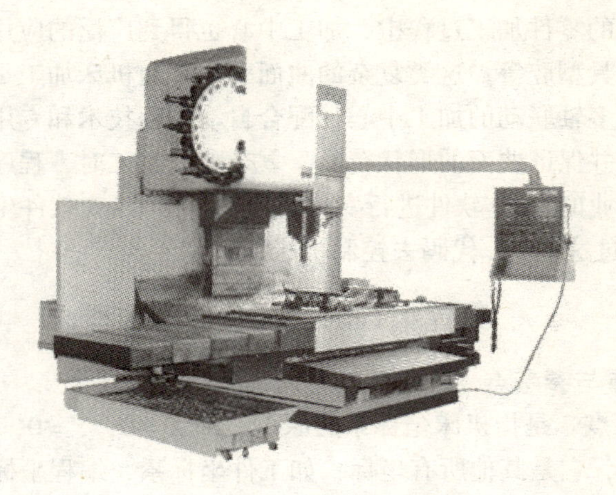

图 13－1　立式镗铣加工中心

（2）卧式镗铣加工中心　是指主轴轴线与工作台平行设置的加工中心，主要适用于加工箱体类零件。由于结构比立式加工中心复杂，占地面积比立式加工中心大，它比立式加工中心具有更多的柔性。通常配有回转工作台，如图 13－2 所示。

图 13－2　卧式镗铣加工中心

（二）加工中心的加工对象

加工中心适宜加工形状复杂、工序多、精度要求高、需要多种类型的普通机床和众多刀具、夹具并经过多次装夹和调整才能完成加工的零件。例如：箱体类零件、具有复杂曲面的零件和异型件等加工。

通常这些箱体类零件要进行钻、扩、铣、铰、镗、攻丝、锪平等工序的加工，工序比较多，过程复杂，有些还要用专用夹具来装夹。这类零件在加工中心上加工，一次装夹能完成普通机床60% ~95% 的工序内容，并且精度一致性好，质量稳定。

在复杂曲面的零件加工过程中，加工中心也得到广泛的应用。例如：整体叶轮、螺旋桨、模具型腔等。这类复杂的曲面采用普通机床加工是无法达到预定的加工精度的，而多轴联动的加工中心，配合自动编程技术和专用刀具，可以大大提高其生产效率并保证曲面的形状精度。复杂曲面加工时，程序编制的工作量很大，一般需要专业的 CAD 软件进行实体建模，再由 CAM 软件生成数控机床的加工 NC 代码。通过这些 NC 代码去控制机床加工零件。

二、数控编程的特征点的基本概念

1. 机床原点与参考点

（1）机床原点　是指机床坐标系的原点，即 $X=0$，$Y=0$，$Z=0$。机床原点是机床的基本点，它是其他所有坐标，如工件坐标系、编程坐标系，以及机床参考点的基准点。从机床设计的角度看，该点位置可以是任意点，但对某一具体机床来说，机床原点是固定的。

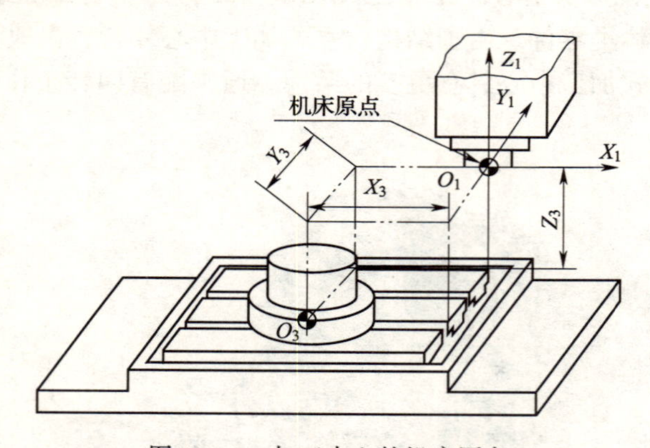

图 13－3　加工中心的机床原点

（2）机床参考点　是用于对机床运动进行检测和控制的固定位置。它是在加工之前和加工之后，用控制面板上的回零按钮使移动部件退回到机床坐标系中的一个固定不变的极限点。机床参考点的位置是由机床制造厂家在每个进给轴上用限位开关精确调整好的，坐标值已输入数控系统中，因此参考点对机床原点的坐标是一个已知数。数控机床在工作时，移动部件必须首先返回参考点，测量系统置零之后即可以参考点作为基准，随时测量运动部件的位置，刀具（或工作台）移动才有基准，如图 13－3 所示。

- 通常在数控铣床上机床原点和机床参考点是重合的。

2. 编程原点

编程坐标系是编程人员根据零件图样及加工工艺等建立的坐标系。编程坐标系一般供编程使用，确定编程坐标系时，不必考虑工件毛坯在机床上的实际装夹位置，如图 13－4 所示，其中 O_2即为编程坐标系原点。

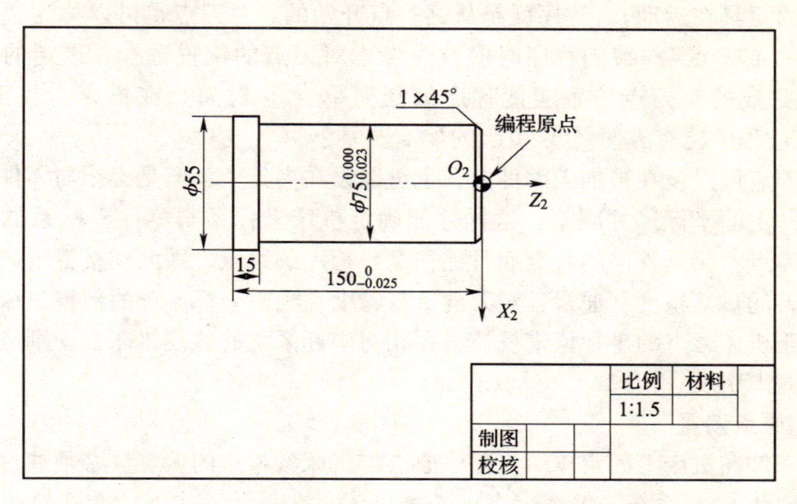

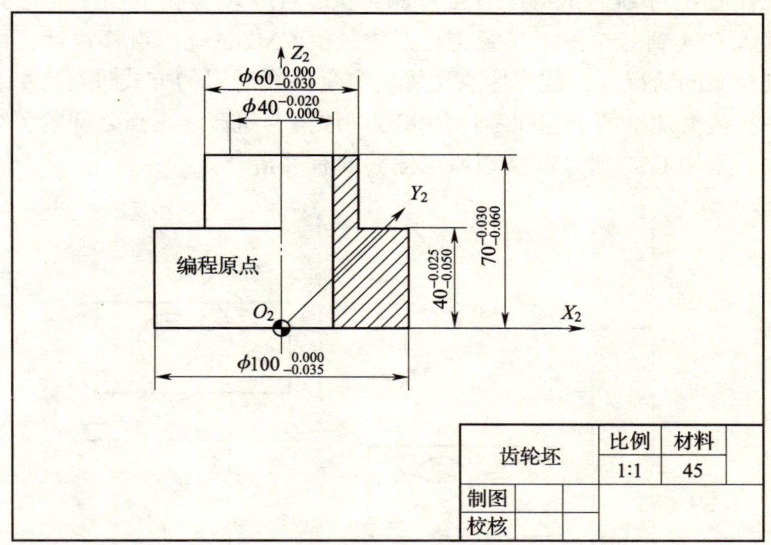

图 13－4　编程坐标系和编程原点

为了编程方便，需要在图纸上选择一个适当的位置作为编程原点，即程序原点或程序零点。对于简单零件，工件零点一般就是编程原点，这时的编程坐标系就是工件坐标系。而对于形状复杂的零件，需要编制几个程序或子程序。为了编程方便和减少坐标值的计算，编程原点就不一定设在工件零点上，而设在便于程序编制的位置。

3. 对刀点

对刀点就是在数控加工时，刀具相对于工件运动的起点（编制程序时，不论实际是刀具相对于工件运动，或是工件相对于刀具运动，都看作工件是相对静止的，而刀具在运动），程序就是从这一点开始的。对刀点也可以称为“程序起点”或“起刀点”。编制程序时应首先考虑对刀点的位置选择。选定的原则如下：① 选定的对刀点位置应使程序编制简单。② 对刀点在机床上找正容易。③ 加工过程中检查方便。④ 引起的加工误差小。

对刀点可以设在被加工零件上，也可以设在夹具上，但是必须与零件的定位基准有一定的坐标尺寸联系，这样才能确定机床坐标系与零件坐标系的相互关系。对刀点不仅是程序的起点而且往往又是程序的终点。因此在批量生产中就要考虑对刀的重复精度，通常，对刀的重复精度在绝对坐标系统的数控机床上可由对刀点距机床原点的坐标值来校核，在相对坐标系统的数控机床上，则经常要人工检查对刀精度。

4. 原点偏置

当工件在机床上固定以后，程序原点与机床参考点的偏置量必须通过测量来确定。现代 CNC 系统一般都配有工件测量头，在手动操作下能准确地测量该偏移量，存入 G54 到 G59 原点偏置寄存器中，供 CNC 系统原点移置计算用。在没有工件测量头的情况下，程序原点位置的测量要靠对刀的方式进行。如图 13－5 描述了一次装夹加工两个相同零件的多程序原点与机床参考点之间的关系及偏移计算方法。采用 G54 到 G59 实现原点偏移的有关指令为：

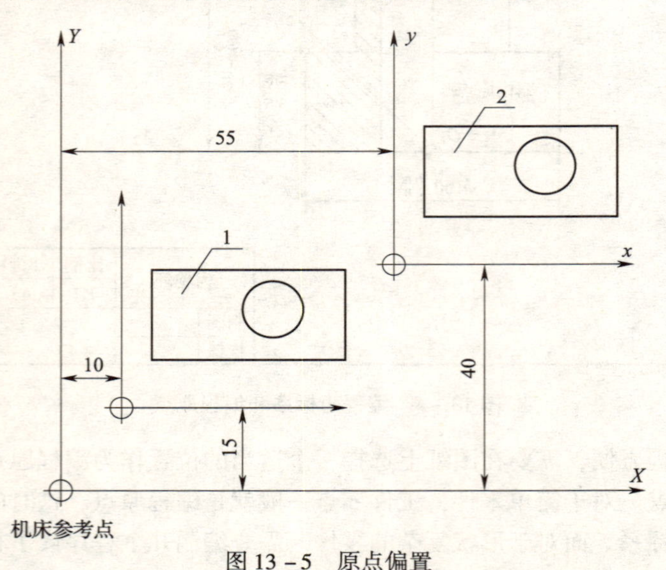

图 13－5　原点偏置

N01　G90 G54

……　　　　　　　　/＊加工第一个零件

N02　G55

……　　　　　　　　/＊加工第二个零件

当然首先要设置 G54 到 G56 原点偏置寄存器：

零件 1：G54 X10.0Y15.0Z0.0

零件 2：G55 X55.0Y40.0Z0.0

显然，对于多程序原点偏移，采用 G54 到 G59 原点偏置寄存器存储所在程序原点与机床参考点的偏移量，然后在程序中直接调用 G54 到 G59 进行原点偏移，无疑给编制复杂零件的加工程序带来很大方便。

对于编程员而言，一般只要知道工件上的程序原点即可，与机床原点、机床参考点及装夹原点无关。但对于机床操作者来说，必须分清楚所选用的数控机床上述各原点及其之间的偏移关系。数控机床的原点偏移，实质上是机床参考点向编程员定义在工件上的程序原点的偏移。

第二节　加工中心实习安全技术

安全文明生产

安全生产　是指在劳动过程中，要努力改善劳动条件，克服不安全因素，防止伤亡事故的发生，使劳动生产在保护劳动者的安全健康和国家财产及人民生命财产安全的前提下进行。

文明生产　是指生产场地井然有序，生产过程按工艺、按要求有序进行。

1. 数控机床安全生产规程

(1) 避免光的直接照射和其他热辐射，要避免太潮湿或粉尘过多的场所，特别要避免有腐蚀气体的场所。

(2) 应采取专线供电或增设稳压装置。

(3) 数控机床的开机、关机顺序，一定要按照机床说明书的规定操作。

(4) 在主轴起动开始切削之前，一定要关好防护罩门，程序正常运行中严禁开启防护罩门。

(5) 机床在正常运行时不允许开电气柜的门，禁止按动“急停”、“复位”按钮。

(6) 机床发生事故，操作者要注意保留现场，并向维修人员如实说明事故发生前后的情况。

(7) 使用一定要有专人负责，严禁其他人员随意动用数控设备。

(8) 认真填写数控机床的工作日志，做好交接工作，消除事故隐患。

(9) 不得随意更改数控系统内制造厂设定的参数。

2. 加工中心操作规程

(1) 机床通电后，检查各开关、按钮和键是否正常、灵活，机床有无异常现象。

(2) 检查电压、气压、油压是否正常，有手动润滑的部位要先进行手动润滑。

(3) 各坐标轴手动回机床参考点，若某轴在回参考点前已在零位，必须先将该轴移动离参考点一段距离后，再手动回参考点。

(4) 在进行工作台回转交换时，台面上、护罩上、导轨上不得有异物。

(5) 机床空运转要15min以上，使机床达到热平衡状态。

(6) 程序输入后，应认真核对，保证无误，其中包括对代码、指令、地址、数值、正负号、小数点及语法的查对。

(7) 按工艺规程安装找正夹具。

(8) 正确测量和计算工件坐标系，并对所得结果进行验证和验算。

(9) 将工件坐标系输入到偏置页面，并对坐标、坐标值、正负号、小数点进行认真核对。

(10) 未装工件以前，空运行一次程序，看程序能否顺利执行，刀具长度选取和夹具安装是否合理，有无超程现象。

(11) 刀具补偿值（刀长、半径）输入偏置页面后，要对刀补号、补偿值、正负号、小数点进行认真核对。

(12) 装夹工件时要注意螺钉压板是否与刀具发生干涉，检查零件毛坯和尺寸超常现象。

(13) 检查各刀头的安装方向及各刀具旋转方向是否合乎程序要求。

(14) 查看各刀杆前后部位的形状和尺寸是否合乎程序要求。

(15) 镗刀头尾部露出刀杆直径部分，必须小于刀尖露出刀杆直径部分。

(16) 检查每把刀柄在主轴孔中是否都能拉紧。

(17) 无论是首次加工的零件，还是周期性重复加工的零件，首件都必须对照图样工艺、程序和刀具调整卡，进行逐段程序的试切。

(18) 单段试切时，快速倍率开关必须打到最低挡。

(19) 每把刀首次使用时，必须先验证它的实际长度与所给刀补值是否相符。

(20) 在程序运行中，要观察数控系统上的坐标显示，可了解目前刀具运动点在机床坐标系及工件坐标系中的位置。了解程序段的位移量，还剩余多少位移量等。

(21) 程序运行中也要观察数控系统上的工作寄存器和缓冲寄存器显示，查看正在执行的程序段各状态指令和下一个程序段的内容。

（22）在程序运行中要重点观察数控系统上的主程序和子程序，了解正在执行主程序段的具体内容。

（23）试切进刀时，在刀具运行至工件表面 30 ~ 50mm 处，必须在进给保持下，验证 Z 轴剩余坐标值和 X、Y 轴坐标值与图样是否一致。

（24）对一些有试刀要求的刀具，采用“渐近”方法。如镗一小段长度，检测合格后，再镗到整个长度。使用刀具半径补偿功能的刀具数据，可由小到大，边试边修改。

（25）试切和加工中，刃磨刀具和更换刀具后，一定要重新测量刀长并修改好刀补值和刀补号。

（26）程序检索时应注意光标所指位置是否合理、准确，并观察刀具与机床运动方向坐标是否正确。

（27）程序修改后，对修改部分一定要仔细计算和认真核对。

（28）手轮进给和手动连续进给操作时，必须检查各种开关所选择的位置是否正确，弄清正、负方向，认准按键，然后再进行操作。

（29）全批零件加工完成后，应核对刀具号、刀补值，使程序、偏置页面、调整卡及工艺中的刀具号、刀补值完全一致。

（30）从刀库中卸下刀具，按调整卡或程序清单编号入库。

（31）卸下夹具，某些夹具应记录安装位置及方位，并作出记录、存档。

（32）清扫机床并将各坐标轴停在中间位置。

第三节　加工中心编程典型实例

型腔的加工

1. 零件图分析

图 13 - 6 为某内轮廓型腔零件图，要求对该型腔进行粗、精加工。

2. 工艺分析

（1）装夹定位　采用机用平口虎钳装夹；

（2）加工路线　粗加工分四层切削加工，底面和侧面各留 0.5mm 的精加工余量，粗加工从中心工艺孔垂直进刀，向周边扩展，如图 13 - 6（b）所示，所以，应在腔槽中心钻好 ϕ20mm 工艺孔；

（3）加工刀具　粗加工采用 ϕ20mm 的立铣刀，精加工采用 ϕ10mm 的键槽铣刀。

3. 确定加工坐标原点

根据零件图，可设置程序原点为工件的下表面中心。

4. 编写加工程序

采用专业 CAD/CAM 软件 SolidWorks 绘图 PowerMill 编程。

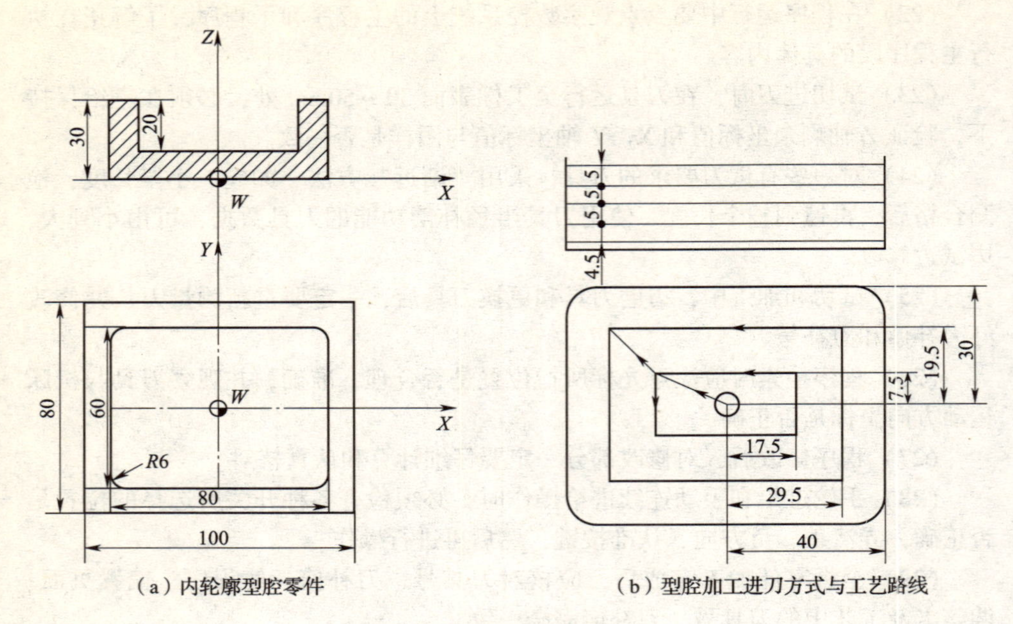

（a）内轮廓型腔零件　　（b）型腔加工进刀方式与工艺路线

图 13－6　型腔零件

第四节　加工中心加工实训

• 加工中心对刀　由于加工中心具有多把刀具，并能实现自动换刀，因此需要测量所用各把刀具的基本尺寸，并存入数控系统以确定工件坐标系原点（程序原点）在机床坐标系中的位置，以便加工中心调用，即进行加工中心的对刀。它是数控加工中最重要的操作内容，其准确性将直接影响零件的加工精度。

一、工件的定位与装夹（对刀前的准备工作）

在数控加工中心上常用的夹具有平口钳、分度头、三爪自定心卡盘和平台夹具等，经济型数控铣床装夹时一般选用平口钳装夹工件。把平口钳安装在铣床工作台面中心上，找正、固定。平口钳，根据工件的高度情况，在平口钳钳口内放入形状合适和表面质量较好的垫铁后，再放入工件，一般是工件的基准面朝下，与垫铁面紧靠，然后拧紧平口钳。

二、对刀点、换刀点的确定

1. 对刀点的确定

对刀点是工件在机床上定位装夹后，用于确定工件坐标系在机床坐标系中位置的基准点。对刀点可选在工件上或装夹定位元件上，但对刀点与工件坐标点必须有准确、合理、简单的位置对应关系，方便计算工件坐标系的原点在机床上的位置。一般来说，对刀点最好能与工件坐标系的原点重合。

2. 换刀点的确定

在使用多种刀具加工的铣床或加工中心上，工件加工时需要经常更换刀具，换刀点应根据换刀时刀具不碰到工件、夹具和机床的原则而定。

三、数控加工中心的常用对刀方法

对刀操作分为 X、Y 向对刀和 Z 向对刀。对刀的准确程度将直接影响加工精度。对刀方法一定要同零件加工精度要求相适应。

根据使用的对刀工具的不同，常用的对刀方法分为以下几种：① 试切对刀法；② 塞尺、标准芯棒和块规对刀法；③ 采用寻边器、偏心棒和 Z 轴设定器等工具对刀法；④ 专用对刀器对刀法。

另外，根据选择对刀点位置和数据计算方法的不同，又可分为单边对刀、双边对刀、转移（间接）对刀法和“分中对零”对刀法（要求机床必须有相对坐标及清零功能）等。

1. 试切对刀法

这种方法简单方便，但会在工件表面留下切削痕迹，对刀精度较低。

如图 13 -7 所示，以对刀点（此处与工件坐标系原点重合）在工件表面中心位置为例（采用双边对刀方式）。

(1) X、Y 向对刀

• 将工件通过夹具装在工作台上，装夹时，工件的四个侧面都应留出对刀的位置。

• 启动主轴中速旋转（M03S 450），快速移动工作台和主轴，让刀具快速移动到靠近工件左侧有一定安全距离的位置，然后降低速度移动至接近工件左侧。

• 靠近工件时改用微调操作（一般用 0.01mm 来靠近），让刀具慢慢接近工件左侧，使刀具恰好接触到工件左侧表面（观察，听切削声音、看切痕、看切屑，只要出现其中一种情况即表示刀具接触到工件），再回退 0.01mm。此时机床相对坐标系中显示的 X 坐标值清零。

• 沿 Z 正方向退刀，至工件表面以上，用同样方法接近工件右侧，记下此时机床相对坐标系中显示的 X 坐标值，如 -110.000 等。

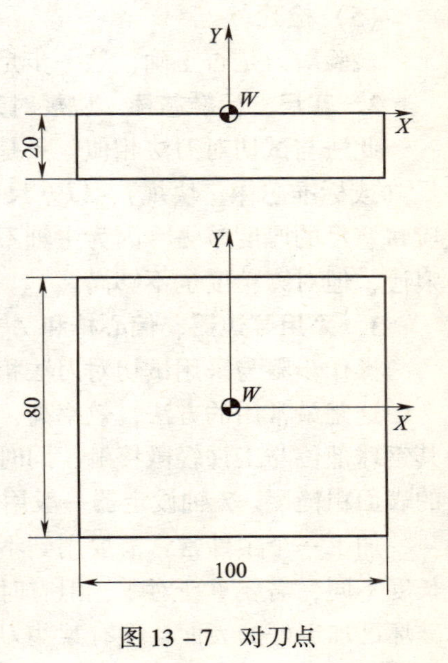

图 13 -7　对刀点

• 此时利用手轮把 Z 正方向退刀，并把 X 轴相调至相对坐标为 -55.000。可得工件坐标系原点在机床坐标系中 X 相对坐标值为 -110.000/2 = -55.000。

• 同理可测得工件坐标系原点 W 在机床坐标系中的 Y 坐标值。

• 记下 X 轴和 Y 轴的机械坐标值。

（2）Z 向对刀

• 将刀具快速移至工件上方。

• 启动主轴中速旋转（M03S 450），快速移动工作台和主轴，让刀具快速移动到靠近工件上表面有一定安全距离的位置，然后降低速度移动让刀具端面接近工件上表面。

• 靠近工件时改用微调操作（一般用 0.01mm 来靠近），让刀具端面慢慢接近工件表面（注意刀具特别是立铣刀时最好在工件边缘下刀，刀的端面接触工件表面的面积小于半圆，尽量不要使立铣刀的中心孔在工件表面下刀），使刀具端面恰好碰到工件上表面，再将 Z 轴抬高 0.01mm，记下此时机床机械坐标系中的 Z 值，如 -234.500 等，则工件坐标系原点 W 在机床坐标系中的 Z 坐标值为 -234.500。

（3）数据存储

将上面测得的 X、Y、Z 机械坐标值输入到机床工件坐标系存储地址 G5 * 中（一般使用 G54 ~ G59 代码存储对刀参数）。

（4）启动生效

进入面板输入模式（MDI），输入“G5 *”，按起动键（在“自动”模式下），运行 G5 * 使其生效。

（5）检验

检验对刀是否正确，这一步是非常关键的。

2. 塞尺、标准芯棒、块规对刀法

此法与试切对刀法相似，只是对刀时主轴不转动，在刀具和工件之间加入塞尺（或标准芯棒、块规），以塞尺恰好不能自由抽动为准，注意计算坐标时这样应将塞尺的厚度减去。因为主轴不需要转动切削，这种方法不会在工件表面留下痕迹，但对刀精度也不够高。

3. 采用寻边器、偏心棒和 Z 轴设定器等工具对刀法

操作步骤与采用试切对刀法相似，只是将刀具换成寻边器或偏心棒。

这是最常用的方法，效率高，能保证对刀精度。使用寻边器时必须小心，让其钢球部位与工件轻微接触，同时被加工工件必须是良导体，定位基准面有较好的表面粗糙度。Z 轴设定器一般用于转移（间接）对刀法。

加工一个工件常常需要用到不止一把刀。第二把刀的长度与第一把刀的装刀长度不同，需要重新对零，但有时零点被加工掉，无法直接找回零点，或不允许破坏已加工好的表面，还有某些刀具或场合不好直接对刀。这时候可采用间接找零的方法。

（1）对第一把刀

- 对第一把刀的 Z 时仍然先用试切法、塞尺法等。记下此时工件原点的机床坐标 Z1。第一把刀加工完后，停转主轴。
- 把对刀器放在机床工作台平整台面上（如虎钳大表面）。
- 在手轮模式下，利用手摇移动工作台至适合位置，向下移动主轴，用刀的底端压对刀器的顶部，表盘指针转动，最好在一圈以内，记下此时 Z 轴设定器的示数 A 并将相对坐标 Z 轴清零。
- 抬高主轴，取下第一把刀。

（2）对第二把刀

- 装上第二把刀。
- 在手轮模式下，向下移动主轴，用刀的底端压对刀器的顶部，表盘指针转动，指针指向与第一把刀相同的示数 A 位置。
- 记录此时 Z 轴相对坐标对应的数值 Z（带正负号）。
- 将 Z（带正负号），保存在刀具长度补偿（H2）中。
- 抬高主轴，移走对刀器。

这样，就设定好了第二把刀的零点。其余刀具与第二把刀的对刀方法相同。

注：使用第二把刀加工时调用刀长补正 G43H02 即可。

思考：如果是第三把刀，刀长补正 G43H 呢？

4. 专用对刀器对刀法

传统对刀方法有安全性差（如塞尺对刀，硬碰硬刀尖易撞坏）、占用机时多（如试切需反复切量几次）及人为带来的随机性误差大等缺点，已经适应不了数控加工的节奏，非常不利于发挥数控机床的功能。用专用对刀器对刀有对刀精度高、效率高、安全性好等优点，把繁琐的靠经验保证的对刀工作简单化了，保证了数控机床的高效高精度特点的发挥，已成为数控加工机床上解决刀具对刀不可或缺的一种专用工具。由于加工任务不同，专用对刀器也千差万别，在这里就不再展开了，读者可在具体的工作中根据不同的需要设计不同的对刀器，来满足各自的加工需求。

5. DNC 程序传送

思考与练习

1. 数控机床由哪几部分组成？
2. 加工中心在加工之前为什么要对刀？

第十四章　数控自动编程软件 PowerMILL

第一节　PowerMILL 的功能说明

PowerMILL 软件是以 CAM（计算机辅助制造）功能为主的软件，能够实现数控加工刀具路径的编辑、模拟仿真以及程序后处理。软件可以进行 CAD（计算机辅助设计）模型导入、建立工件坐标、设置刀具、建立毛坯、选择加工策略、模拟仿真和后处理等操作，能快速的完成刀具路径的编辑，实现数控加工的自动化编程加工。

第二节　PowerMILL 编程操作

1. 进行加工前的准备

打开 PowerMILL 软件，导入模型，点击视图查看工具栏，把模型由线框显示切换成阴影显示，查看模型属性，生成正确的工件坐标系，设置刀具类型和大小，建立毛坯大小，设置加工安全高度。

2. 选择加工策略

PowerMILL 软件提供了许多优秀的加工策略，可以选择 2.5 维或 3 维区域清除策略来做粗加工，该策略的参数容易控制，走刀效果好；还提供多种精加工策略，例如等高精加工、三维偏置精加工、最佳等高精加工、参考线精加工、平行平坦面精加工等。这里主要介绍数个常用且有代表性的加工策略。

粗加工最常用的方式是三维偏置区域清除模型加工，该加工策略加工路径效果较好，在对话框输入常用参数，如程序名称、公差、选择刀具、下切深度等参数。

二次粗加工是根据已加工步骤所残留下来不均匀的余量再次加工的策略，如果加工过程中选择刀具直径较大时，剩余残留不均匀的情况都要进行二次粗加工。

精加工方式 PowerMILL 软件提供了许多常用的加工策略，有平行平坦面精加工、等高精加工、平行精加工等策略，根据模型的不同特征选择适合的精加工方法，如果平坦区域较多则选择平行平坦面精加工，模型特征高度落差较大则采用等高精加工，不规则曲面较常采用平行精加工策略。

3. 仿真模拟加工

PowerMILL 软件自带有强大的仿真模拟功能，我们可以选择不同的渲染场景来观察程序的加工效果，主要作用是让我们检查编制的走刀线路是否发生碰撞或者过切，如果出现碰撞或者过切都会用不同颜色标示出来。

4. 程序代码后处理

加工刀路编制完，经过仿真模拟加工没有问题，进行程序代码的后处理，PowerMILL 软件提供许多标准的后处理文档，编程人员可以根据设备的系统来选择需要的后处理文件来生产代码。

第三节　PowerMILL 应用实训

金工实习教学中需要使用 PowerMILL 软件进行编程的工种，有数控铣床和加工中心机床。非机械类专业的学生在金工实习中，学习数控铣床或加工中心的时间分别为半天或者 1 天的时间，利用 PowerMILL 软件学习编程的时间比较有限，下面通过一个例子并结合教学中总结的经验，来介绍 PowerMILL 在金工实习教学中的应用。

当数控加工工艺规划确定后，把需要加工的模型数据导入到 PowerMILL 软件中，然后进行加工前的设置，PowerMILL 加工前的主要设置有建立坐标系、创建毛坯、设置安全高度、建立刀具等，在这里主要介绍数个重要的设置。

1. 建立坐标系

在浏览器中右击“模型”，在弹出菜单中选择（属性）命令，弹出模型属性的对话框可以看到，世界坐标系位于模型的最底面且在 X 轴 Y 轴的中心。下面就利用世界坐标系，来建立加工时候所需要的坐标系。新的坐标系放在模型的中心和模型最顶面，则建立好了坐标系，这时候要右击该坐标系选择（激活）命令。

2. 建立毛坯

毛坯是产生刀具路径和 NC 程序的前提。在主工具栏中单击（毛坯）图标 ，弹出（毛坯表格）对话框，在（由……定义）下拉列表中选择（方框）选项，在（估算限界）中，公差为 0.01mm，类型为模型，拓展为 0，钩选（显示）框，点击（计算），然后在（限界）中把（最大 Z）设置为 0，按回车，把（透明度）按钮拉到最左边，完成毛坯设置。

3. 设置安全高度

单击主工具栏上的（快进高度）图标 ，单击（按安全高度重设）按钮，最后单击（接受）按钮，（安全 Z 高度）和（开始 Z 高度）对话框中的数值发生了改变。

4. 选择“三维偏置区域清除模型”策略粗加工整个模型

（1）创建刀具

右击浏览器中的（刀具）选项，在弹出菜单中选择（产生刀具）命令，选择（端铣刀）命令。弹出（端铣刀刀具表格）对话框，设置刀具名称、直径和刀具编号等参数，单击（关闭）。在图形区域中出现的刀具以黄色线框显示表示当前激活的刀具，白色线框表示未激活的刀具，如果要控制刀具的显示状态可以点击该刀具前面的图标 。

（2）设置进给率

单击主工具栏上的（进给率）图标 ，按照所选择刀具的种类和大小来设置相关参数，单击（接受）按钮。

（3）创建刀具路径

单击主工具栏上的（创建刀具路径）图标 ，单击（三维区域清楚）标签，选择（偏置区域清楚模型）选项，单击（接受）按钮，弹出（偏置区域清楚模型）对话框，设置名称、刀具、公差、余量、行距和下切步距等参数。其他参数均采用默认设置，单击（应用）按钮，PowerMILL 开始计算刀具路径。计算结束，对话框各个选项呈现灰色，单击（取消）按钮，生成刀具路径。

5. 选择“平行平坦面精加工”策略加工平面和轮廓

（1）创建刀具

右击浏览器中的（刀具）选项，在弹出菜单中选择（产生刀具）命令，选择（端铣刀）命令。弹出（端铣刀刀具表格）对话框，设置刀具名称、直径和刀具编号等参数，单击（关闭）。

（2）设置进给率

单击主工具栏上的（进给率）图标 ，按照所选择刀具的种类和大小来设置相关参数，单击（接受）按钮。

（3）创建刀具路径

单击主工具栏上的（创建刀具路径）图标 ，单击（精加工）标签，选择（平行平坦面精加工）选项，单击（接受）按钮，弹出（平行平坦面精加工）对话框。根据工艺规划设置设置名称、刀具、公差、余量、行距和下切步距等参数单击（应用）按钮，PowerMILL 开始计算刀具路径。计算结束后，对话框各个选项呈现灰色，单击（取消）按钮。

6. 进行程序后处理

（1）产生 NC 程序　在浏览器中右击（NC 程序）按钮，弹出菜单，选择（产生 NC 程序）命令，如图 14－1 所示。

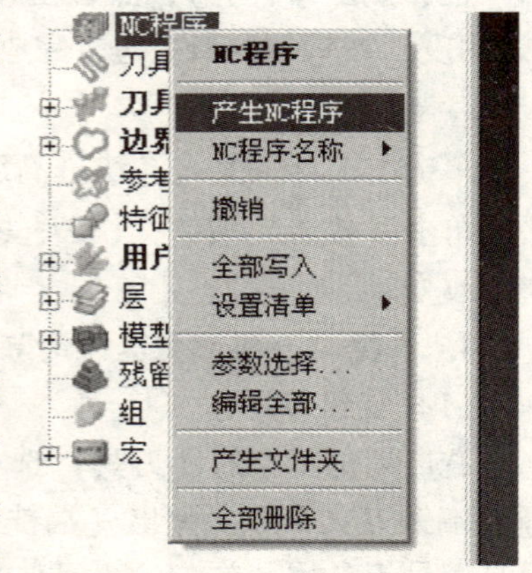

图 14－1　产生 NC 程序

弹出 NC 程序对话框，输出文件的路径通常默认为保存路径里的/ncprograms/1. tap 然后点击（机床选项）后面的图标 ，选择（fanuc. opt）文件，点击（打开）按钮，如图 14－2 所示。

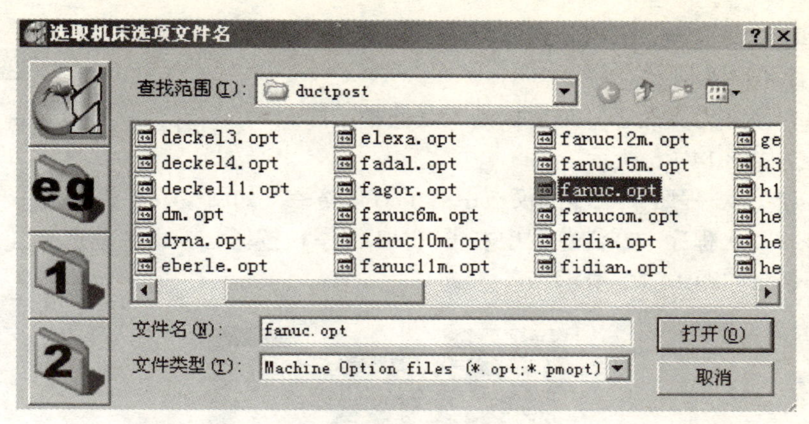

图 14－2　选取机床选项文件名

最后点击（接受）按钮，设置如图 14－3 所示。

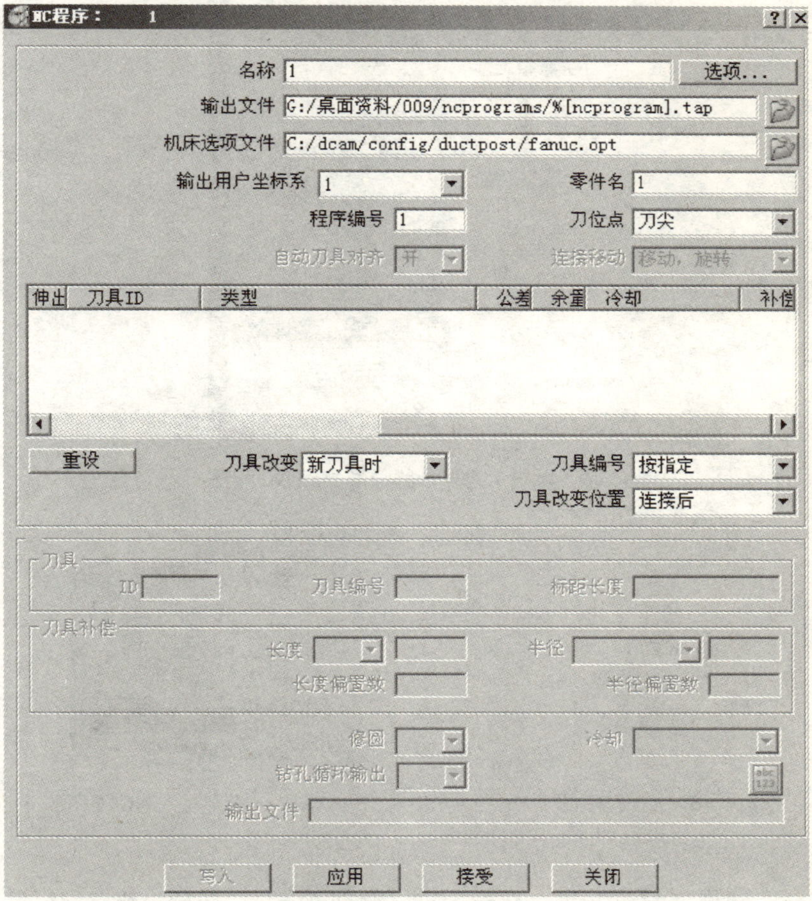

NC程序： 1
名称 1　选项...
输出文件 G:/桌面资料/009/ncprograms/%[ncprogram].tap
机床选项文件 C:/dcam/config/ductpost/fanuc.opt
输出用户坐标系 1　零件名 1
程序编号 1　刀位点 刀尖
伸出　刀具ID　类型　公差　余量　冷却　补偿
重设　刀具改变 新刀具时　刀具编号 按指定
刀具改变位置 连接后
写入　应用　接受　关闭

图 14－3　NC 程序设置

此时生成了 NC 的模板，但该模板是没有 NC 程序的，如图 14－4 所示。

图 14－4　NC 程序模板

（2）添加刀具路径　把生成的刀具路径添加到 NC 模板中，如图 14－5 所示。

此时（NC 程序）选项的模板中有了刀具路径，如图 14－6 所示。

（3）写入程序　在浏览器中右击（NC 程序）按钮，弹出菜单选择（全部写入）命令，如图 14－7 所示。

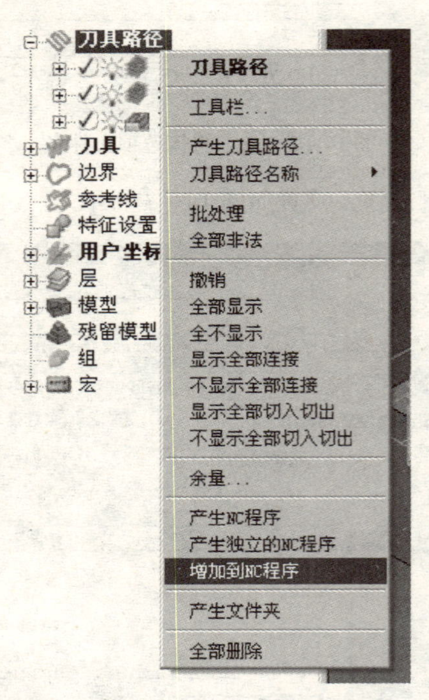

图 14－5　把刀具路径增加到 NC 程序

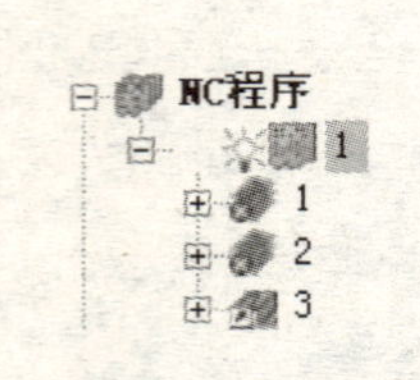

图 14－6　NC 程序的刀具路径

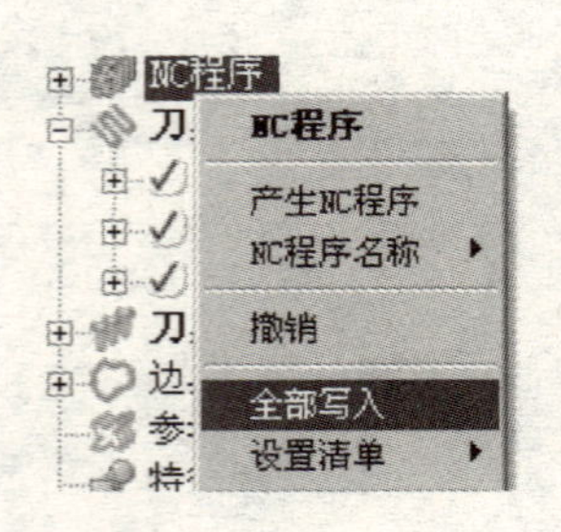

图 14－7　写入 NC 程序

此时，弹出（信息）框，在框中可以看到 NC 的保存路径和后处理过程的提示，如图 14－8 所示，然后点击对话框的关闭按钮。

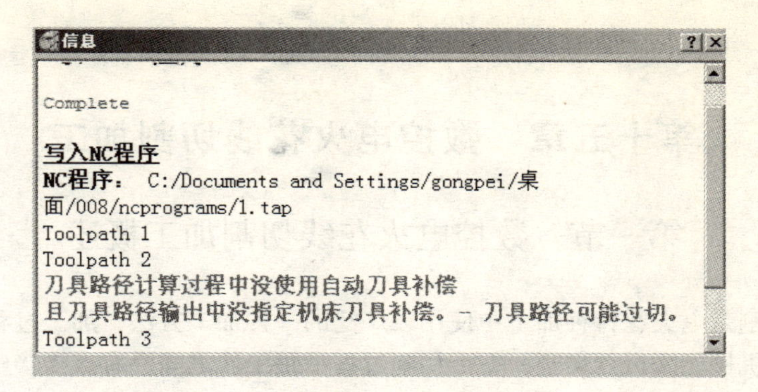

图 14－8　信息框

思考与练习

1. PowerMILL 软件常用的粗精加工策略有哪些？（粗精加工各列举三项）
2. PowerMILL 软件加工前的设置有哪几项？

第十五章　数控电火花线切割加工

第一节　数控电火花线切割加工概述

线切割是电火花特种加工中使用较广泛的一种加工方法，加工过程中，工具不是利用机械能来进行切割，整个切削过程中跟工件之间没有直接接触，故加工用的工具硬度不必大于被加工材料的硬度，这就使高硬度、高强度、高韧性材料的加工变得容易。由于具有这些特点，线切割加工工艺技术已经广泛用于加工各种难加工材料，如淬火钢、硬质合金等，以及用于加工模具等具有复杂平面和有特殊要求的零件。

一、线切割加工基本原理

电火花线切割加工是一种特种加工，是电火花加工（又称放电加工或电蚀加工）的一个分支。电火花加工与金属切削加工的原理完全不同，是在加工过程中通过工具电极和工件电极间脉冲放电时的电腐蚀作用进行加工的一种工艺方法；由于放电过程中可见到火花，故称之为电火花加工。而线切割加工是用移动的细金属丝作为工具电极，因此称为线切割加工。

电火花线切割加工与普通电火花加工不同之处，首先电火花线切割是一边走丝一边放电，所以无需成型的电极，而普通电火花加工则非有成型电极不可；其次是工作液不同，普通电火花加工主要采用油类，而电火花线切割加工则用水(慢走丝用去离子水快走丝用乳化液)；再者，电火花线切割加工已实现装置化，通常是一边移动工件一边进行加工，或者是工件按仿形方式移动，或者借助数控驱动工件。

火花放电时，工件表面的金属究竟是怎样被蚀除下来的？只有了解这一微观过程，才有助于掌握电火花线切割加工的切割速度、加工精度、表面粗糙度、电极丝损耗等各种基本规律，进而对脉冲电源、控制系统、供液系统、走丝机构、切割台等提出合理的要求。每次电火花蚀除的微观过程是热（主要是表面热源）和力（电场力、磁场力、热力、流体力学）等综合作用的过程。这一过程大致可分为以下相互独立又相互联系的几个阶段：电离击穿、脉冲放电、金属熔化和气化、气泡扩展、金属抛出及消电离恢复绝缘强度。

电火花线切割加工时，每一个脉冲放电释放的能量使工件表面放电点间的介质电离击穿，造成放电点的熔化甚至气化，最后这些金属被抛离出而形成一个凹坑。无数个脉冲连续放电产生无数个凹坑的叠加，就能沿电极丝的轨迹形成一条切缝。电火花线切割是运动着的电极丝柔性件对刚性件的加工，击穿放电主要是依靠“疏松”接触击穿，即在电极丝与工件之间接触但在不造成短路的情况下发生击穿放电。

线切割加工电蚀过程为：在击穿前后，电极丝和工件的微观表面总是凹凸不平的。每次脉冲放电前，电极丝和工件间离得最近的凸点处的电场强度最高，其间的乳化液电阻值较低而最先被击穿，即被分解成带负电的电子和带正电的离子而被电离，形成放电通道。电场力的作用下，通道内的负电子高速奔向阳极，正离子奔向阴极，原先几百欧姆的电阻降低到 1 ~ 2 欧甚至几分之一欧，所通过的电流亦相应的由 0 增大到相当大的数值，而放电间隙电压则由开路电压降落到 20V 左右的放电电压。

由于放电通道中电子、离子受到放电时磁场力和周围液体介质的阻尼和压缩，所以放电通道的截面很小，通道中的电流密度很大，达到 $10^4 \sim 10^9 A/cm^2$。电子、离子高速流动时相碰撞，通道中放出大量的热；同时阳极金属表面受到电子流的高速轰击，阴极表面受到离子流的轰击，动能转化为热能，在放电表面产生大量的热；整个放电通道形成一个瞬时热源，可形成 10000℃ 以上的高温。通道周围的工作液一部分气化为蒸汽，另一部分被瞬时高温分解为游离碳氢化合物等气体析出（乳化液很快变脏变黑）。在热源作用区的局部电极丝及工件表面，同时被加热到熔点，甚至沸点以上的温度，使局部的金属材料的熔化、气化。由于这一加热过程非常短促（$10^{-7} \sim 10^{-4}s$），因此金属的熔化、气化及乳化液介质的气化都具有爆炸的特性（线切割加工时可以听到吱吱声和轻微的噼啪声）。爆炸力把熔化的金属，以及金属蒸汽、乳化液蒸汽抛进乳化液中冷却。当它们凝固成固体时，由于表面张力和内聚力的作用，均凝聚成具有最小表面积的细椭圆形颗粒（长半轴半径约 0.1 ~ 500μm，因脉冲能量而异）。而电极丝表面则形成一个四周稍有凸缘的微小椭圆形凹坑。图 15 - 1 为放电间隙微观示意图。

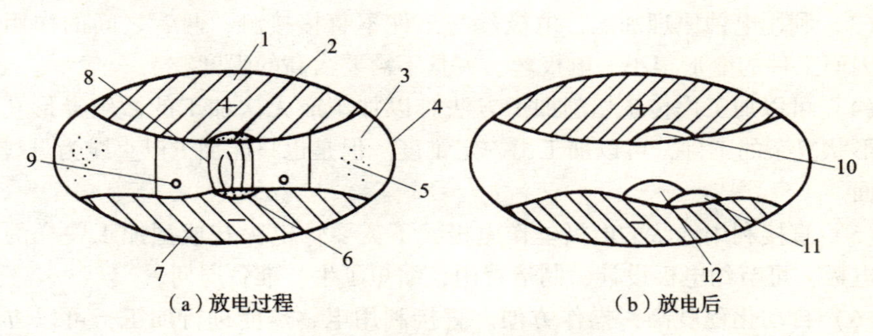

图 15 - 1 放电间隙微观示意图

1—阳极 2—阳极电蚀区 3—金属融滴 4—工作液 5—金属微粒 6—阴极电蚀区 7—阴极 8—放电通道和气泡 9—小气泡 10—凸缘 11—凹坑 12—镀覆物

实际上熔化和气化了的金属在抛离电极丝表面时，沿切缝四处乱射飞溅，除绝大部分抛入工作液中收缩成球状小微粒外，有一部分飞溅、吸附、镀覆在对面的电极丝表面上。这种互相飞溅、镀覆的现象在某些条件下可以用来减少或补偿电极丝在加工时的损耗。

观察电火花线切割在加工纯铜和黄铜后的电极丝表面可以看出粘有铜的痕迹。如果进一步分析电火花线切割的产物（电极丝为钼丝），在金相显微镜下可以看到除了游离碳粒、大小不等的铜的球状颗粒之外，还有一些铜包钼、钼包铜互相飞溅包容的颗粒，此外还有少数由气态直接冷凝成的中空金属颗粒。

数控线切割加工的过程（图 15－2）主要包含以下三部分内容：

（1）电极丝与工件之间的脉冲放电。

（2）电极丝沿其轴向（垂直或 Z 方向）作走丝运动。

（3）数控装置控制工件相对于电极丝在 X、Y 平面内作进给运动。

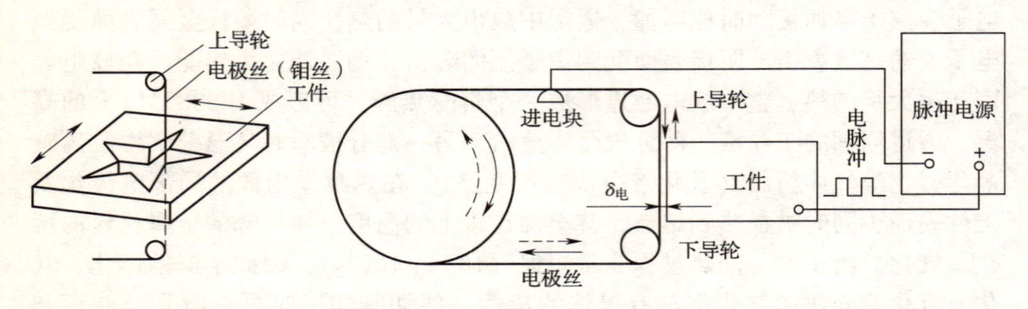

图 15－2　线切割加工示意图

二、线切割加工特点

（1）加工对象必须是导电体，不导电则无法产生放电而达到加工效果。

（2）材料硬度不受限制，高硬度、高强度、高韧性材料的加工也容易。

（3）利用电蚀原理加工，电极丝与工件不直接接触，两者之间的作用力很小，因而工件的变形很小，电极丝、夹具不需要太高的强度。

（4）可以加工用传统切削加工方法难以加工或无法加工的微细异形孔、窄缝和形状复杂的工件，可以加工出一定锥度。但是也只能加工以直线为母线形成的截面。

（5）直接利用线状的电极丝作电极，不需要像电火花成型加工一样的成型工具电极，可节约电极设计、制造费用，缩短了生产准备周期。

（6）自动化程度高，操作方便。直接利用电、热能进行加工，可以方便地对影响加工精度的加工参数（如脉冲宽度、间隔、电流）进行调整，有利于加工精度的提高，便于实现加工过程的自动化控制。

三、线切割加工应用

线切割加工的生产应用，为新产品的试制、精密零件制造及模具制造开辟了一条新的工艺途径，具体应用有以下三个方面：

（1）模具加工。适合于加工各种形状的冲模，一次编程后通过调整不同的间隙补偿量，就可以切割出凸模、凹模、凸模固定板、凹模固定板、卸料板等。模具的配合间隙、加工精度通常都能达到要求。此外电火花线切割还可以加工粉末冶金模、电机转子模、弯曲模、塑压模等各种类型的模具。

（2）制作电火花成型加工用的电极。一般穿孔加工用的电极以及带锥度型腔加工的电极，若采用银钨、铜钨合金之类的材料，用线切割加工特别经济，同时也可加工微细、形状复杂的电极。

（3）新产品试制及难加工零件。在试制新产品时，用线切割在坯料上直接切割出零件，由于不需另行制造模具，可大大缩短制造周期，降低成本。加工薄件时可多片叠加在一起加工。在零件制造方面，可用于加工品种多、数量少的零件，还可加工特殊难加工材料的零件，如凸轮、样板、成型刀具、异形槽、窄缝等。

第二节　线切割加工工艺

电火花线切割加工，一般作为工件加工中的最后工序；加工精度快走丝可达到0.01mm，慢走丝可达到0.001mm；表面粗糙度快走丝可达到$Ra2.5\mu m$，慢走丝可达到$Ra0.3\mu m$。而要达到加工零件的工艺指标如精度及表面粗糙度的要求，应合理控制线切割加工时的各种工艺参数（电参数、切割速度、工件装夹等）。

一、电参数选择

电参数主要指的是脉冲电源的参数，它是影响线切割加工工艺指标的主要因素，一般来说用矩形波脉冲电源加工的效率会比较高，图 15－3 所示为其波形。

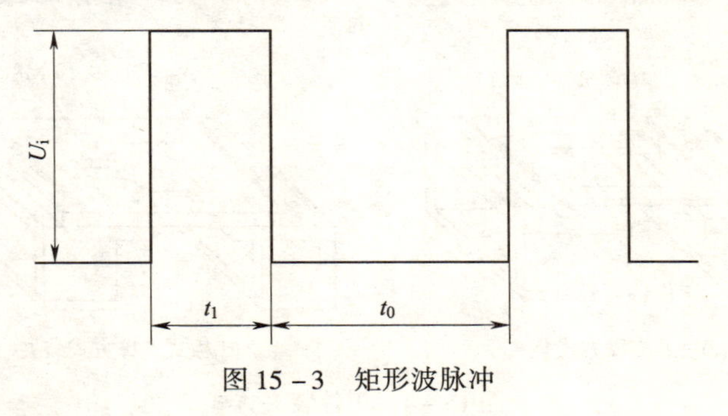

图 15－3　矩形波脉冲

电参数包括脉冲宽度 t_1、脉冲间隔 t_0、峰值电压 U_i、峰值电流 I_m等。电参数与加工工件技术工艺指标的关系是：增大峰值电流 I_m、增加脉冲宽度 t_1、减小脉冲间隔 t_0及增大脉冲峰值电压 U_i等，均可提高切割速度，但相应地会降低加工表面的粗糙度。

要求切割速度高时，选择大电流和脉宽、高电压和适当的脉冲间隔；要求表面粗糙度好时，选择小的电流和脉宽、低电压和适当的脉冲间隔；切割厚工件时，应选用大电流、大脉宽和大脉冲间隔以及高电压。

二、工 件 装 夹

工件装夹时，必须保证工件的切割部位位于机床工作台纵向、横向进给的允许范围之内，避免超出极限。同时应考虑切割时电极丝运动空间。夹具应尽可能选择通用（或标准）件，所选夹具应便于装夹，便于协调工件和机床的尺寸关系。在加工大型模具时，要特别注意工件的定位方式，尤其在加工快结束时，工件的变形、重力的作用会使电极丝被夹紧，影响加工。下面是工件装夹的几种方式：

1. 悬臂式装夹

如图 15－4（a）所示是悬臂方式装夹工件，这种方式装夹方便、通用性强。但由于工件一端悬伸，易出现切割表面与工件上、下平面间的垂直度误差。仅用于加工要求不高或悬臂较短的情况。

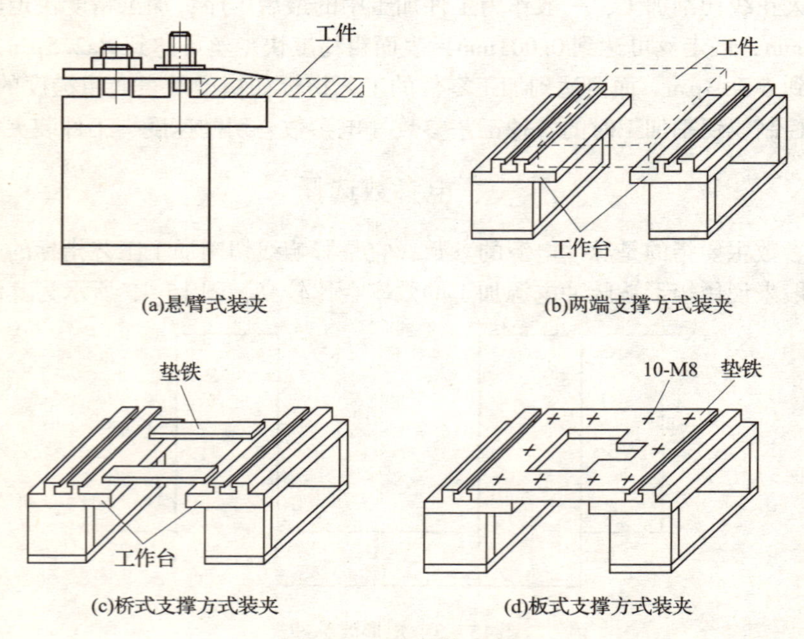

(a)悬臂式装夹　(b)两端支撑方式装夹

(c)桥式支撑方式装夹　(d)板式支撑方式装夹

图 15－4　工件装夹方式

2. 两端支撑方式装夹

如图 15－4（b）所示是两端支撑方式装夹工件，这种方式装夹方便、稳定，定位精度高，但不适于装夹较大的零件。

3. 桥式支撑方式装夹

这种方式是在通用夹具上放置垫铁后再装夹工件，如图 15－4（c）所示。这种方式装夹方便，对大、中、小型工件都能采用。

4. 板式支撑方式装夹

如图 15－4（d）所示是板式支撑方式装夹工件。根据常用的工件形状和尺寸，采用有通孔的支撑板装夹工件。这种方式装夹精度高，但通用性差。

三、工件校正

采用以上方式装夹工件，还必须配合找正法进行调整，方能使工件的定位基准面分别与机床的工作台面和工作台的进给方向 X、Y 保持平行，以保证所切割的表面与基准面之间的相对位置精度。常用的找正方法有：

1. 用百分表找正

如图 15－5（a）所示，用磁力表架将百分表固定在丝架或其他位置上，百分表的测量头与工件基面接触，往复移动工作台，按百分表指示值调整工件的位置，直至百分表指针的偏摆范围达到所要求的数值。找正应在相互垂直的三个方向上进行。

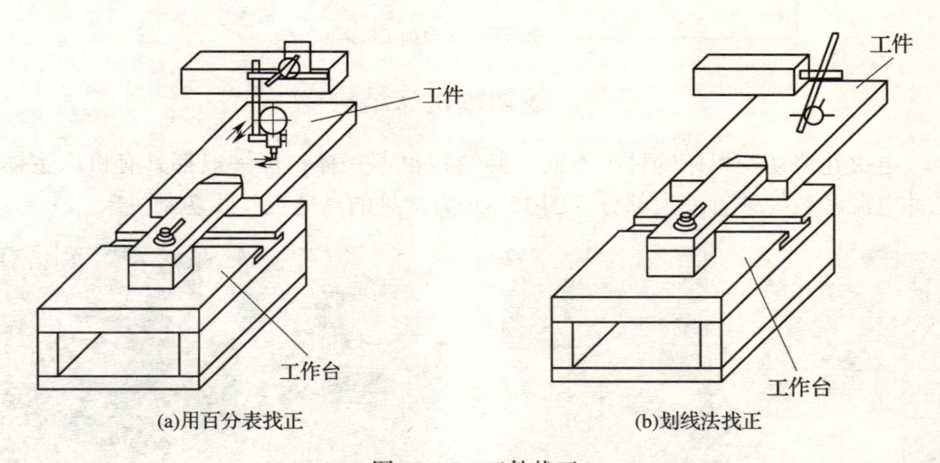

(a)用百分表找正　　(b)划线法找正

图 15－5　工件找正

2. 划线法找正

工件的切割图形与定位基准之间的相互位置精度要求不高时，可采用划线法找正，如图 15－5（b）所示。利用固定在丝架上的划针对准工件上划出的基准线，往复移动工作台，目测划针、基准间的偏离情况，将工件调整到正确位置。工件的校正方法有按划线、按外形和按基准孔校正等方法。其中，按外形校正时，要预先磨出垂直基面。当把穿丝孔作为基准孔时，要保证其位置精度和尺寸精度。

第三节　线切割机床的基本操作

目前普遍使用的是数控电火花线切割机床，它既是数控机床，又是特种加工机床。根据电极丝的运行速度，数控电火花线切割机床通常分为两大类：第一类是高速走丝电火花线切割机床（俗称快走丝），其电极丝作高速往复运动，一般走丝速度为8～10m/s，电极丝可重复使用，但快速走丝容易造成电极丝抖动和反向时停顿，使加工质量下降，是我国生产和使用的主要机种，也是我国独创的电火花线切割加工模式；第二类是低速走丝电火花线切割机床（俗称慢走丝），其电极丝作低速单向运动，一般走丝速度低于0.2m/s，为了控制精度电极丝只用一次，工作平稳、均匀、抖动小、加工质量较好，是国外生产和使用的主要机种。

以下是一种高速走丝电火花线切割机床的型号及其意义：

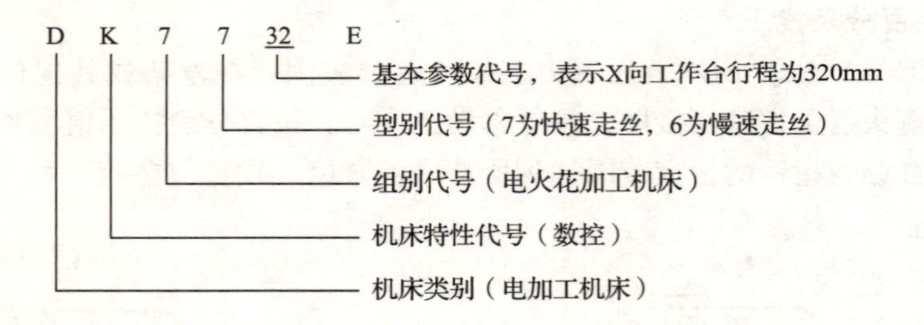

一、线切割机床结构

电火花线切割机床的种类不同，其结构也不一样，但一般都具有机床主体、脉冲电源和数控装置三大部分。图15－6为常见的高速走丝线切割机床。

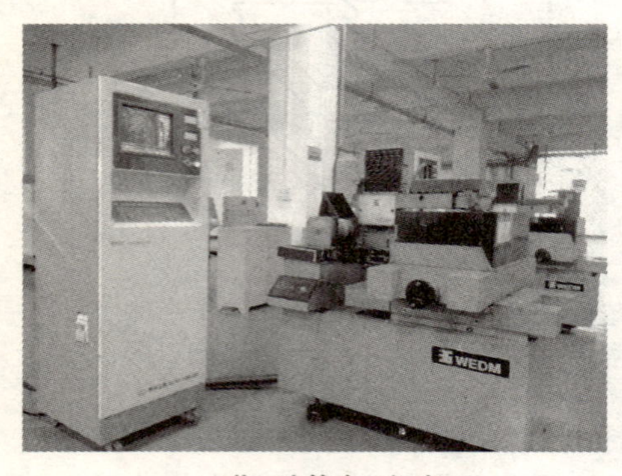

(a) 苏三光快走丝机床

(b) 正太快走丝机床

图15－6　常见高速走丝机床

1. 机床主体

机床主体也叫机床本体，是数控线切割加工设备的主要部分，由床身、工作台、丝架、走丝机构、工作液循环系统等部分组成。

床身是机床的支撑体，主要用于支撑丝架、走丝机构、工作台，其结构为箱体式；

工作台用来装夹工件，其工作原理是驱动电机通过变速机构将动力传给丝杆螺母副，并将其变成坐标轴的直线运动，从而获得各种平面图形的曲线轨迹。工作台主要由上下拖板、丝杆螺母副、齿轮传动机构和导轨等组成，上下拖板采用伺服电机带动滚珠丝杆副驱动工作台做纵、横向移动。

丝架是用来支撑电极丝的构件，通过导轮将电极丝引到工作台上，并通过导电块将高频脉冲电源负极连接到电极丝上。对于具有锥度切割的机床，丝架上还装有锥度切割装置，使电极丝与工作台平面保持一定的几何角度。

走丝机构的主要作用是带动电极丝按一定线速度，连续不断地进入和离开放电区域，并将电极丝整齐地卷绕在贮丝筒上。

另外，在加工中不断地向电极丝与工件之间冲入工作液，目的是冷却及迅速恢复绝缘状态，以防止连续的弧光放电，并及时把电蚀除下来的金属微粒排出去。

2. 脉冲电源

脉冲电源，是数控线切割机床的主要组成部分，其作用是把工频的正弦交流电转变成适应线切割加工需要的电脉冲，以提供线切割加工所需的放电能量。脉冲电源的幅值、脉冲宽度可以根据不同工作状况调节。脉冲电源性能的好坏将直接影响加工的切割速度、工件的表面粗糙度、加工精度以及电极丝的损耗等。

3. 数控装置

数控装置是进行线切割加工的重要组成部分，数控装置的稳定性、可靠性以及控制精度都直接影响到加工工件的质量。其主要功能有：通过驱动工作台的纵、横向滚珠丝杆副的运动，来精密控制电极丝相对于工件的运动轨迹；控制伺服进给速度、电源装置、走丝机构、工作液系统等。

二、机床的基本操作

数控线切割机床的设备操作规程如下：

（1）合上机床电源总开关，按下计算机启动按钮，机床进入系统控制状态，手工或利用 CAD/CAM 完成程序编制及加工中必要的参数设置工作。

（2）测试机床，检查机床各部分是否正常，如工作台工作方向是否正确，限位开关动作是否可靠，丝筒运行是否正常，工作液供给是否充足通畅等，同时要按要求对机床需要润滑的部位进行润滑处理。

（3）根据机床的功能进行手动上丝或机动上丝操作，根据零件切割要求，选择合适的方法对工作台、电极丝找正。

(4) 安装好工件，根据工件厚度将 Z 轴调整到适合的位置，对于有锁紧要求的机床还要进行锁紧。

(5) 根据有关参数，将电极丝移到起点位置。

(6) 通常在加工前要效验加工程序的正确性，以防止在加工过程中出现错误或者废品。程序无误后再将机床设定到加工状态。

(7) 运行程序，开始加工，调节上、下喷嘴的喷液流量。观察切割情况，在必要情况下，在合适的位置可以对电参数进行调整，并做好相关记录。

(8) 加工后对工件进行检测，根据检测结果及加工中参数修正情况，对程序进行编辑完善。

三、面板的基本操作

数控电火花高速走丝线切割机床所提供的各种功能可以通过机床操作面板得以实现，了解数控电火花高速走丝线切割机床操作面板上各个按键的功用，才能掌握数控电火花高速走丝线切割机床的调整及加工前的准备工作以及程序输入及修改方法。由于每个厂家的机床面板各异，请以所配说明书为准。这里以苏州三光公司（以下简称苏三光）的 BKDC 快速走丝线切割机床为例，其面板包括控制机面板和储丝筒操作面板。

1. 控制机面板与接口

控制机面板是完成机床操作与线切割加工主要的人机交互界面，其常见功能组件列于表 15－1 中。

表 15－1　　控制机面板各组件及其功用

组件名称	功用说明
电压表	显示高频脉冲电源的加工电压
电流表	显示高频脉冲电源的加工电流
急停按钮	红色蘑菇头，按下此按钮后，机床停止运行，显示器显示“硬件故障”
机床电气按钮	绿色，按下后机床电器部分能正常工作
开机按钮	白色，按下后灯亮，计算机启动
关机按钮	红色，关闭计算机
总电源开关	合上后，机床与外接线路通电
显示器	显示人机交互界面及加工中的各种信息
键盘	输入程序或指令，与普通计算机键盘的操作方法相同
鼠标	在绘制零件轮廓图时使用，与普通计算机鼠标的操作方法相同
宽带连接接口	与网络计算机和控制系统交换数据
软盘驱动器	与外界计算机和控制系统交换数据

2. 储丝筒操作面板

苏三光的储丝筒操作面板比较简单，主要有储丝筒运转和停止按钮，用于在绕丝、穿丝等非程序运行中开启或停止储丝筒的运行。另外还有一个急停按钮，和控制机面板上的作用是一样的［图 15－7（a)］。

正太的储丝筒操作面板相对复杂些，因为加工结束后需要手动停止运丝和工作液，因此多了运丝和工作液的两对开关（中间)，另外有 E1 断丝自动停机刹车开关、E2 加工结束自动关机旋钮［图 15－7（b)］。

(a) 苏三光快走丝储丝筒操作面板

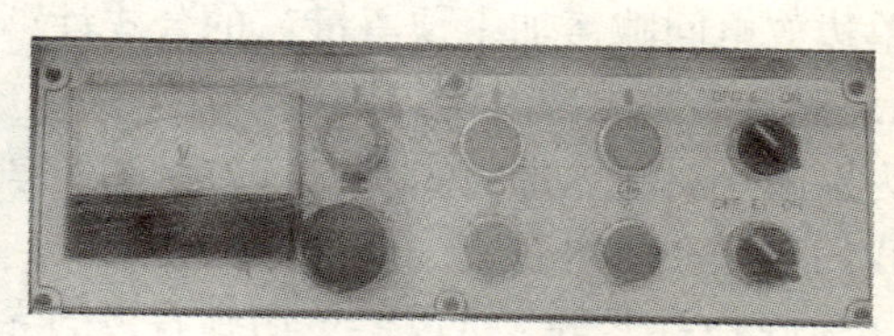

(b) 正太快走丝储丝筒操作面板

图 15－7　储丝操作面板

第四节　线切割加工实训

1. 零件图工艺分析

假如我们要利用电火花线切割来加工图 15－8 所示的凸模，首先进行工艺分析：

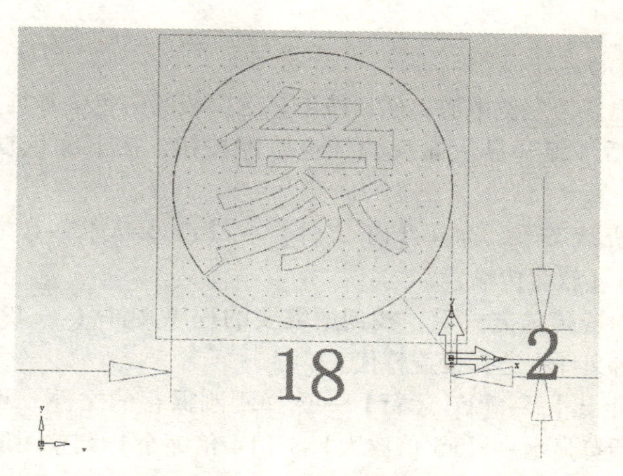

图 15－8　被加工零件图

（1）坯料的选择

在制造时可选用锻造性能好、淬透性好、热处理变形小的合金工具钢（如 Cr12、Cr12MoV、CrWMn）作模具材料。学生实习也可以选择不锈钢片进行切割加工，利用剪板机或锯床预先切好所需数量的材料。我们一般用长100mm、宽50mm的镀锌钢片来进行切割。

（2）确定加工电参量

加工时，可改变的参数主要有峰值电流、脉冲宽度、脉冲间隔、进给速度，实际加工中可根据加工条件和机床性能来选择电参量。

（3）偏移量的确定

在高速走丝机床上采用一次切割成型，补偿量按“补偿量 = 电极极丝半径 + 单边放电间隙 + 加工预留量”的公式计算。

2. 确定装夹位置及走刀路线

为了减小材料内部组织及内应力对加工精度影响，要选择合适的走刀路线。一般我们建议在材料右边（正X）夹持工件，从下方（负Y）2～3mm作为切割起点（最好是右下角，可以避免切到右边的导轨），加工顺序选用正向割（切入后顺时针开切）。

3. 程序编制及传输

这里采用软件编程的方法，利用FeatureCAM软件完成图形的编辑、生成曲线、设定特征、设定刀具补偿、刀具路径仿真等步骤，并生成程序文件（一般是*.ISO文件）。

接着就是传输代码。如果是直接在机床内置的计算机内画图的，只需直接把代码文件保存在相应位置，加工时直接调出即可；假如用的是外部计算机，我们可以通过网络、U盘或软盘将代码文件传输入机床进行加工，具体途径可参考机床文件说明。

苏三光BKDC系统操作：

（1）按下电气柜左侧电源，然后按下显示面板的白色键开机。

（2）开机后，旋开显示面板的红色急停按钮，按下绿色复位键，键盘回车键。

（3）在待机状态下，选择【F1文件】—【F1装入】—U（USB传输）/L（宽带传输）/A（软盘传输）。

（4）选择对应传输方式后，找到所需要的程序文件（*.ISO文件），回车确认，如有同名文件则选择覆盖替代。

（5）【F8退出】—【F7运行】—选择刚刚保存的文件，回车确认—【F1画图】将图形预览显示—【F5倍放大】/【F4倍缩小】调整图形的显示—【F8退出】。

（6）按下显示面板的红色急停按钮。

正太HL系统操作：

（1）插入U盘，旋开显示面板的红色急停按钮，按下绿色键开机，按下电脑主机电源。

（2）选择【1、RUN 运行】—【2、USB，no LAN】。

（3）开机后，选择【File 文件调入】—【F4 > dir 调盘】—【U：\WSNCP 盘】。

（4）找到所需要的程序文件（*.ISO 文件）—【F3 > save 存盘】—【D：虚拟盘】—【Esc 退出】。

（5）【Trans 格式转换】—【G to b】—选择刚刚保存的*.ISO 文件，回车确认—【使用绝对坐标】—【1000∶1（μm）】—【Esc 退出】。

（6）【Work 加工】—【Cut 切割】—选择刚刚转换成的*.B 文件，回车确认—【+放大】/【-缩小】/键盘方向键，适当调整图形的显示—【F12 lock 进给】。

4. 装夹

（1）参照图 15-4（a），利用悬臂式装夹，将需要的夹具装好。

（2）将工件放在工作台右边导轨上，工件尽量往左边伸出，装夹部分仅留够夹具固定即可。

（3）校正工件下边和左边分别与工作台的 X 向和 Y 向平行（精度要求不高时可以目测）。

（4）用夹具固定工件并夹紧，由于加工时作用力不大，不需要拧得非常紧。

（5）采用手动定位或自动定位，将电极丝定位到切割起点处。原则上要求把图形切割在毛坯里面。在这个例子里，X 向尺寸是 18mm，我们将电极丝定位到距离工件左边沿 20mm 处（余量~2mm），距离工件下边沿 1~2mm 处（切割引入线~3mm）。

（6）锁定电极丝位置：拔出 X 与 Y 轴的连接销钉（苏三光）/按下键盘 F12（正太）。

5. 调参数和加工

苏三光 BKDC 系统操作：

（1）旋开显示面板的红色急停按钮，按下绿色复位键，键盘回车键。

（2）【F3 电参数】—按照指导老师给的参数进行调整—【F8 退出】。

（3）旋开机床面板的急停按钮，按下绿色键开机床。如之前没关的跳过此步。

（4）【F7 正向割】开始加工。

正太 HL 系统操作：

（1）旋开机床面板的红色急停按钮，按下方绿色键开机，按右边两个绿色键开运丝与工作液。

（2）【F1 start 开始】—【起始段】默认回车—【终点段】默认回车。

（3）【F11 H. F. 高频】开始加工。

6. 停机和拆卸

苏三光 BKDC 系统操作：

（1）加工结束后等储丝筒自动停止（一般在靠近下方停）。

（2）【F8 退出】—快速回车确认—【F8 退出】。

（3）按下显示面板的急停（红色）按钮。

（4）插入 X 与 Y 轴的连接销钉，并卡到卡位上。

（5）往刻度减少方向（顺时针）摇动 Y 轴手轮，将电极丝往下方负 Y 退出足够距离。

（6）往刻度减少方向（逆时针）摇动 X 轴手轮，将电极丝往左方负 X 退出足够距离。

（7）松开夹具，往上方正 X 取出工件，拣出零件。

正太 HL 系统操作：

（1）加工结束后等储丝筒靠近下方手动停止运丝，并停止工作液。

（2）【空格】—【End 停止】—【Esc 退出】。

（3）解除【F12 lock 进给】锁定。

（4）往刻度减少方向（顺时针）摇动 Y 轴手轮，将电极丝往下方负 Y 退出足够距离。

（5）往刻度减少方向（逆时针）摇动 X 轴手轮，将电极丝往左方负 X 退出足够距离。

（6）松开夹具，往上方正 X 取出工件，拣出零件。

第五节　电火花线切割实习安全技术

（1）电极丝运转时，不要过于靠近丝对的正前方或者正后方，保持 50cm 以上的安全距离。

（2）放电加工时，身体不要同时接触电极丝与工作台（或工件），防止触电。

（3）加工过程中禁止擅自离开操作岗位，如有以下情况应暂停加工并找指导老师寻求帮助：电极丝断、无工作液、电火花异常、加工方向错乱等。

（4）电极丝运转时，禁止在机床周边嬉闹、推撞，防止各种意外事故。

思考与练习

1. 简述线切割加工的基本原理。
2. 线切割加工的特点是什么？
3. 线切割加工的应用主要有哪些？
4. 线切割加工设备的组成部分有哪些？
5. 线切割加工的机床一般分成几类？我国以什么为主？

6. 线切割加工的刀具补偿量（偏移量）是怎么计算的?

可根据实际情况，选择下面图样进行编程并上机加工。

训练题 1. 利用线切割加工一个外形如图 15－9 所示的工件。

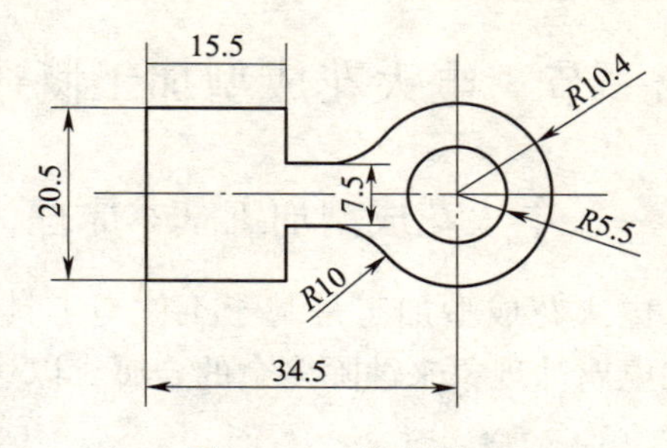

图 15－9　训练题 1

训练题 2. 在一块 100mm×80mm 的薄板上加工一个形状如图 15－10 所示的凹模。

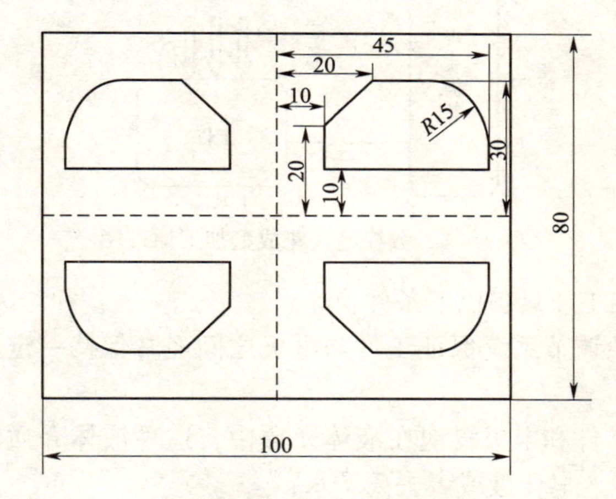

图 15－10　训练题 2

训练题 3. 加工一个外形如图 15－11 所示的五角星图形。

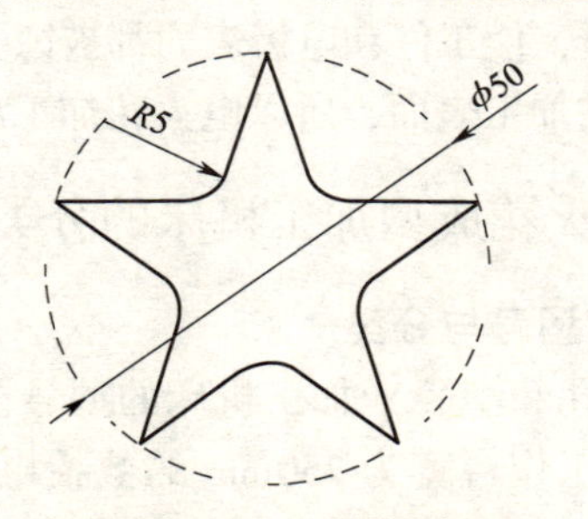

图 15－11　训练题 3

第十六章　数控电火花成型加工

第一节　电火花成型加工概述

一、电火花成型加工基本原理

如图 16－1 所示，电火花成型加工是基于工件与工具电极（简称电极）之间脉冲性火花放电时的电腐蚀现象来蚀除多余的金属，以达到零件的尺寸的加工要求的一种加工方法。

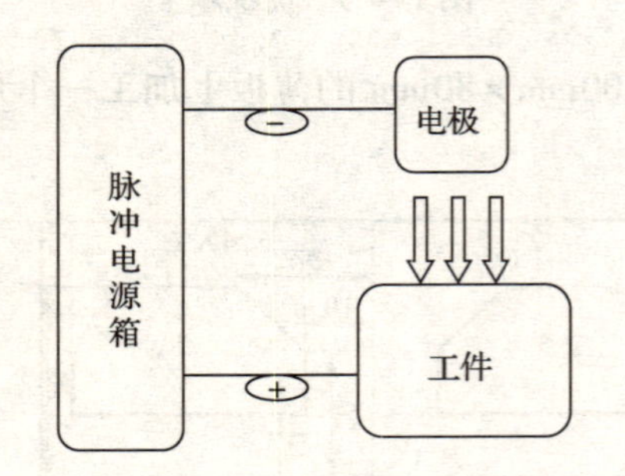

图 16－1　数控电火花成型加工原理图

电火花成型加工须具备以下条件：

（1）自动进给调节系统保证工件与电极之间经常保持一定距离以形成放电间隙；

（2）加工中工件和电极浸泡在液体介质中，这种液体介质称为工作液。一般为煤油、火花油、皂化液或者去离子水；

（3）脉冲电源输出单向脉冲电压加在工件和电极上。当电压升高到间隙中工作液的击穿电压时，会使介质在绝缘强度最低处被击穿，产生火花放电，同时产生瞬间高温（2000～10000℃），使工件和电极表面都被蚀除掉一小块材料形成小的凹坑，大量微小凹坑就形成被加工表面，所以电火花加工出来的都是磨砂面。

二、电火花成型加工机床的分类及结构

1．电火花成型机床的型号与分类

我国电火花成型（穿孔和型腔）加工机床的型号按 JB 1838—76 规定，例如型号 DK 7125 即表示机床工作台宽为 250mm 的数控电火花成型机床，其表示方法如图 16－2 所示。

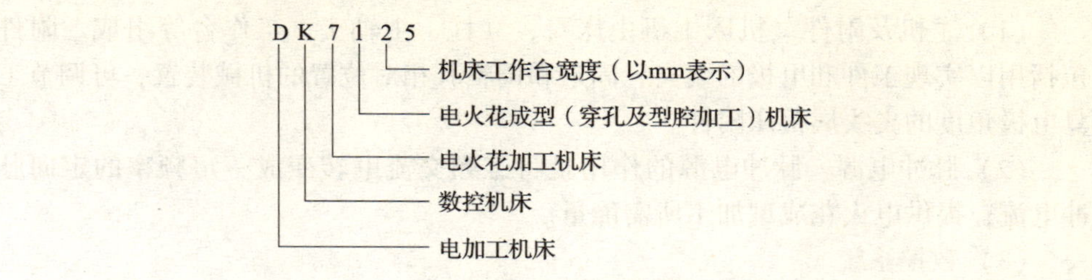

图 16－2　电火花成型机床的型号与分类

电火花成型机床（除穿孔机床可单列为一种外）按大小可分为小型、中型及大型三类；也可按精度等级分为标准精度型和高精度型；还可按工具电极自动进给系统的类型分为液压、步进电机、直流伺服电机驱动型；随着模具制造的需要，现已有大批三坐标数控电火花机床用于生产，带电极工具库且能自动更换电极工具的电火花加工中心也在逐步投入使用。

2. 电火花成型机床的结构

数控电火花成型加工机床主要由主机、脉冲电源和机床电气系统、数控系统和工作液循环过滤系统等部分组成。图 16－3 为机床简化结构图、DK7145 电火花成型机实物图。

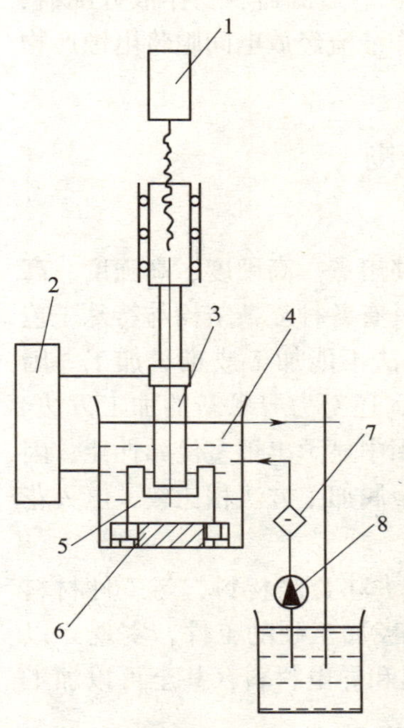

（a）机床结构简图

（b）DK7145电火花成型机实物图

图 16－3　电火花成型机

1—自动进给装置　2—脉冲电源箱　3—工具电极

4—工作液　5—工件　6—工作台　7—过滤网　8—工作液泵

（1）主机及附件　机床主机由床身、立柱、主轴头、工作台等组成。附件包括用以实现工件和电极的装夹、固定和调整其相对位置的机械装置，可调节工具电极角度的夹头属机床附件。

（2）脉冲电源　脉冲电源的作用是将工频交流电转变成一定频率的定向脉冲电流，提供电火花成型加工所需能量。

（3）数控系统

1）自动进给调节系统　它的任务是通过改变、调节主轴头（电极）进给速度，使进给速度接近并等于蚀除速度，以维持一定的“平均”放电间隙，保证电火花加工正常而稳定进行，以获得较好的加工效果。

常用自动进给调节系统有电液自动控制系统和电—机械式自动进给调节系统，数控电火花机床普遍采用电—机械式自动进给调节系统。

2）电火花成型加工单轴数控系统

3）电火花成型加工三轴数控系统

（4）工作液循环过滤系统　工作液作为放电介质，在加工过程中还起着冷却、排屑等作用。常用的工作液是黏度较低、闪点较高、性能稳定的介质，如煤油、火花油、去离子水和乳化液等。

工作液循环过滤系统由工作液箱、液压泵、电机、过滤器、工作液分配器、阀门、油杯等组成，它的作用是强迫一定压力的工作液流经放电间隙将电蚀产物排出，并且对使用过的工作液进行过滤和净化。

三、加工特点及应用范围

1. 电火花机床加工的特点

随着工业生产的发展和科学技术的进步，具有高熔点、高硬度、高强度、高脆性、高黏性和高纯度等性能的新材料不断出现。具有各种复杂结构与特殊工艺要求的工件越来越多，这就使得传统的机械加工方法不能加工或难于加工。因此，人们除了进一步发展和完善机械加工方法之外，还努力寻求新的加工方法。电火花加工方法能够适应生产发展的需要，并在应用中显示出很多优异性能，因此，得到了迅速发展和日益广泛的应用。与传统的金属加工方法相比较，电火花加工具有如下特点：

（1）因为电火花加工是直接利用电能和热能来去除金属材料，与工件材料的强度和硬度等关系不大，因此可以用软的工具电极加工硬的工件，实现“以柔克刚”。即电火花机床可以加工任何难加工的金属和导电材料，甚至可以加工聚晶金刚石、立方氮化硼一类的超硬材料。

（2）电火花加工属于复制性加工，对于那些其他机床难以加工的尖角，异形小孔等零件复杂形状的工件比较方便。特别适用于复杂表面形状工件的加工，如复杂型腔模具加工，电加工采用数控技术以后，使得用简单的电极加工复杂形状零件成为现实。

（3）电火花加工属不接触加工。工具电极和工件之间不直接接触，两者之间宏观作用力极小。火花放电时，局部，瞬时爆炸力的平均值很小，不足以引起工件的变形和位移。因此可以加工薄壁，弹性，低刚度，微型小孔等对受力较为敏感的零件。

（4）直接利用电能加工，便于实现加工过程的自动化。

2. 电火花加工机床的应用范围

基于电火花机床的特点，电火花加工的主要用途有以下几项：

1）制造冲模、塑料模、锻模和压铸模。

2）加工小孔、畸形孔以及在硬质合金上加工螺纹螺孔。

3）在金属板材上切割出零件。

4）加工窄缝。

5）磨削平面和圆面（电火花磨削机床）。

6）其他（如强化金属表面，取出折断的工具，在淬火件上穿孔，直接加工型面复杂的零件等）。

第二节　电火花成型加工工艺

一、电　极

1. 电极材料的选择

电火花成型加工生产中为了得到良好的加工特性，电极材料的选择是一个极其重要的因素。它应具备加工速度高、电极消耗量小、电极加工性好、导电性好、机械强度好和价格低廉等优势。现在广泛使用的电极材料主要有以下几种：

（1）铜　铜电极是应用最广泛的材料，采用逆极性（工件接负极）加工钢时，可以得到很好的加工效果，选择适当的加工条件可得到无消耗电极加工（电极的消耗与工件消耗的重量之比 $<1\%$）。

（2）石墨　与铜电极相比，石墨电极加工速度高，价格低，容易加工，特别适合于粗加工。用石墨电极加工钢时，可以采用逆极性（工件接负极），也可以采用正极性（工件接正极）。从加工速度和加工表面粗糙度方面而言，正极性加工更有利，但从电极消耗方面而言，逆极性加工电极消耗率较小。

（3）钢　钢电极使用的情况较少，在冲模加工中，可以直接用冲头作电板加工冲模。但与铜及石墨电极相比，加工速度、电极消耗率等方面均较差。

（4）铜钨、银钨合金　用铜钨（Cu—W）及银钨（Ag—W）合金电极加工钢料时，特性与铜电极倾向基本一致，但由于价格很高，所以大多只用于加工硬质合金类耐热性材料。除此之外，还用于在电加工机床上修整电极用，此时应用正极性。

2. 加工效果指标

(1) 加工速度　对于电火花成型机来说加工速度是指在单位时间内，工件被蚀除的体积或重量。一般用体积加工速度表示。

(2) 工具电极损耗　在电火花成型加工中，工具电极损耗直接影响仿形精度，特别对于型腔加工，电极损耗这一工艺指标较加工速度更为重要。

电极损耗分为绝对损耗和相对损耗。绝对损耗最常用的是体积损耗 V_e 和长度损耗 V_{eh} 二种方式，它们分别表示在单位时间内，工具电极被蚀除的体积和长度。在电火花成型加工中，工具电极的不同部位，其损耗速度也不相同。

在精加工时，一般电规准选取较小，放电间隙太小，通道太窄，蚀除物在爆炸与工作液作用下，对电极表面不断撞击，加速了电极损耗，因此，如能适当增大电间隙，改善通道状况，即可降低电极损耗。

(3) 表面粗糙度　表面粗糙度是指加工表面上的微观几何形状误差。对电加工表面来讲，即是加工表面放电痕——坑穴的聚集，由于坑穴表面会形成一个加工硬化层，而且能存润滑油，其耐磨性比同样粗糙度的机加表面要好，所以加工表面允许比要求的粗糙度大些。而且在相同粗糙度的情况下，电加工表面比机加工表面亮度低。工件的电火花加工表面粗糙度直接影响其使用性能，如耐磨性，配合性质，接触刚度，疲劳强度和抗腐蚀性等。尤其对于高速、高洁、高压条件下工作的模具和零件，其表面粗糙度往往是决定其使用性能和使用寿命的关键。

二、电　参　数

1. 程序段

表示不同深度所选用的电参数。

2. 脉冲电流

表示放电时两电极之所使用的电流。

3. 脉冲宽度（周率）

表示放电电压波形之通道时间，数值为 2～2400μs。

4. 脉冲间隙

表示放电电压波形之通道时间之间的间隔时间，数值为 2～2400μs。

5. 放电间隙

表示放电时，电压与模具之间的间隙电压。

放电间隙是指脉冲放电两极间距，实际效果反映在加工后工件尺寸的单边扩大量。对电火花成型加工放电间隙的定量认识是确定加工方案的基础。其中包括工具电极形状、尺寸设计、加工工艺步骤设计、加工规准的切换以及相应工艺措施的设计。

6. 电压

外电源输送给机床的电压，0 代表 100V，1 代表 150V，2 代表 200V 等

以上各项都不是互相独立的，而是互相关联的。见表 16－1，为电火花加工主要工艺参数。根据加工要求其各个参数的大小会不断变化，具体数值将在本章第五节详细介绍。

表 16－1　　**电　参　数**

程序段	脉冲电流	周率	脉冲间隙	放电间隙	电压
1					
2					
3					
4					
5					

实训部分

第三节　电火花机床编程与操作实训

1. 开机及准备工作

检查机床电源线无误后，旋开红色急停按钮，按下绿色开机按钮，等开机后进行归原点操作。

2. 安装电极和工件

按照正确的方法装夹电极和工件，但是注意不要两只手同时触碰电极和工件，防止发生触电现象。

3. 工具电极工艺基准的校正

在电火花加工中，为了保证电极形状可以完整地加工在工件上，工具电极的工艺基准必须平行于机床主轴头的垂直坐标，这时往往需要人工校正。校正电极并调节主轴行程至合适位置，机床手控盒面板置于拉表状态，利用百分表（图 16－4）找正电极，调节电极夹头上的调节螺钉，分别调节电极两个方向的倾斜和电极旋转，以找正电极。

图 16－4　校正工具：百分表

4. 对刀

找正加工基准面和加工坐标　将工件装夹在工作台上，拉表找正工件，找正加工位置。机床横向行程和纵向行程上分别装有数显尺，可以用碰边定位方法找正加工位置。也就是机床置于对刀状态，摇动横向或纵向行程使电极位于工件外面，控制主轴向下运动使电极停在低于工件加工面的位置，摇动行程使电极靠近工件，当蜂鸣器响时记下此时位置。对于以所碰边为定位的尺寸，可以摇动行程，从尺上读出移动值，而定出加工位置；需要取中的工件，可以先从一边取到位置，把此点清零后，再从对边依此方法对出另一边位置，按下 1/2 键，即可定出加工中心。

5. 主要电参数的选择

设置电加工规准和各个电参数。

6. 注入工作液与加工零件

放电加工　完成设定并对正主轴起始位置后，按下加工键开始加工。

第四节　电火花成型加工实习安全技术

（1）开机前熟悉所操作机床的结构、原理、性能及用途等方面的知识，按照工艺规程做好加工前的一切准备工作，严格检查工具电极与工件电极是否都已校正和固定好。

（2）每次开机后，须进行回原点操作，并观察机床各方向运动是否正常。

（3）在电极找正及工件加工过程中，禁止操作者同时触摸工件及电极，以防触电。

（4）禁止操作者在机床工作过程中离开机床。

（5）禁止未经培训人员操作或维修本机床。

（6）加工结束后，应切断控制柜电源、机床电源。

（7）工程训练完毕，要认真清理机床及周围环境卫生，关闭电源，经指导人员同意后方可离开。

第五节　数控电火花成型加工实例

电火花加工实例一

（1）电极材料：紫铜，电极形状：如图 16－5 所示。

工件材料　镀锌钢板。

毛坯尺寸：30×30×1，如图 16－6 所示。

（2）深度　0.5mm。

（3）加工方式　粗—中—细一次完成　共分为 5 段。

图 16－5

图 16－6　工件

1）设定粗加工电流＝6.5A，周率＝180μs，效率＝70%；

2）设定中加工电流＝5A，周率＝150μs，效率＝70%；

3）设定中加工电流＝4A，周率＝120μs，效率＝60%；

4）设定粗加工电流＝3.5A，周率＝90μs，效率＝60%；

5）设定粗加工电流＝3A，周率＝60μs，效率＝50%。

（4）电参数见表 16－2。

表 16－2　　电火花加工电参数（紫铜）

程序段	脉冲电流	脉冲间隔	效率	放电间隙	电压
1	6.5	180	7	40	1
2	5	150	7	40	1
3	5	120	6	40	1
4	3.5	90	6	40	0
5	3	60	5	40	0

加工后结果如图 16－7 所示。

图 16－7　加工后零件（紫铜）

电火花加工实例二

（1）电极材料　石墨，形状为圆柱，如图 16－8 所示，但是加工前需人为刻上自己喜欢的图案。

工件材料：镀锌钢板，工件毛坯尺寸：30×30×1，如图 16－9 所示。

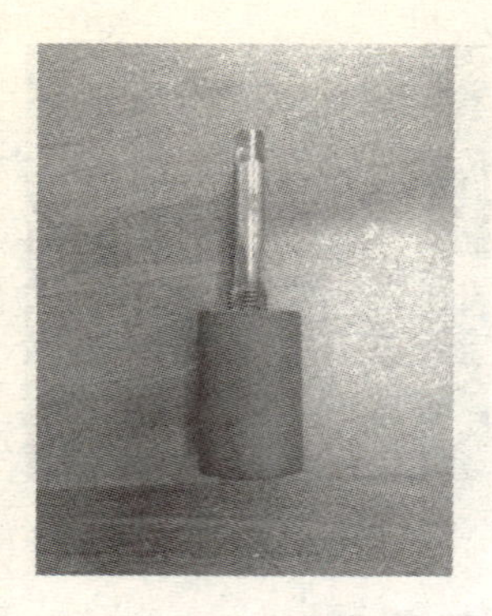

图 16-8　石墨电极

图 16-9　工件

（2）深度　0.5mm。

（3）加工方式　粗—中—细一次完成　共分为 5 段。

1）设定粗加工电流 =5A，周率 =100μs，效率 =60%；

2）设定中加工电流 =4A，周率 =90μs，效率 =60%；

3）设定中加工电流 =3.5A，周率 =120μs，效率 =50%；

4）设定粗加工电流 =2.5A，周率 =90μs，效率 =50%；

5）设定粗加工电流 =2A，周率 =60μs，效率 =50%。

（4）电参数　见表 16-3。

表 16-3　　电火花加工电参数（石墨）

程序段	脉冲电流	脉冲间隔	效率	放电间隙	电压
1	5	180	6	40	1
2	4	150	6	40	1
3	3.5	120	5	40	0
4	2.5	90	5	40	0
5	2	60	5	40	0

加工后结果，如图 16-10 所示。

图 16-10　加工后零件（石墨）

其他零件展示，如图 16 – 11 所示。

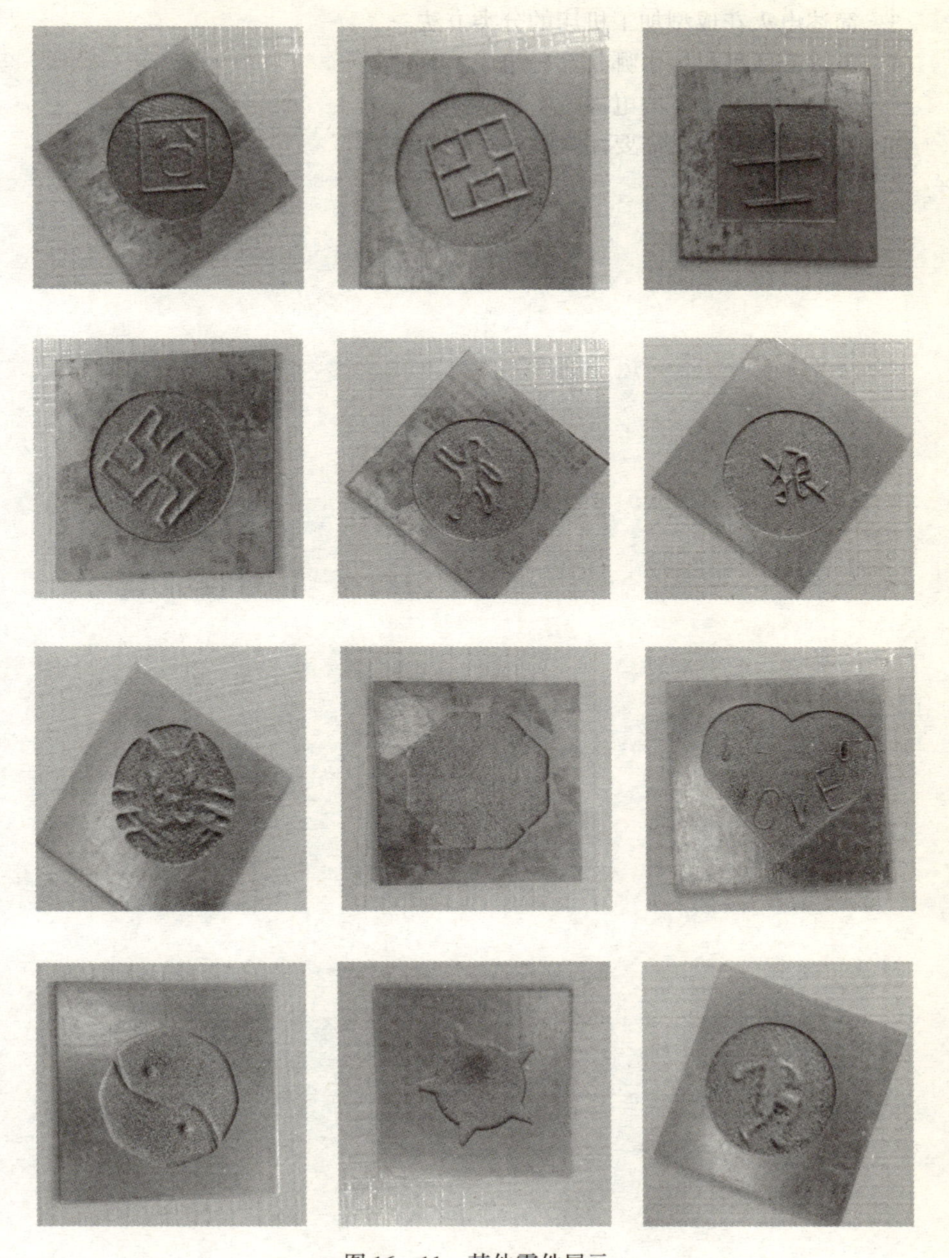

图 16 – 11　其他零件展示

思考与练习

1. 简述电火花成型加工的基本原理。

2. 简述电火花成型加工的特点和应用范围。
3. 简述电火花成型加工机床的分类方法。
4. 电火花成型机床由哪几部分组成？
5. 电火花成型加工的电参数有哪些？
6. 电火花成型加工需要注意哪些安全问题？

第十七章　快速成型技术

第一节　快速成型基本概念及原理

快速成型（Rapid Prototyping，简称 RP）是 20 世纪 80 年代末期开始商品化的一种高新制造技术。20 世纪 70 年代末到 80 年代初期，美国和日本相继提出了快速成型的概念。在 1986 年，美国 3D System S 公司推出商品化样机 SLA－1，这是世界上第一台快速原形系统，该系统获得了专利，这是 RP 技术发展的里程碑。

一、快速成型技术的基本概念及原理

快速成型是一种集计算机辅助设计（CAD）、计算机辅助制造（CAM）、计算机数字控制（CNC）、激光、精密伺服驱动、新材料等先进技术于一体的加工方法。快速成型的加工原理是依据计算机设计的三维模型，进行切片处理，逐层加工，层叠增长。快速成型技术的本质是用材料堆积原理制造三维实体零件。如图 17－1 所示。

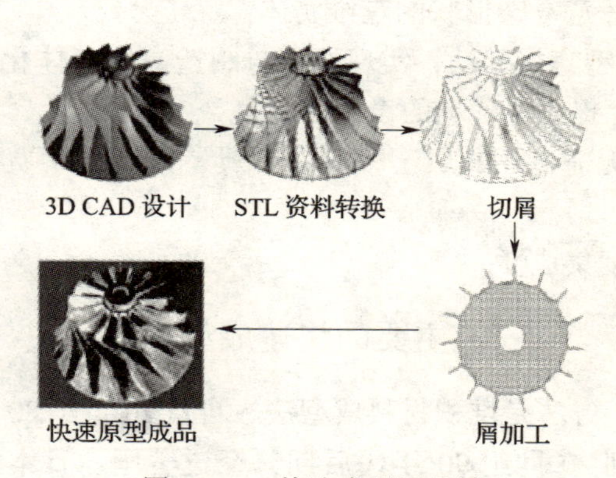

图 17－1　快速成型原理图

根据成型原理，快速成型的操作步骤如下：

（1）快速成型首先要求准备好三维模型。利用设计软件完成模型的设计，常用的 CAD 软件，有 SolidWorks、Pro/E、UG、Catia 等。也可以是通过逆向工程获得的计算机模型。其中模型的文件格式一般以快速成型的通用格式 STL 来保存。STL 是模型的离散化处理计算，将三维实体表面用一系列相连的小三角形逼近。

（2）将 STL 模型导入 RP 软件进行加工参数的计算。将模型从三维变成二维的截面轮廓信息，沿模型的高度方向把模型分割成连续的截面片层，进行切片计算（图 17－2），求得二维层面数据，生成加工路径。

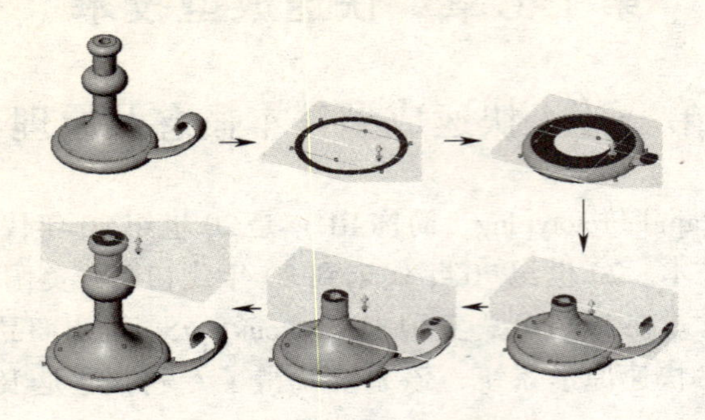

图 17－2　零件的切片处理

（3）在 RP 软件中完成从 CAD 模型到生成最终数控代码的操作。生成的 NC 指令传送到设备，控制设备的加工运行。

二、快速成型的特点

与传统材料加工技术相比，快速成型技术主要具有以下几个优点：

（1）快速性（几小时到几十小时）；

（2）可以制造任意复杂形状的三维实体；

（3）用 CAD 模型直接驱动，实现设计与制造高度一体化，其直观性和易改性为产品的完美设计提供了优良的设计环境；

（4）成型过程无需专用夹具、模具、刀具，既节省了费用，又缩短了制作周期；

（5）技术的高度集成性。

三、主要的快速成型工艺

快速成型的加工方法是堆积材料成型法。自从 20 世纪 80 年代中期 SLA 光成型技术发展以来，到 20 世纪 90 年代后期，经过美国、日本及德国等国家的研究，开发了十几种不同的快速成型技术。其中典型的有液态树脂光固化成型、选择性激光烧结成型、薄材叠层成型、熔丝沉积成型和 3DP 打印成型。

1. 光固化成型（SLA）技术

光固化（SLA）成型技术是一种最早出现的快速成型方法。基于 SLA 态光敏树脂的光聚合原理工作的。激光根据零件的截面轮廓为轨迹对液态材料表面进行扫描，扫描到的材料从液态变成固态，从而形成一个薄层截面。重复操作，逐层堆积为实体零件。图 17－3 所示是 SLA 工艺原理图；图 17－4 所示是 SLA 成型机。

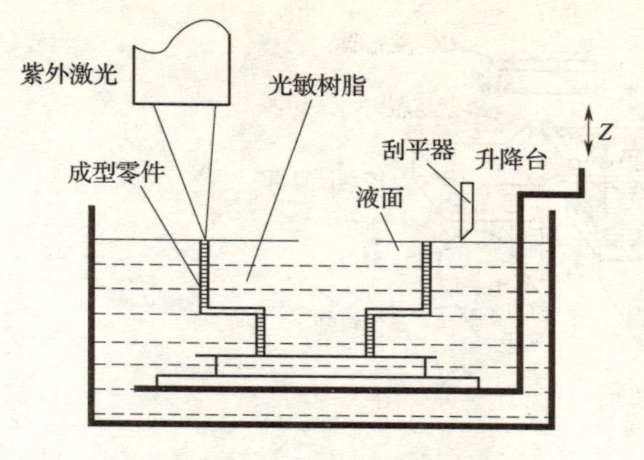

图 17－3　SLA 工艺原理图

图 17－4　SLA 成型机

2. 选择性激光烧结成型（SLS）技术

SLS 工艺是利用粉末状材料成型的。将材料粉末铺洒在已成型零件的上表面，并刮平；用高强度的 CO_2 激光器在刚铺的新层上扫描出零件截面；材料粉末在高强度的激光照射下被烧结在一起，得到零件的截面，并与下面已成型的部分连接；当一层截面烧结完后，铺上新的一层材料粉末，选择地烧结下层截面，如图 17－5 所示为 SLS 工艺原理图；如图 17－6 所示是 SLS 成型机。

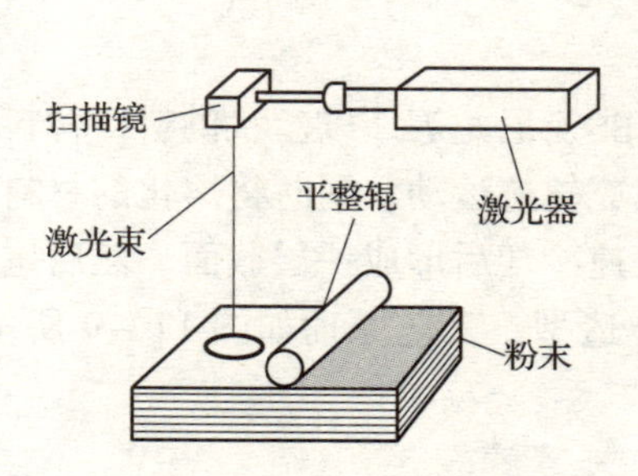

图 17－5　SLS 工艺原理图

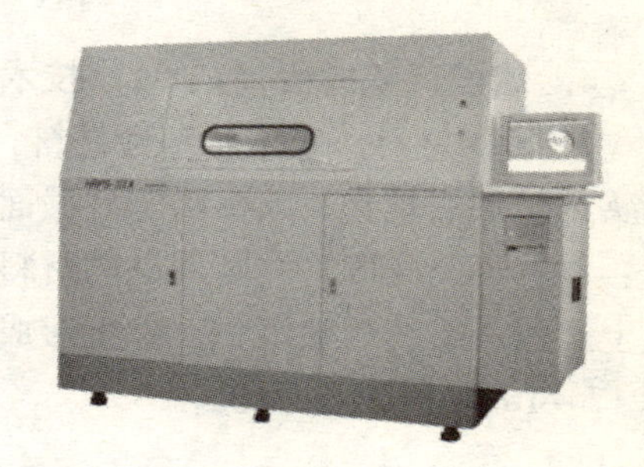
图 17－6　SLS 成型机

激光选择性烧结技术常用原料是塑料、陶瓷、金属以及它们的复合物的粉体。

3. 薄材叠层成型（LOM）技术

LOM 是对薄片材料进行切割。先将单面涂有热熔胶的片材通过加热辊加压黏结在一起，位于其上方的激光器或超硬质刀按照 CAD 模型的切片数据，将该层片材切割成零件的内外轮廓，如此重复操作，直至完成整个模型的制作，如图 17－7 所示为 LOM 工艺原理图。

LOM 常用的材料是纸、金属箔、塑料膜、陶瓷膜等。LOM 工艺只须在片材上切割出零件截面的轮廓，而不用扫描整个截面。因此成型厚壁零件的速度较快，易于制造大型零件。该技术成本价格高、材料浪费大，系统设备比较复杂。图 17－8 为 LOM 成型机。

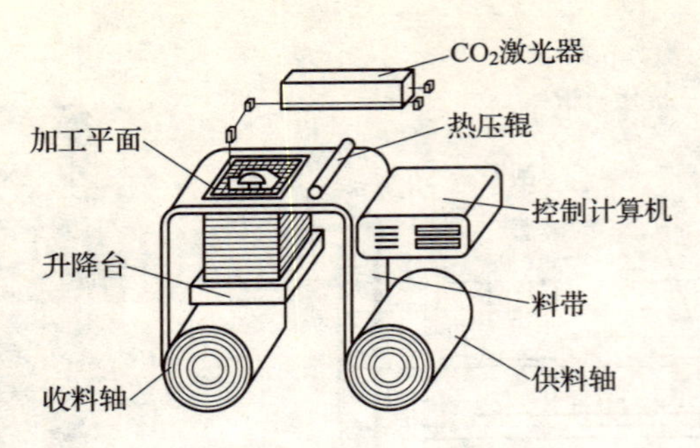

图 17－7　LOM 工艺原理图

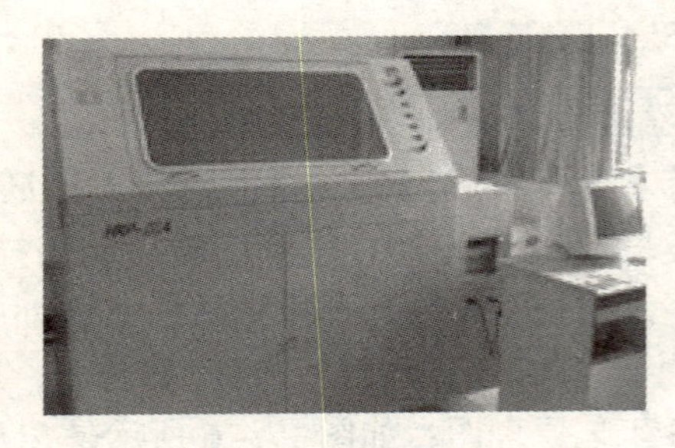

图 17－8　LOM 成型机

4. 熔丝沉积成型（FDM）技术

FDM 的材料一般是热塑性材料，如蜡、ABS、尼龙等。以丝状供料。材料在喷头内被加热熔化。喷头沿零件截面轮廓和填充轨迹运动，同时将熔化的材料挤出；材料迅速凝固，并与周围的材料凝结，快速冷却后形成一层截面。然后重复以上过程，继续熔喷沉积，直至形成整个实体造型，工艺原理如图 17－9 所示。图 17－10 为 FDM 成型机。

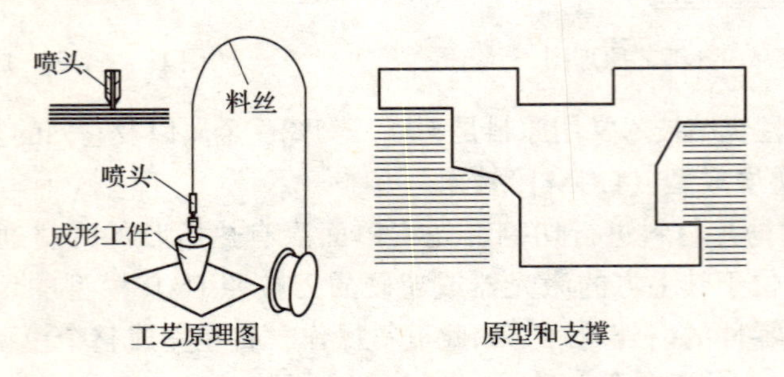

图 17－9　FDM 工艺原理图

FDM 的不足之处在于：加工零件表面粗糙度比较大，有明显条纹；成型时间比较久；复杂零件需要加支撑结构，后处理工艺比较麻烦。FDM 快速成型机适合加工中等大小的塑料件，成本比较低，设备体积小，比较适合办公环境内使用。

5. 三维立体打印（3DP）技术

3DP 技术是一种基于微滴喷射的技术，采用独特的喷墨技术。三维打印工艺使用喷头喷出粘结剂，选择性地将粉末材料粘结起来（可以使用的原型材料有石膏粉、淀粉、热塑材料等），工艺原理图如图 17－11 所示。该工艺的特点是成型速度快，成型材料价格低，适合做桌面型的快速成型设备。并且可以在粘结剂中添加颜料，可以制作彩色原形，这是该工艺最具竞争力的特点之一，在产品设计产品模型制作中有广泛的应用。图 17－12 为 3DP 成型设备。

图 17－10　FDM 成型机

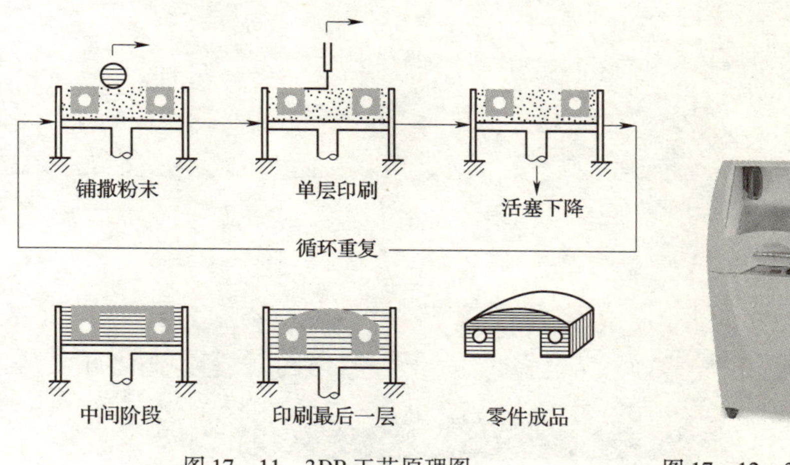

图 17－11　3DP 工艺原理图

图 17－12　3DP 成型设备

第二节　Solidworks 软件建模

1. Solidworks 软件简介

Solidworks 是由 Solidworks 公司 1995 年推出的一款三维 CAD 软件，是基于特征的参数化实体建模设计工具。利用 Solidworks 可以创建三维实体模型，设计过程中，实体之间可以存在约束关系，也可以不存在约束关系；同时，可以利用自动的或用户自定义的约束关系来体现设计意图。软件界面友好简洁，操作方便，建模速度快。Solidworks 发展非常迅速，应用相当广泛。

2. Solidworks 建模实例

下面将以零件 1（图 17－13）为例子介绍使用 Solidworks 建立零件。零件 1 使用到三个特征命令：拉伸凸台、异型孔、圆角。特征命令的组合如下：两个拉伸凸台、一个异型孔命令、两个圆角特征。

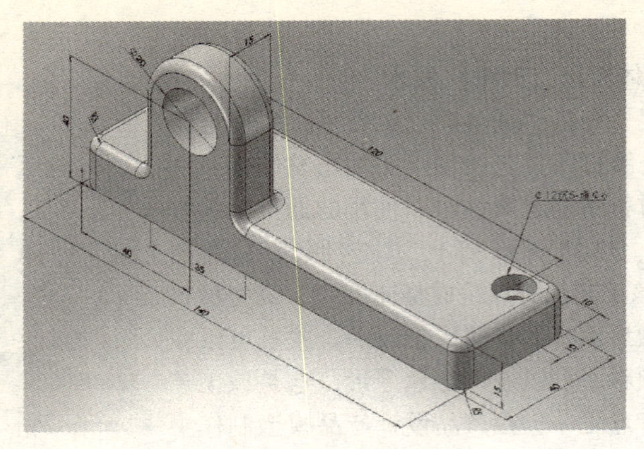

图 17－13　零件 1

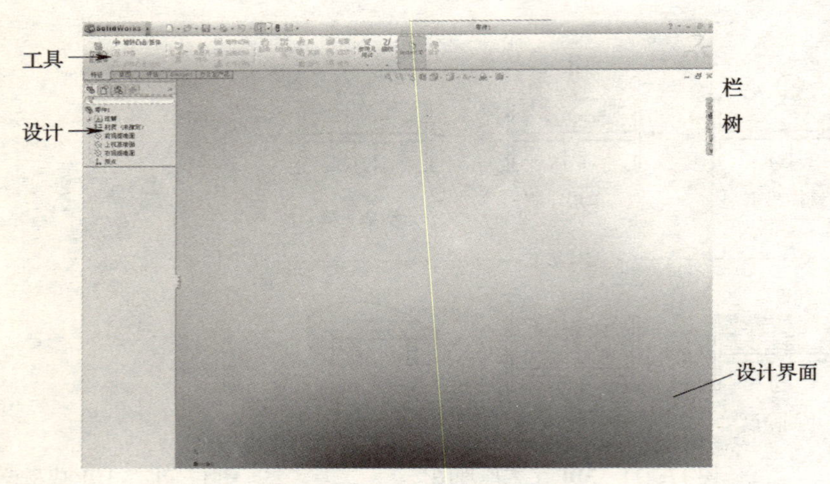

图 17－14　零件的设计界面

（1）软件界面中点击新建，选择零件模板，进入零件的设计界面，如图 17－14所示。下面建模中使用的特征成型步骤是：平面—特征—草图。

（2）第一个特征是 140×40 的矩形草图完成 15 深度的凸台。在设计树中点选“上视基准面”，在特征工具条点选“拉伸凸台”，系统自动转入草图的绘制状态，界面右上角出现草图确认角。

在草图的绘制状态下，点击草图工具条的矩形按钮，移动光标到界面的坐标点上单击鼠标，确定矩形的第一点，鼠标往外移动，单击鼠标确定第二点，绘制一个矩形。由于 solidworks 是由尺寸驱动的设计软件，因此，在绘制草图元素时，不需要按照精确尺寸来绘制草图，可通过尺寸的标注来驱动。

点击智能尺寸，分别标注矩形的两边线长度为 140 和 40，默认的单位为 mm。标注尺寸完成后，草图线的颜色从蓝色变成了黑色，这说明草图已经完全定义（如图 17－15 所示），单击草图确认角的确认按钮，完成草图的绘制。

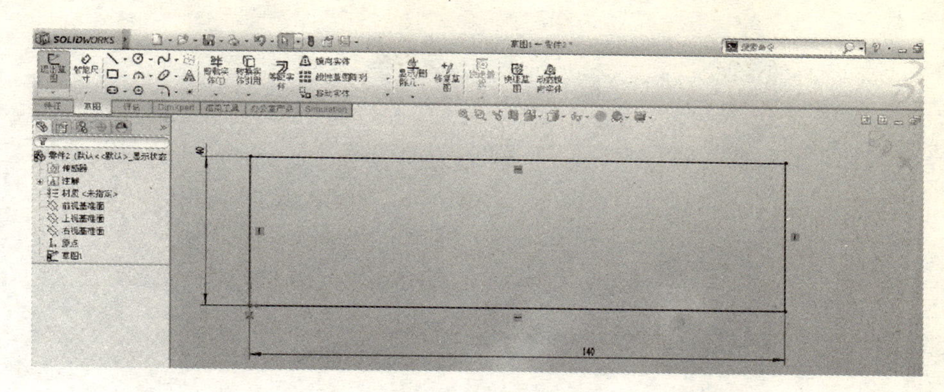

图 17－15　矩形草图

（3）退出草图，凸台的成型效果出来。既可在属性管理器中设定特征的各种参数，如图 17－16 所示，设定终止条件为给定深度，给定拉伸的深度为 15mm。也可在图形区域中拖动 3D 卡尺确定拉伸的方向和深度。

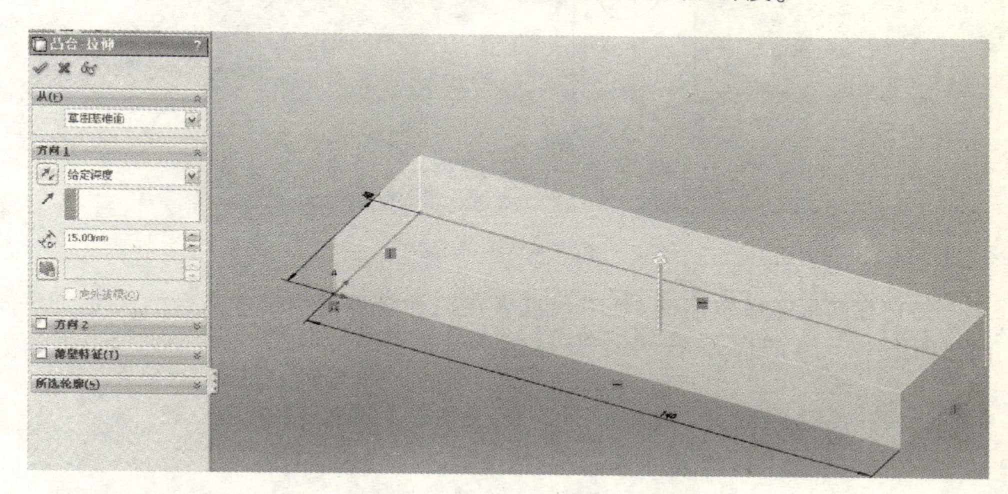

图 17－16　凸台特征参数

（4）选择前视基准面，点击拉伸凸台按钮，进入草图的绘制状态。在草图工具条上点击直线命令，回到绘图区域中捕捉与凸台边线的重合关系，绘制一条竖直状态的直线，在键盘上按下 A 键，光标向外移动，直线变成圆弧，如图 17－17所示，绘制半圆。完成后，系统重回到直线命令，用直线封闭整个草图。点击圆的命令，绘制一个与圆弧同心的圆。

激活智能尺寸，选择相关的线段标注尺寸：水平方向直线长度 35，圆心与凸台边线距离定位 40，竖直方向高度 40，圆的直径 20。标注完毕，草图变成黑色，达到完全定义（图 17－18）。点击草图确认角退出草图。

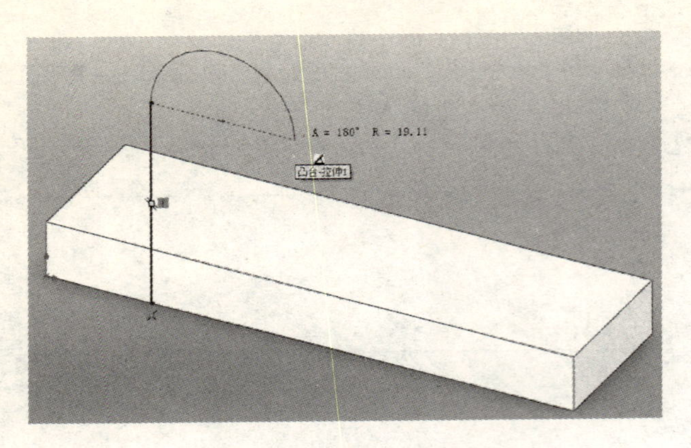

图 17－17　直线变圆弧

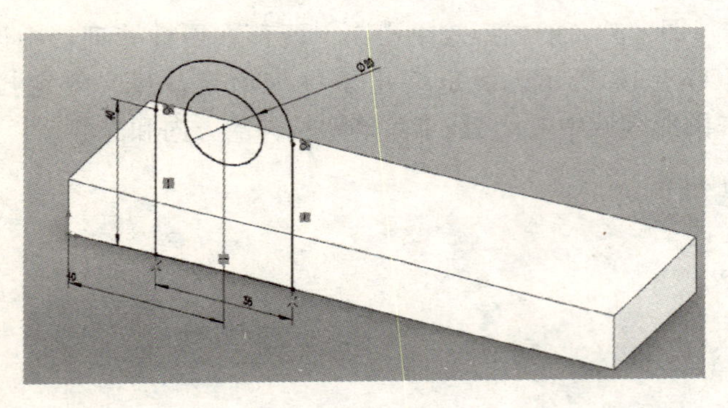

图 17－18　草图 2

（5）在图形区域中拖动 3D 卡尺或者在属性管理器中设定凸台的深度和方向。如图 17－19 所示，凸台深度为 15mm。

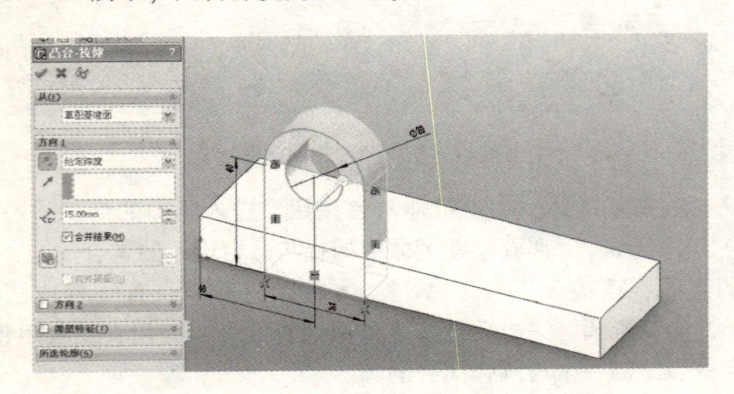

图 17－19　凸台 2 的参数

（6）点击第一个凸台的上平面，在特征工具条激活异型孔命令，在属性管理器类型面板中选择沉头孔类型，在孔规格中选择“显示零件自定义大小”，如

图 17－20 所示，在对话框中输入孔的三个参数。

完成后，激活属性管理器位置面板，光标移动到图形区域，在凸台的上平面任意添加两个点，完成两个孔的添加。使用智能尺寸命令给两个孔添加距离定位：孔跟凸台两边线的定位都为 10mm，两孔之间的距离为 120mm。按下 Ctrl 键，用鼠标选择两点，在属性管理器几何关系中选择水平关系。孔达到完全定义（图 17－21），确认退出异型孔命令。

（7）点击圆角命令，使用手工的等半径，修改圆角大小为 5mm，用鼠标选择凸台的四条边线（图 17－22），确认退出圆角命令。再次点击圆角，修改圆角大小为 3mm，用鼠标选择凸台一平面（图 17－23），确认退出。

零件完成后，以 STL 格式保存好，如图 17－24 所示。

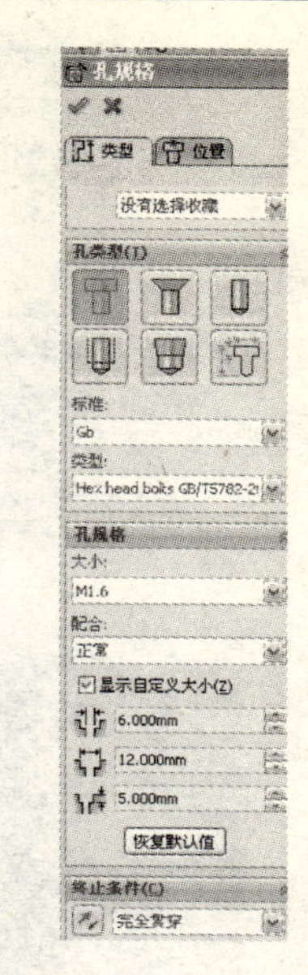

图 17－20　孔类型设置

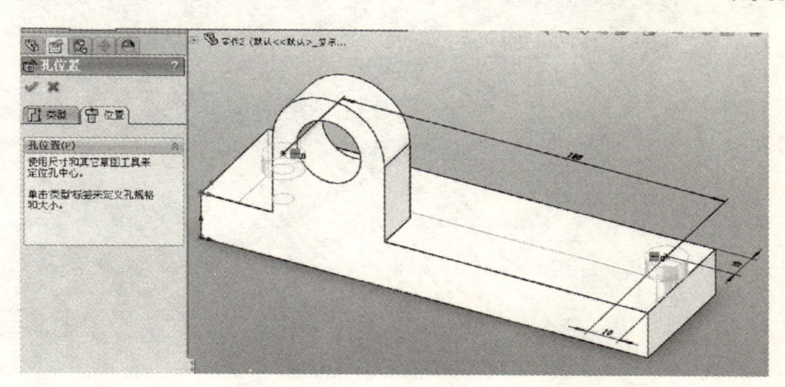

图 17－21　两孔的定位

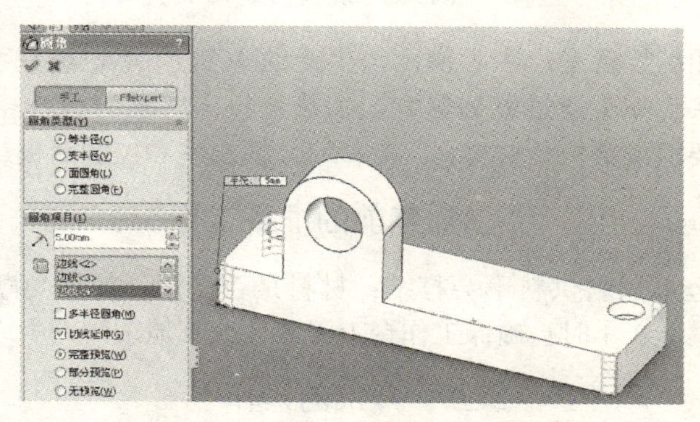

图 17－22　5mm 圆角

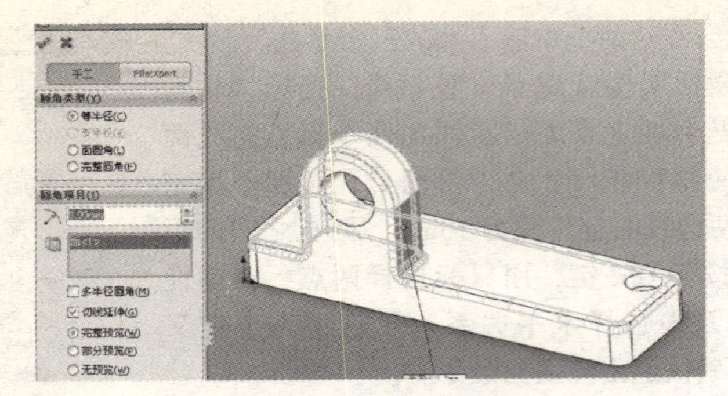

图 17－23　3mm 圆角

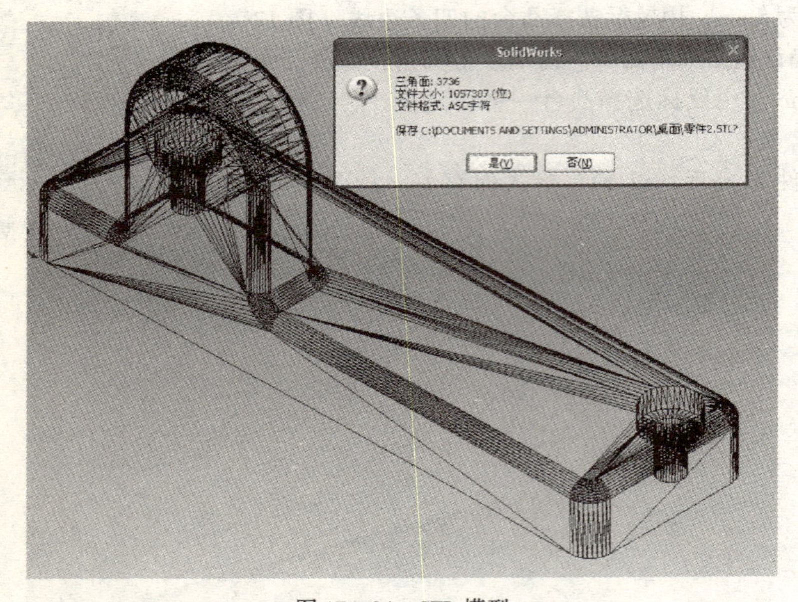

图 17－24　STL 模型

第三节　FDM 成型设备的操作

实操中使用的设备是广东省佛山市生产的一款 FDM 快速成型机—SW2502。该设备是单喷头，喷头通过电加热方式加热材料，熔融的材料经过喷嘴推出成型。设备的主要组成结构是材料仓、工作室、恒温室和控制面板。

一、加工前的准备工作

检查 ABS 丝状材料供料不会打结；材料是否受潮，如果受潮，则需在恒温 65℃的环境下烘干 3 小时；确保工作台上无零件或其他杂物。

二、开机的操作

打开后转接板上的主电源开关。顺时针旋转应急开关按钮，开关自动解锁，恒温箱上电，（绿色）指示等亮，一般设定恒温箱工作温度为60～65℃。当恒温箱温度达到60℃时，顺时针接通位于前控制面板扫描锁开关，扫描灯亮（绿色），散热风扇转动，表示自动控制子系统上电，处于待命状态。按下热喷头加热按钮，为热喷头加热。热喷头工作温度一般设定为260～275℃。

三、系统软件的启动和加工操作

启动计算机，点击“SW2502V5.0”，进入系统软件界面。RP软件所接受的模型格式一般为STL。

1. 导入模型

将所需加工的模型以STL格式保存后，在软件界面单击打开按钮导入模型。导入的模型有网格化和实体渲染显示两种形式，也可显示模型的不同视图，控制模型的旋转和放大缩小。如图17－25、图17－26、图17－27所示。

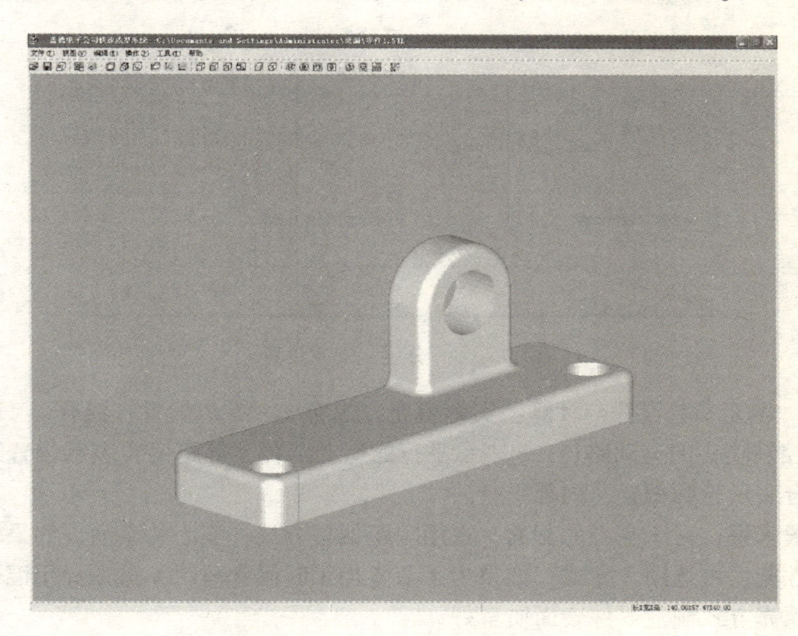

图17－25　导入的STL模型

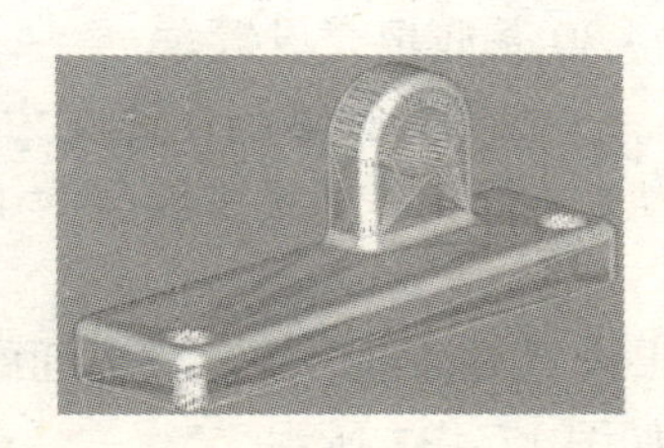

图17－26　模型的网格化显示

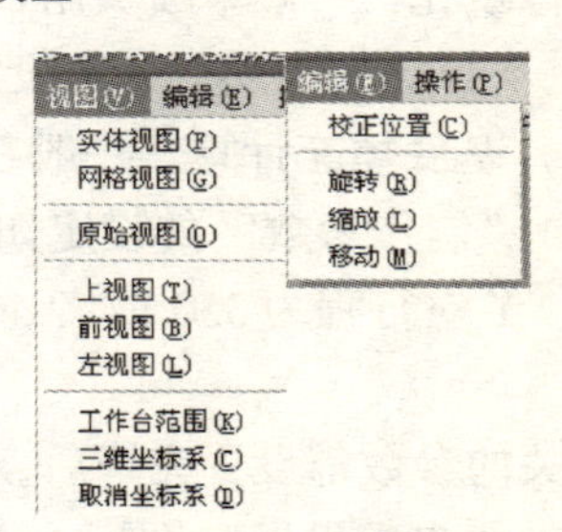

图17－27　视图、编辑功能

2. 参数设置

在软件界面上的工具条上点击“参数设置”图标，出现属性设置对话框，进行切片处理和填充计算等。

(1) 分层-支撑参数设置与计算：切片厚度。一般选择0.2~0.25mm。如果零件是曲面较多或带陡峭面时，可将切片厚度设定小一点。

内轮廓补偿可设定为0.2mm。支撑轮廓一般选择优化支撑轮廓。一般设置可参考图17-28分层-支撑设置。

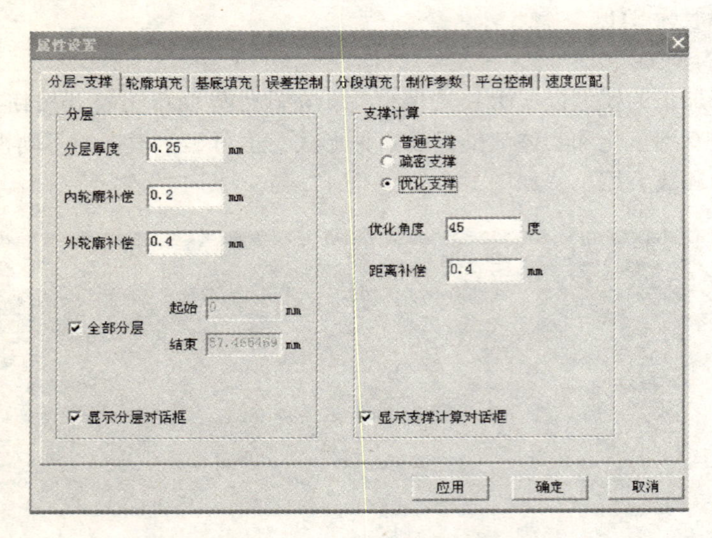

图17-28　分层-支撑设置

(2) 填充参数设置与计算：实体填充方式有S、等距偏置、混合。“填充方式”是控制喷头的运动路径，S表示平行的运动路径，等距偏置表示偏置运动路径，混合表示轮廓偏置，内部平行。

一般来说，对于空心的截面，选用等距偏置方式；实心的截面，如果较注重零件的性能，可选用S方式，如果为了节省加工时间和材料，可选择用混合，另外混合填充方式制造零件表面质量好。

支撑填充，一般单喷头用“单向填充”，有利于支撑剥离。双喷头用“交叉填充”，支撑比较牢固。一般设定可如图17-29轮廓填充设置所示。

(3) 基底填充计算，一般参数设定如图17-30基底填充设置。

(4)“制作参数”的设定如图17-31所示。一般XY实体制作速度为40或者45，XY空行程为350或者400，实体推料为1.4到1.6，支撑推料为1.2到1.4。

相关的参数都设置完毕后，点击确认，退出设置对话框。在软件界面的工具条上点击“参数设置”图标，进行参数计算。如图17-32所示。

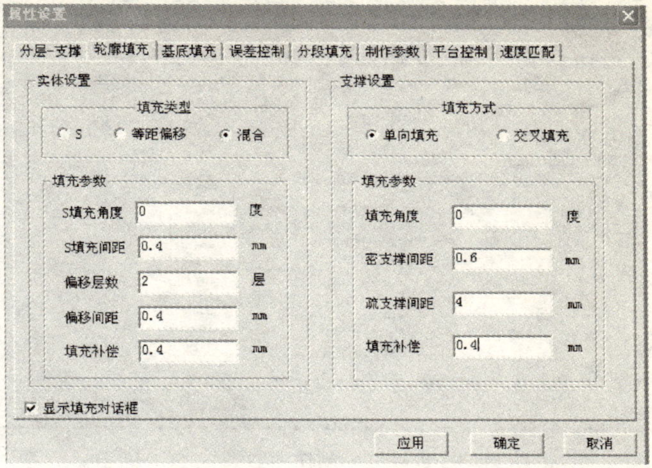

图 17－29　轮廓填充设置

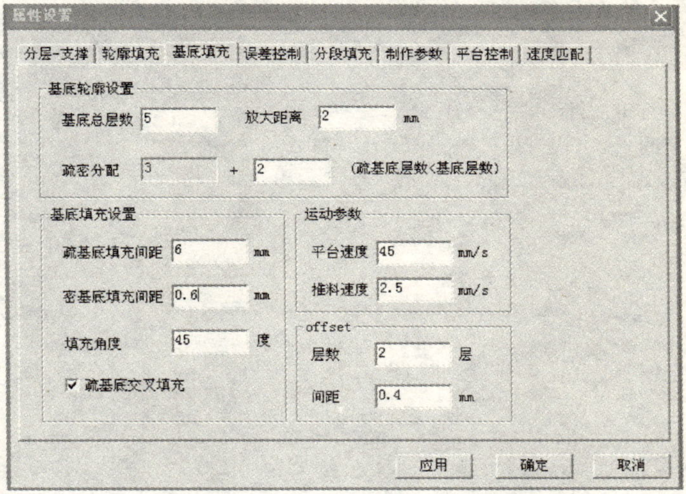

图 17－30　基底填充设置

3．加工过程的控制

在系统软件工具条上点击“平台控制”图标，在平台控制对话框中点击“系统初始化”，如图 17－33 所示，设备进行初始化操作。喷头定位在 X 轴、Y 轴的零点位置，工作台定位在一个合适的高度，使喷嘴推出的第一层材料能很好的粘结在工作台上。关闭对话框。

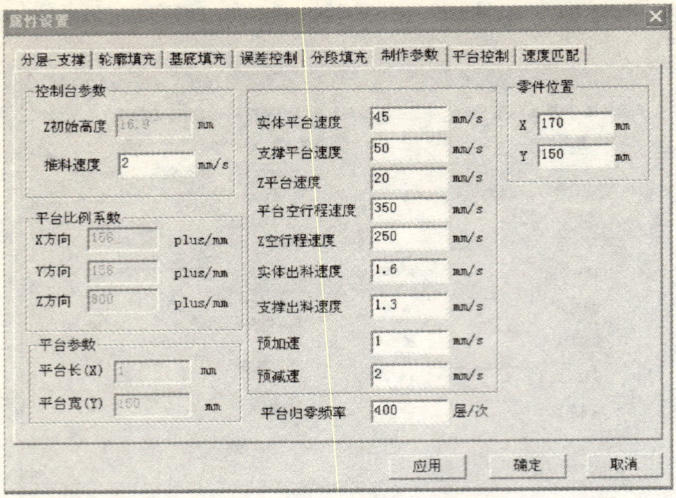

图 17－31　制作参数设置

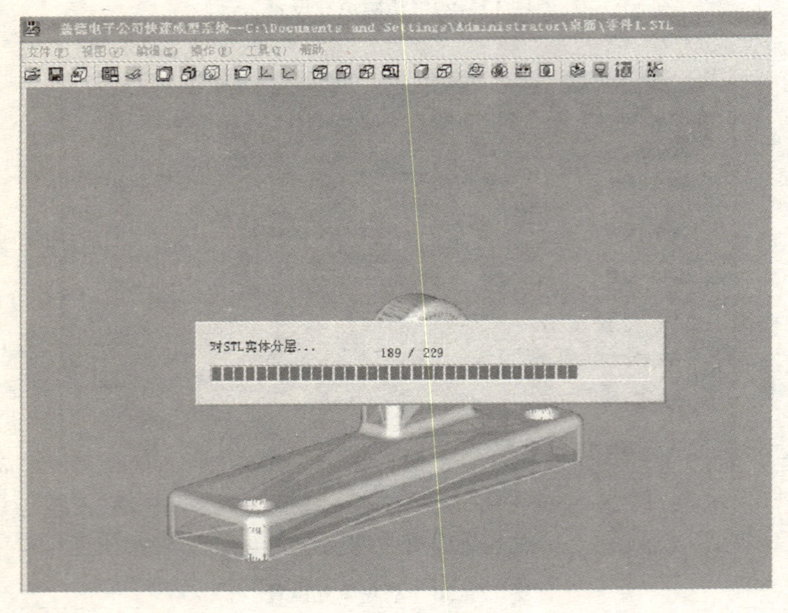

图 17－32　参数计算

在系统软件上点击“零件制作”图标，在对话框中点击“开始制作”（如图 17－34 所示），设备开始制作零件。可根据零件的形状特征和成型效果，随时调整制作参数比如推料速度和填充速度等。如果工件表面较多的材料硬粒，要及时清理，并及时调整相关的加工参数。

当发生紧急情况是时，按压应急按钮，可立即切断恒温箱加热装置的供电，再逆时针关闭扫描锁，设备停止运行。

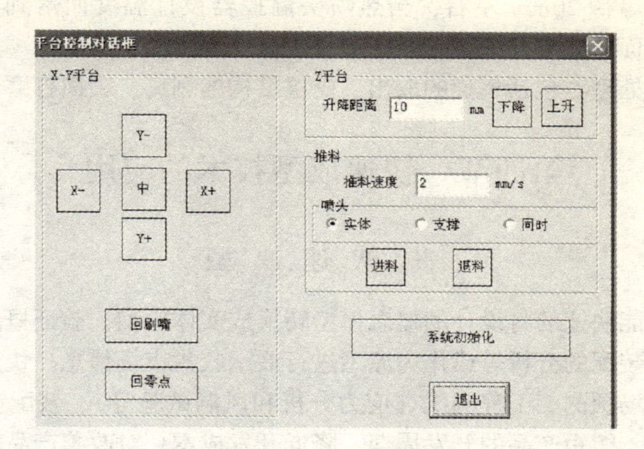

图 17－33　系统初始化

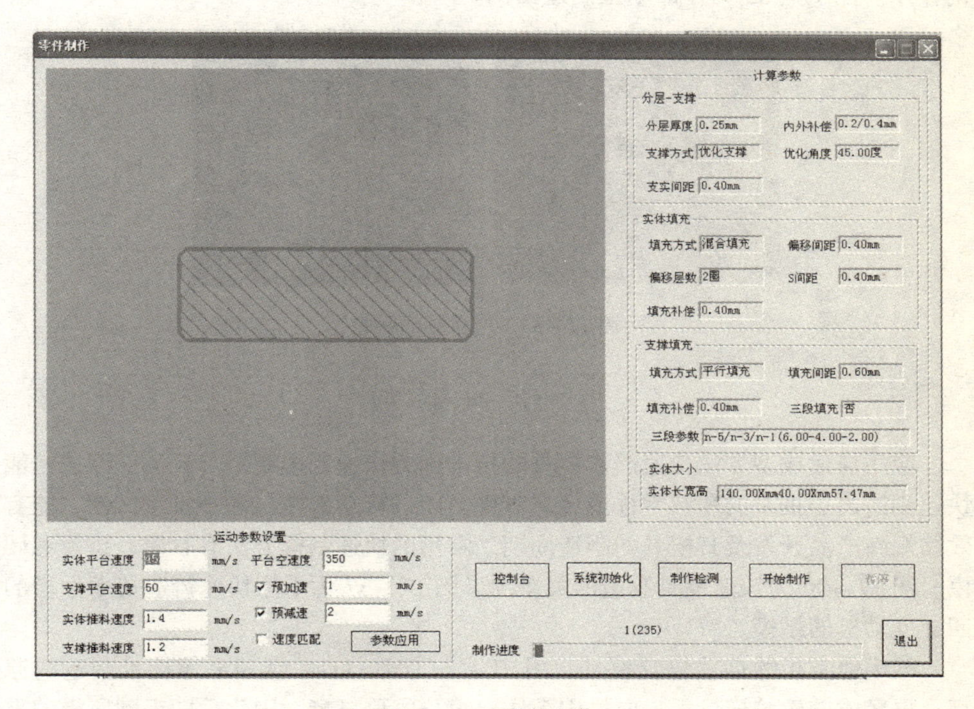

图 17－34　零件制作

四、加工完成和后处理

模型加工完毕，喷头自动回零后，按下应急开关，（红色）指示灯亮，恒温箱断电。然后逆时针关闭扫描锁，运动控制子系统断电，喷头加热停止。打开“系统初始化”，点击推料，使喷头连续推料到喷头温控器实际温度回落到230℃

后停止推料。等待 20min 左右，当热喷头温控器设计温度回落到 50℃ 以下时，可关闭主机后面的电源开关。

零件的后处理，包括模型的取出、支撑结构的剥离、表面打磨处理等。

第四节 快速成型技术的应用

一、快 速 原 型

快速成型能快速的将设计的概念模型转换成实体原型，验证概念设计，相关功能的测试，装配的分析等或作为原型进行展示收集市场信息。快速成型技术在设计检验、市场预测、工程测试（应力分析和风洞试验等）、装配测试等方面得到广泛的应用，缩短产品的开发周期、降低开发成本，对改善产品的设计有巨大的作用。图 17 – 35 为产品原型制造图例。

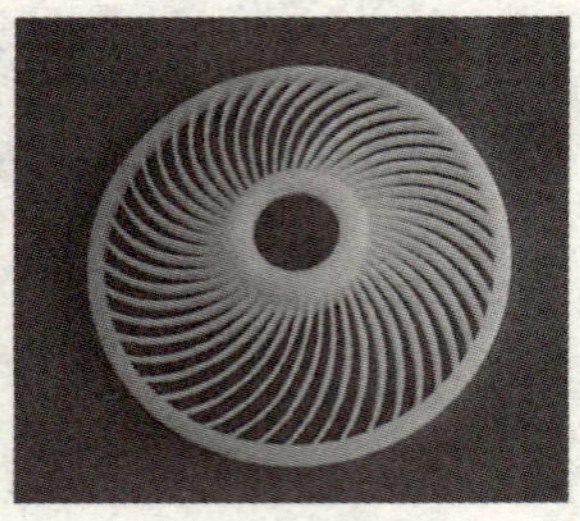

图 17 – 35 产品原型制造

二、快 速 制 模

应用快速成型方法快速制作模具的技术称为快速制模制造（RT）。该技术能快速制造出小批量的塑料零件或金属零件，以进行功能测试和小批量试销，能有效缩短新产品开发及其模具的制造周期。常用的快速制模方法有软模、桥模和硬模。图 17 – 36 为快速模具制造的关系图。图 17 – 37 为采用快速铸造技术生产的四缸发动机的蜡模。

软模通常指的是硅橡胶模具。用 SLA、FDM、LOM 或 SLS 等技术制造的原型，再翻成硅橡胶模具后，向模中灌注双组分的聚氨酯，固化后即得到所需的零件。利用原型件，通过快速真空注型技术制造硅橡胶模具，可用于 50 ~ 500 件以下树脂样品或零件的制造。

桥模是指介于试制用软模与正式生产模之间的一种模具，可直接进行注塑生产，其使用寿命目标为提供 100 ~ 1000 个零件，这些零件用与最终零件生产期望的产品材料制成，具有经济快速的特点。

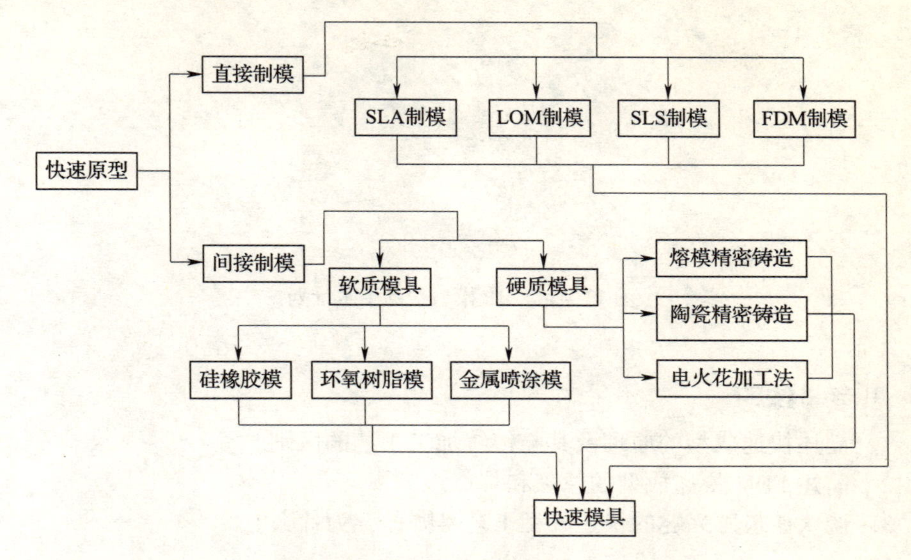

图 17－36　快速模具制造

图 17－37　采用快速铸造技术生产的四缸发动机的蜡模

硬模通常指的是用间接方式制造金属模具和用快速成型直接加工金属模具。目前，有用 SLA、FDM 和 SLS 方式加工出蜡或树脂模型，利用熔模铸造的方法生产金属零件；利用 SLS 方法，选择合适的造型材料，加工出可供浇注用的铸造型腔。

三、医学、生物制造工程和美学等

快速成型技术可快速制作艺术模型、生物模型、考古模型和医学模型等。在医学上，可根据 CT 扫描采集的数据，利用快速成型技术，可快速地制造医学模型，帮助医生进行病情诊断和确定治疗方案。图 17－38 所示为快速成型制造的人造骨头的图例。

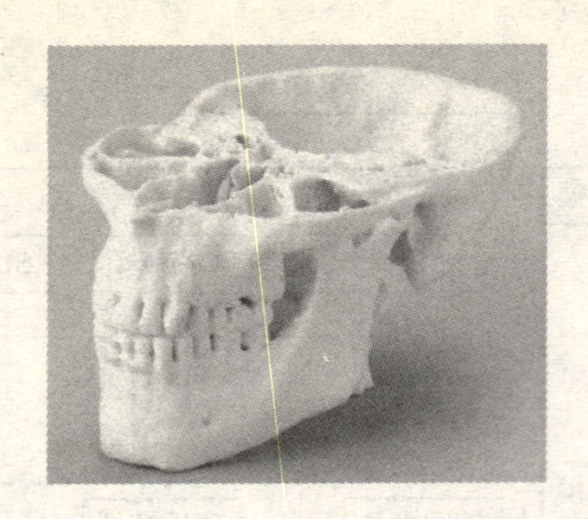

图 17－38　RP 模型帮助手术计划

思考与练习

1. 简述快速成型的原理及其与传统加工工艺的区别。
2. 简述 FDM 快速成型的原理和特点。
3. 谈谈你最感兴趣的快速成型工艺是哪种，为什么？

第十八章　可编程序控制器（PLC）

第一节　PLC 概述

可编程序控制器通常称为 PLC（Programmable Logic Controller），它是一个以微处理器为核心的数字运算操作的电子系统装置，专为在工业现场应用而设计。

PLC 是微机技术与传统的继电接触控制技术相结合的产物，它克服了继电接触控制系统中的机械触点的接线复杂、可靠性低、功耗高、通用性和灵活性差的缺点，充分利用了微处理器的优点，又照顾到现场电气操作维修人员的技能与习惯，特别是 PLC 的程序编制，不需要专门的计算机编程语言知识，而是采用了一套以继电器梯形图为基础的简单指令形式，使用户程序编制形象、直观、方便易学；调试与查错也都很方便。

一、PLC 的特点

1. 可靠性高，抗干扰能力强

在硬件方面采用了电磁屏蔽、滤波、光电隔离等一系列抗干扰措施；在软件方面 PLC 进行故障检测、信息保护及恢复、设置警戒时钟、加强对程序的检查和校检、对程序和动态数据进行后备保护等，进一步提高了可靠性和抗干扰能力。

目前 PLC 的整机平均无故障工作时间可高达 3 万 ~5 万小时以上。

2. 编程软件简单易学

PLC 最常用的语言是面向控制的梯形图语言。它采用了与实际电气原理图非常接近的图形编程方式，既继承了传统的继电器控制线路的清晰直观，又符合大多数电气技术人员的读图习惯，不需要专门的计算机知识和语言，只需要具有一定的电工和工艺知识，即可在短时间内学会。

3. 通用性和灵活性好

当生产工艺改变、生产设备更新时，不必改变 PLC 的硬设备，只需改变相应的软件，就可满足新的控制要求。目前 PLC 产品已经标准化、系列化和模块化，用户可以根据不用的控制要求，不同的控制信号，方便地进行系统配置，组成各种各样的控制系统。

4. 体积小、重量轻、功耗低

PLC 结构紧凑、体积小、功耗低，很容易嵌入机械设备内部，是实现机电一体化的理想的控制设备。

二、PLC 的结构及各部分的作用

PLC 的类型繁多，功能和指令系统也不尽相同，但结构与工作原理则大同小异，通常由主机、输入/输出接口、电源、编程器扩展器接口和外部设备接口等几个主要部分组成。

PLC 的硬件系统结构如图 18－1 所示。

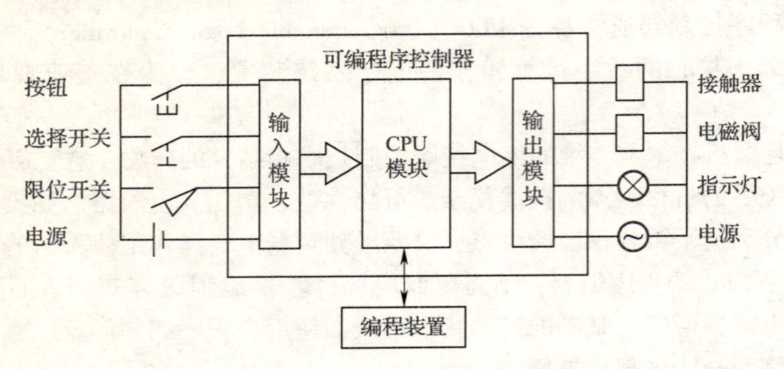

图 18－1　PLC 的硬件系统结构

1. 主机

主机部分包括中央处理器（CPU）、系统程序存储器和用户程序及数据存储器。CPU 是 PLC 的核心，它用以运行用户程序、监控输入/输出接口状态、作出逻辑判断和进行数据处理。PLC 的内部存储器有两类，一类是系统程序存储器，主要存放系统管理和监控程序及对用户程序作编译处理的程序，系统程序已由厂家固定，用户不能更改；另一类是用户程序及数据存储器，主要存放用户编制的应用程序及各种暂存数据和中间结果。

2. 输入/输出（I/O）接口

I/O 接口是 PLC 与输入/输出设备连接的部件。输入接口接受输入设备（如按钮、传感器、触点、行程开关等）的控制信号。输出接口是将主机经处理后的结果通过功放电路去驱动输出设备（如接触器、电磁阀、指示灯等）。

3. 电源

电源是指为 CPU、存储器、I/O 接口等内部电子电路工作所配置的直流开关稳压电源，通常也为输入设备提供直流电源。

4. 编程器

编程器是 PLC 的一种主要的外部设备，用于手持编程，用户可用以输入、检查、修改、调试程序或监示 PLC 的工作情况。除手持编程器外，还可通过适配器和专用电缆线将 PLC 与电脑联接，并利用专用的工具软件进行电脑编程和监控。

5. 输入/输出扩展单元

I/O扩展接口用于连接扩充外部输入/输出端子数的扩展单元与基本单元（即主机）。

6. 外部设备接口

此接口可将编程器、打印机、条码扫描仪等外部设备与主机相联，以完成相应的操作。

三、PLC的工作原理

PLC是采用“顺序扫描，不断循环”的方式进行工作的。即在PLC运行时，CPU根据用户按控制要求编制好并存于用户存储器中的程序，按指令步序号（或地址号）作周期性循环扫描，如无跳转指令，则从第一条指令开始逐条顺序执行用户程序，直至程序结束。然后重新返回第一条指令，开始下一轮新的扫描。在每次扫描过程中，还要完成对输入信号的采样和对输出状态的刷新等工作。

扫描周期定义：即在PLC运行时，CPU从第一条指令开始按指令步序号作周期性的循环扫描，如果无跳转指令，则从第一条指令开始逐条顺序执行用户程序，直至遇到结束符后又返回第一条指令，周而复始不断循环，每一个循环称为一个扫描周期。

扫描周期的长短主要取决于程序的长短。一般PLC的扫描周期小于60ms。

第二节　PLC的编程元件

PLC是采用软件编制程序来实现控制要求的。编程时要使用到各种编程元件，它们可提供无数个动合和动断触点。

三菱PLC编程元件的名称由字母和数字组成。字母代表功能，表示元件类型，如：输入继电器用“X”表示，输出继电器用“Y”表示；数字表示元件的序号，输入、输出继电器的元件号采用八进制数，遵循“逢八进一”的原则，其他编程元件的元件号采用十进制数。

一、输入继电器（X）

输入继电器是PLC与外部用户设备连接的接口，用来接受按钮、选择开关、限位开关等发来的输入信号。必须注意：① 输入继电器只受外部信号控制，不能由程序指令或其他部件驱动，在梯形图中只能作触点而不能作线圈。② 输入继电器的触点在梯形图中的使用次数不受限制。③ 外部输入信号的持续时间必须大于一个扫描周期。

二、输出继电器（Y）

输出继电器用来将 PLC 内部信号输出给外部负载。它的线圈由用户程序控制，其触点在梯形图中的使用次数不受限制。输出继电器无断电保持功能。

三、辅助继电器（M）

辅助继电器是 PLC 中数量最多的一种继电器，供用户存放中间变量，相当于继电器控制系统中的中间继电器。

它不能接收外部的输入信号，只由程序驱动；也不能直接驱动负载。有常开和常闭触点。

三菱 FX 系列 PLC 中有三种特性不同的辅助继电器：

通用辅助继电器：为不带后备电池的 RAM，无断电保持功能，PLC 恢复工作之前状态消失。电源掉电后所有的通用辅助继电器将变为 OFF。

锁存辅助继电器：有断电保持功能，可保持断电前的状态，系统重新得电后，即可重现断电前的状态，并在该基础上继续工作。

特殊辅助继电器：一类反映 PLC 的工作状态，如 M8000：运行监视（在 PLC 运行中接通）；一类是可控制的特殊功能辅助继电器，驱动后，PLC 将做一些特定的操作，如 M8034：输出禁止。

四、状态继电器（S）

状态继电器是用于编制顺序、控制程序的一种编程元件，它与步进梯形指令 STL 一起使用。

五、定时器（T）

PLC 定时器的作用相当于继电器系统中的时间继电器。当定时器的线圈被驱动时，定时器以增计数方式对 PLC 内部的时钟（1ms、10ms、100ms）进行累积，当计时的当前值与定时器的设定值相等时，其触点动作（常开触点闭合、常闭触点断开）；当定时器的线圈失电时，其触点立即复位。

FX 系列 PLC 的定时器分为通用定时器和积算定时器。定时器的设定值可以用常数 K 或者数据寄存器（D）的内容来设定。T 后面的数字表示定时器的定时类型和定时精度，K 后面的为计数次数。定时时间的计算公式：定时时间 = 计数次数 × 定时精度。

各系列的定时器和元件编号如表 18 – 1 所示。

通用定时器的工作原理可用图 18 – 2 说明：

当 X000 的常开触点为 ON 时，T200 的当前值从零开始，对 10ms 时钟脉冲进行累加计数。当前值等于设定值 328 时（即 3. 28s），定时器 T200 的常开触点闭合，Y0 得电。通用定时器没有保持功能，在输入电路断开或停电时被复位。

表 18－1　　定时器元件编号

PLC	FX_{1N}，FX_{2N}/FX_{2NC}
100ms 定时器	200 点，T0～T199
10ms 定时器	46 点，T200～T245
1ms 定时器	—
1ms 积算定时器	4 点，T246～T249
100ms 积算定时器	6 点，T250～T255

积算定时器（图 18－3）：

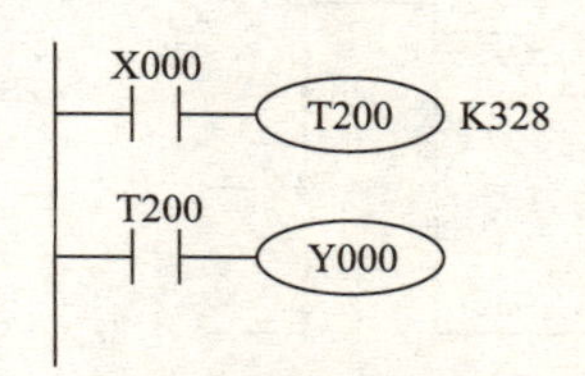

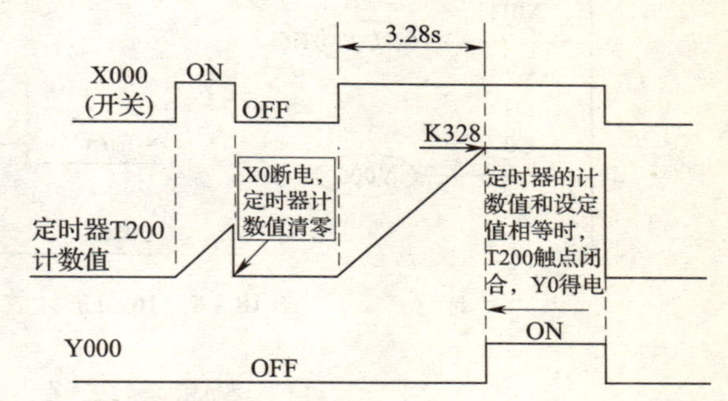

图 18－2　通用定时器

积算定时器具有断电保持功能。当输入电路断开或停电时，积算定时器当前值保持不变；当输入电路再次接通或重新上电时继续定时，直到当前值等于设定值时，定时器的常开触点闭合，常闭触点断开。

因为积算定时器的线圈断电时不会复位，需要用复位指令（RST）使其强制复位。

积算定时器的工作原理可通过图 18－3 说明。

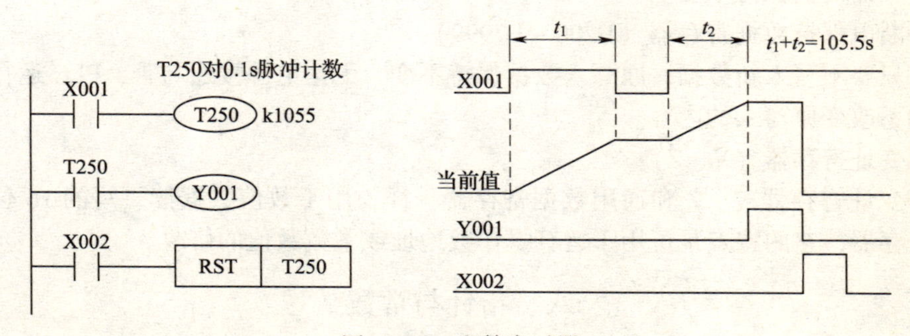

图 18－3　积算定时器

六、计数器（C）

计数器（图 18－4）由计数装置和触点组成，计数装置用来改变触点的状态，当计数器达到设定值时，计数器触点动作，即常开触点闭合，常闭触点断开。

以 16 位加计数器（C0～C199）为例：

16 位加计数器的个数及元件号视 PLC 型号而定。

计数器的设定值可由常数 K 或数据寄存器 D 的内容设定。

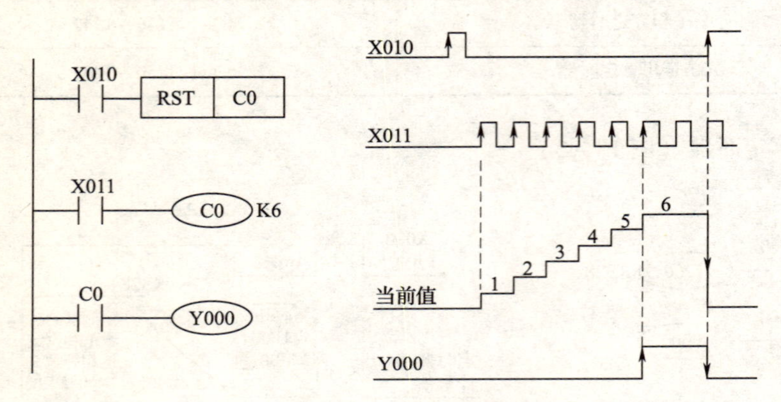

图 18－4　16 位加计数器

七、数据寄存器（D）

数据寄存器（D）在模拟量检测与控制以及位置控制等场合用来储存数据和参数。每个数据寄存器都是 16bit，其最高位为符号位。可以用两个数据寄存器组成 32bit 寄存器，其最高位为符号位。

通用数据寄存器（D0～D199）：

只要不写入新数据，原写入数据保持不变。但 PLC 状态由 RUN→STOP 时，所有通用数据寄存器被清 0。若 M8030 为 ON，PLC 由 RUN→STOP 时，通用数据寄存器的值保持不变。

断电保持数据寄存器（D200～D7999）：

只要不写入新数据，原写入数据保持不变。无论电源接通与否，PLC 运行与否均不改变原写入的内容。

变址寄存器（V、Z）：

变址寄存器 V、Z 和通用数据寄存器一样，用于数值数据读、写的 16 位数据寄存器，它的特点是可用于运算操作数地址或常数数值的修改。

八、指针与常数

指针 P：用于跳转指令和子程序，指示程序跳转地址和指示子程序入口地址。

指针 I：用于中断，指示中断服务程序入口地址。

常数 K：用于表示十进制常数。

16bit 常数范围：－32 768～＋32 767

32bit 常数范围：－2 147 483 648～＋2 147 483 647

常数 H：用于表示十六进制常数。

16bit 常数范围：0～FFFF

32bit 常数范围：0～FFFFFFFF

第三节　PLC 的编程及应用

一、PLC 的编程

三菱 FX 系列 PLC 的编程语言有：梯形图编程语言、助记符语言、流程图语言。对继电接触控制技术较为熟悉的电气技术人员来说，从继电接触控制电原理图转到梯形图是比较容易的。本章节只介绍梯形图编程语言。

梯形图是在原继电器—接触器控制系统的继电器梯形图基础上演变而来的一种图形语言。

梯形图由线圈、常开触点、常闭触点三部分组成。各部分的表现形式及对应继电器的等效开关如图 18－5 所示：

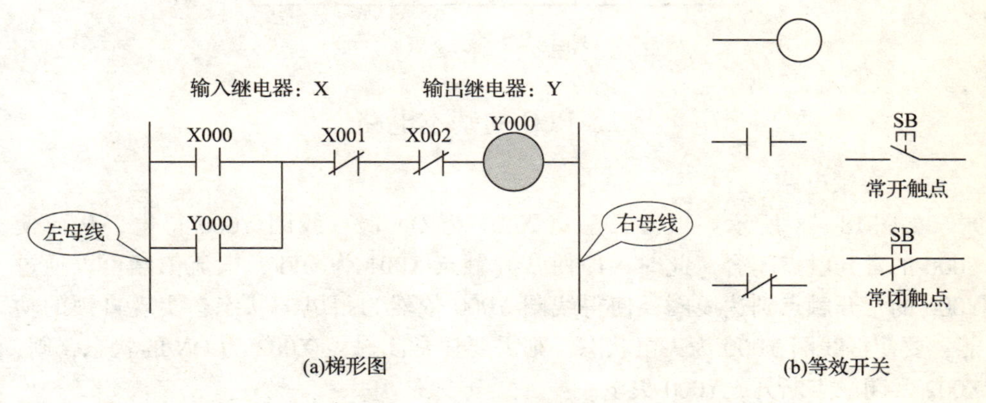

图 18－5　继电器的等效开关

时序图（图 18－6）是用于辅助分析梯形图的一种工具。它由高水平线、低水平线、竖线三部分组成。高水平线表示线圈通电/触点动作；低水平线表示线圈断电/触点原态；竖线表示线圈通断电/触点闭断时刻。

常开和常闭触点在不同状态下的动作（图 18－7）：

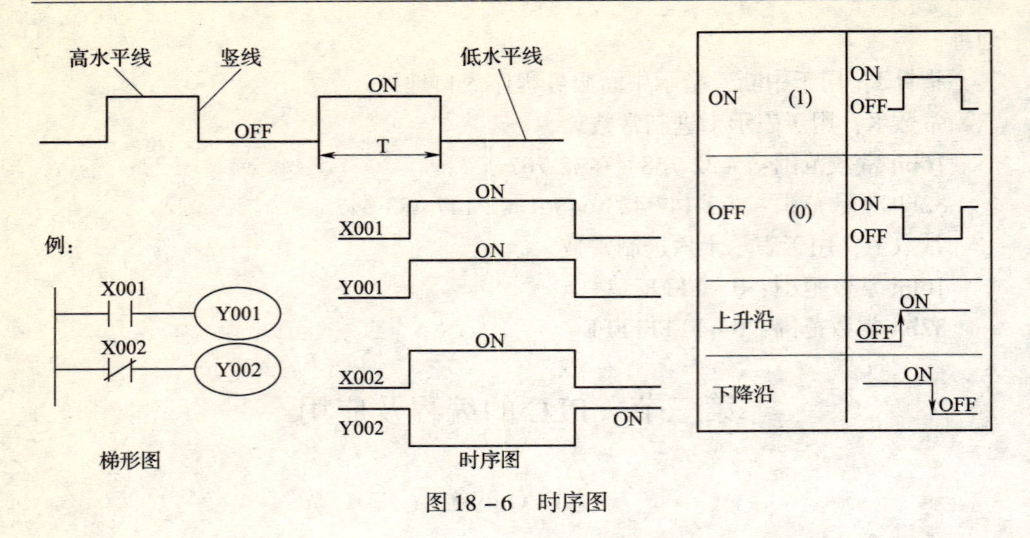

图 18－6　时序图

触点 状态	常开触点	常闭触点
ON (1)	允许 电流通过	不允许 电流通过
OFF (0)	不允许 电流通过	允许 电流通过

图 18－7　状态表

二、PLC 的基本电路

1. 自锁电路

如图 18－8 所示：当常开触点 X001 为 ON 时，线圈 Y000 得电，从而使 Y000 的常开触点闭合，此时，即使常开触点 X001 为 OFF，电流依然可以通过 Y000 的常开触点到达线圈，使得线圈 Y000 依然为得电的状态，实现自锁的功能；要使得线圈 Y000 为失电状态，则需要让常闭触点 X002 为 ON 的状态，则，X002 常闭触点断开，Y000 失电。

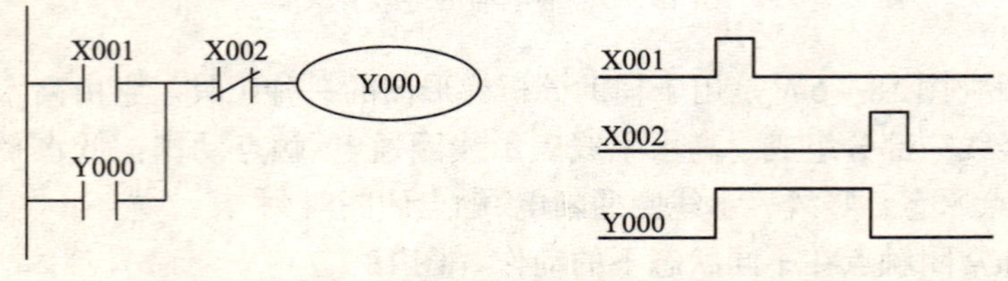

图 18－8　自锁电路

2. 置位复位电路

如图 18－9 所示：当常开触点 X000 为 ON 时，Y000 置为 1（得电状态），即使此时令常开触点 X000 为 OFF，Y000 依然处于置为 1 的状态，只有当常开触点 X001 为 ON 时，执行复位指令，把 Y000 清零，此时 Y000 才失电。

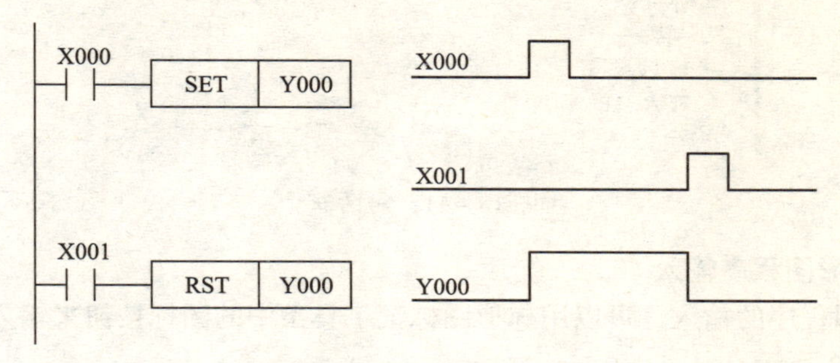

图 18－9　置位复位电路

3. 延时电路

如图 18－10 所示：利用两个定时器组合以实现长延时。当常开触点 X000 为 ON，启动定时器 T0，10×0.1＝1s 后，T0 的常开触点接通，启动定时器 T1，20×0.1＝2s 后，T1 的常开触点接通，线圈 Y000 得电。

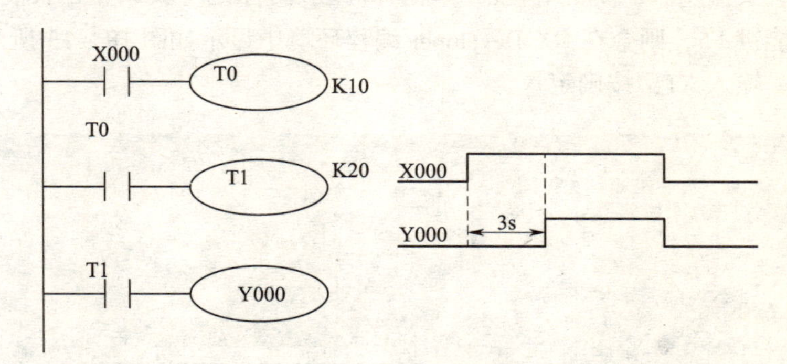

图 18－10　延时电路

第四节　PLC 的编程软件简介

1. 建立梯形图程序文件

先进入 GX Developer 程序主界面。通过单击“工程”菜单中的“创建新工程（N）”，或者按下快捷键 Control＋N，或者单击标准工具条中的图标 □，就出现如图 18－11 所示的创建新工程对话框，在下拉菜单中选择合适的 PLC 系列，选择合适的 PLC 类型；最后按确定，则可进入梯形图编程环境。

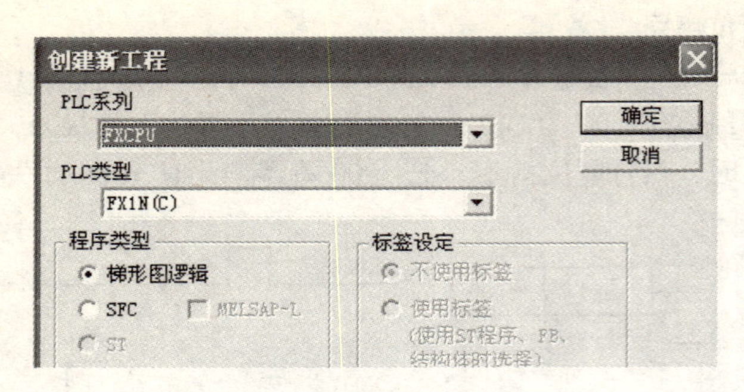

图 18－11　对话框

2. 梯形图程序输入

梯形图程序的输入，可以用梯形图标记工具条中的图标按钮来输入，工具条如图 18－12 所示：

图 18－12　梯形图程序

例如，要输入 X1 的常开触点，则单击梯形图标记工具条中的图标，或者按下功能键 F5，则会在 GX Developer 编程环境中显示如图 18－13 所示的软元件输入框，输入 X1，按确定。

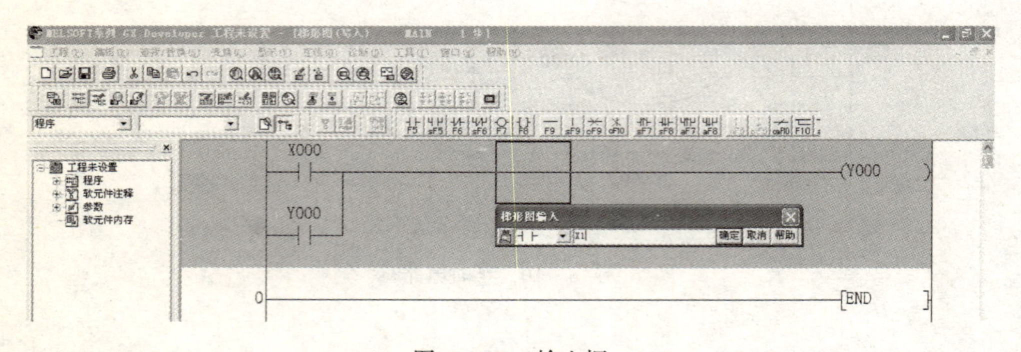

图 18－13　输入框

3. 梯形图的转换

输入完 PLC 程序后，需要将梯形图转换为 PLC 内部格式。未转换时，梯形图背景呈灰色，转换完成时，梯形图背景呈白色。可以单击程序工具条中的程序变换图标，或者选择“变换（C）”菜单下的“变换（C）”菜单项，或者按下功能键 F4，来完成转换。“变换（C）”菜单如图 18－14 所示。如果有错误，或存在不能变换的梯形图，则不能完成转换，光标停留在出错处。需修正错误后，才能转换。

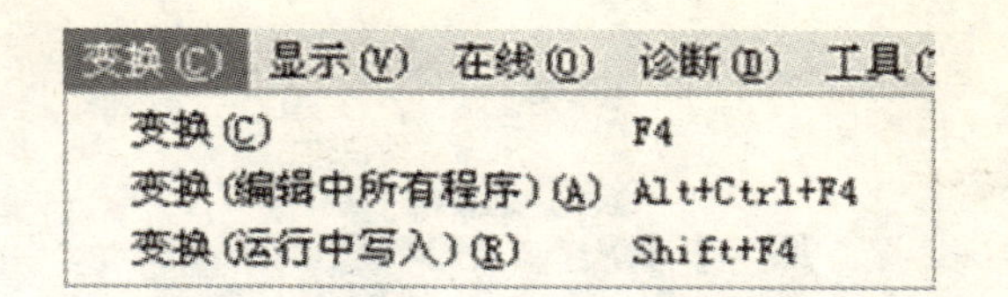

图 18－14　变换菜单

4. 梯形图程序的存储

在梯形图转换后，通过单击“工程”菜单中的“保存工程（S）”，或者单击标准工具条中的图标 ，则会出现如图 18－15 所示的另存工程为对话框，选择合适的路径，设置工程名，最后按“保存”，选择“是”。

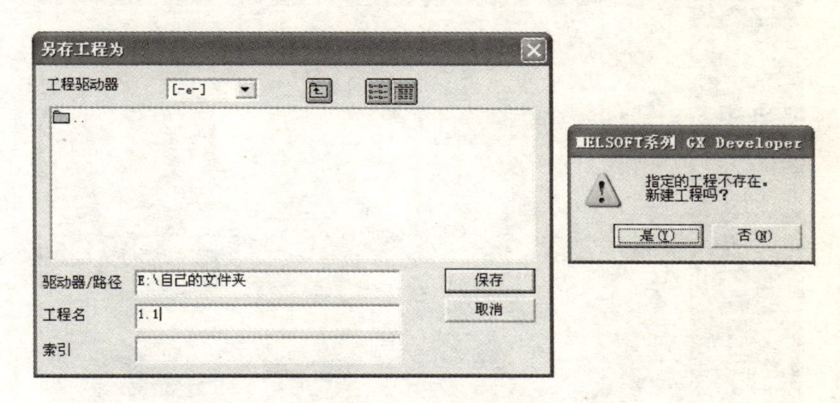

图 18－15　工程对话框

5. 梯形图程序下载到 PLC

如果在实训中，使用的是菱隆科技有限公司设计的系统，对于梯形图下载到实验台进行演示，有一定的特殊步骤。

1）确保桌面上试验箱的电源开关以及前面的 THPLC－B 型实验台的电源开关都已经打开，检查接线是否正常。

2）按一下桌面上试验箱中间的“申请/完成、取消”按钮，申请跟前面的 THPLC－B 型实验台进行通信。

3）到教师桌面上接通，只有“申请/完成、取消”按钮保持一直亮的电脑，才能够通信。

4）通过“在线”的下拉菜单中，单击“传输设置”，就会出现如图 18－16 所示的对话框。

双击“串行”所示图标，选择“COM1”端口，按“通讯测试”，看是否连接成功。连接成功后，点击“确认”。

5）通过“在线”的下拉菜单中，单击“PLC 写入”。就会出现如图 18－17 所示的对话框：

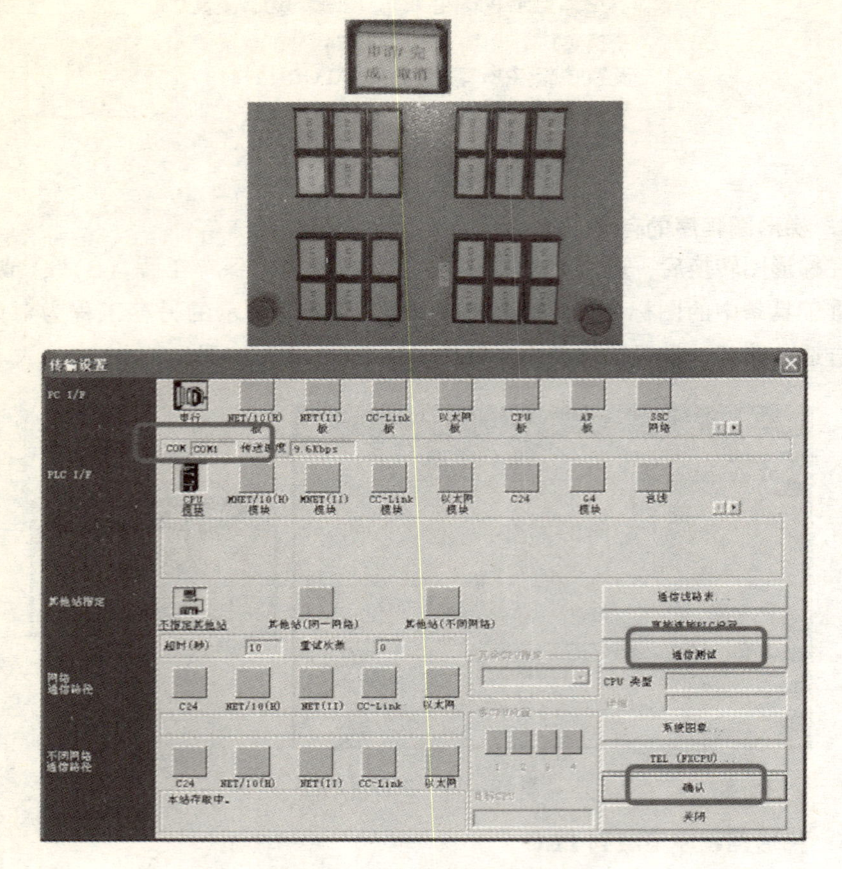

图 18－16　实验台演示与示屏

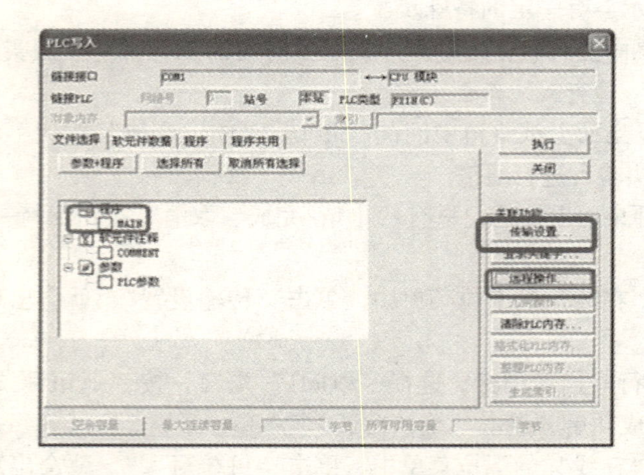

图 18－17　PLC 写入对话框

点击“远程操作”，就会出现如图 18 – 18 所示的对话框。

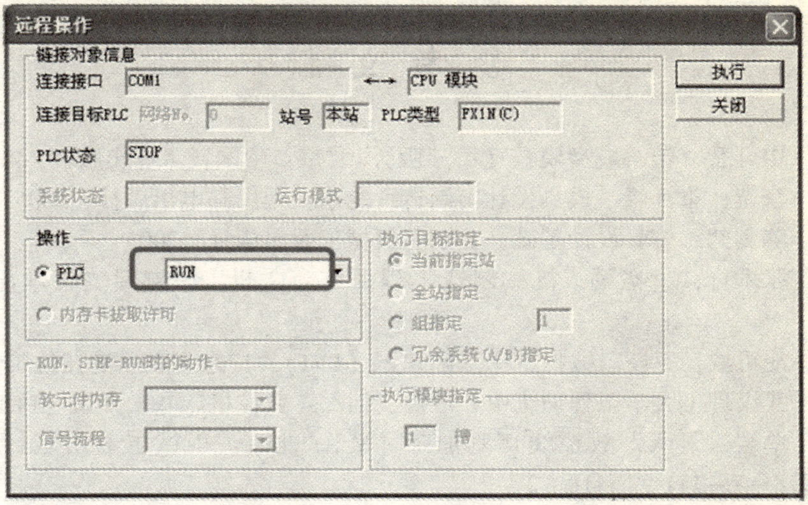

图 18 – 18　PLC 远程操作对话框

把“操作”中的“RUN”改为“STOP”，单击“执行”，确认执行后，点击“关闭”，回到图 18 – 17 所示的对话框。

勾选“MAIN”前的复选框，然后点击“执行”就可以实现向 PLC 中写入程序。

当程序写入成功后，点击“远程操作”，回到图 18 – 17 所示，把“操作”中的“STOP”改为“RUN”，点击“执行”，确认执行后，就可以在实验台进行演示。

思考与练习

1. 若梯形图中输出继电器的线圈“通电”，则其常开触点____________（断开/闭合）；常闭触点____________（断开/闭合）。

2. 定时器的线圈刚开始计数时，其常开触点____________（断开/闭合）；常闭触点____________（断开/闭合）。

3. 简述 PLC 的定义。

4. 简述 PLC 的扫描过程。

参 考 文 献

1. 申开智. 塑料成型模具（第三版）. 北京：中国轻工业出版社，2013

2. 李奇，朱江峰. 模具设计与制造. 北京：人民邮电出版社，2006

3. 陈剑鹤. 模具设计基础. 北京：机械工业出版社，2003

4. 张木青，于兆勤. 机械制造工程训练. 广州：华南理工大学出版社，2007

5. 胡可威，尹凌. 数控机床基础知识（PPT）. 广东省农垦湛江技工学校

6. 武汉理工大学工程训练中心数控实训部. 数控机床基础知识（PPT）

7. 单岩，夏天. 数控线切割加工［M］. 北京：机械工业出版社，2006（ISBN978－7－111－15418－2）

8. 李立. 数控线切割加工实用技术［M］. 北京：机械工业出版社，2007（ISBN978－7－111－22241－5）

9. 李立. 数控线切割加工禁忌与技巧［M］. 北京：机械工业出版社，2010（ISBN978－7－111－28511－3）

10. 莫建华. 快速成型及快速制模. 北京：电子工业出版社